东北亚海域空间融合信息与态势

——航天遥感 信息特征 战略区位

杨晓梅　刘宝银　著

海洋出版社

2013年·北京

内 容 简 介

本书基于东北亚海洋地理格局态势、战略区位及其空间信息之融合，以海洋地理载体的视角，阐述了千岛群岛、日本列岛、琉球群岛、朝鲜半岛、远东滨海、日本海与鄂霍次克海两大边缘海和海峡通道以及海港与空港要地等空间融合信息特征，显示了东北亚相关国家的海洋地理优势与劣势，充满着许多不确定因素与安全困境。

本书可供国家策略、外交、军事、国土、海洋、地质、地理、遥感、测绘、航海、水产与军事院校等专业和部门相关人员参考使用。

图书在版编目(CIP)数据

东北亚海域空间融合信息与态势：航天遥感　信息特征　战略区位/杨晓梅，刘宝银著.
—北京：海洋出版社，2013.10
ISBN 978-7-5027-8680-9

Ⅰ.①东… Ⅱ.①杨… ②刘… Ⅲ.①国际海域-海洋学-东亚 Ⅳ.①P722

中国版本图书馆CIP数据核字(2013)第242292号

责任编辑：王　溪
责任印制：赵麟苏
海洋出版社　出版发行
http://www.oceanpress.com.cn
北京市海淀区大慧寺路8号　100081
北京画中画印刷有限公司印刷　新华书店北京发行所经销
2013年10月第1版　2013年10月第1次印刷
开本：787 mm×1092 mm　1/16　印张：11.5
字数：270千字　定价：65.00元
发行部：621325499　邮购部：68038093　总编室：62114335

航天卫星掠过浩瀚的海洋——地质构造控制的边缘海、延伸千里的岛链、类型各异的海峡通道、凸入海中的半岛等等，奇异的地理结构历历在目，突显了区域海洋战略上的地理优势与劣势。

为此，期望通过对地质地貌发育的时空以及包括第二次世界大战以来海洋军事地理、专题海洋智库的查询，并结合对航天遥感信息融合与挖掘，使得这部具有现势性、系统性、多要素拙作——《东北亚海域空间融合信息与态势》地理载体得以问世。

作者自题

前　言

辽阔的东北亚海域中，纵跨四个边缘海，岛链延伸千里，陆架、陆坡、海峡、海沟、海港、空港等等一一并存，岛礁与海域的争议永无休止，海洋贸易的船舶川流不息。在这里，有我国神圣的国土与不容侵犯的海洋权益。

东北亚海洋热点为世界所瞩目，北方四岛的日、俄争议、朝鲜半岛不稳定态势、导弹射程的提升、朝鲜核爆、日－韩岛屿争端、美－日海峡通道的围堵意图、中国海洋权益的抗争、图们江的出海口等不一而足。上述诸多问题在海洋地理载体上，均能寻求地理优势与劣势对事件的导向性和制约性。

海洋地理载体含有多元性与多层次性，基于东北亚多源信息的理顺与挖掘，尚能清晰显现地理跨度与时间跨度对国家战略决策的实际影响。

诚然，东北亚边缘海及其外缘岛链与大陆纵深的地理分隔，在战略区位各显着不同的作用与意义。海港与空港的空间布局显示了一些国家政治、军事与经济上的战略意图。对此，东北亚地理空间遥感融合信息的表征非同往日，如获取的信息量呈几何倍数增长、景观变异、海港的构筑、空港的布局和设防建设等历历在目。

鉴于东北亚特定的海洋地理区位，以及所面临的海洋政治地理格局与多边性，书中，为力求层次分明和地域的连贯性，所涉及关联的千岛群岛、日本列岛、琉球群岛、鄂霍次克海、日本海、朝鲜半岛等及其岛间海峡水道，以上述各区段地理区位、自然环境、岛屿属性、岛间海峡水道、分布态势、战略区位、军事意义与周边条件等，对它们的表述方式各有不同。同时，笔者还参阅了海务商业图书以及相关的评述。

无论是来自空间信息、实测资料，抑或其他通道的信息，均表明了地理目标涵盖着诸多学科的内容。基于此，在遵循以常规研究为坚实基础的同时,笔者运用新视角、新手段、新方法对上述信息资料进行归纳整合,撰写了本书。

在撰写与出版本书的过程中,中国科学院资源与环境信息系统国家重点实验室以及周成虎教授给予了热情支持,并与我友蓝荣钦、刘永志、黄文骞等教授进行了有益的讨论,刘静如女士进行了不辞辛苦的测算。对此,笔者一并表示衷心谢意!

限于作者知识水平与资料关系,书中错误之处,请读者不吝批评指正!

杨晓梅 (E-mail:yangxm@lreis.com.cn)
刘宝银 (E-mail:hyliuby@sina.com.cn)
于2013年新年伊始

目　录

第一章　东北亚海域地理空间态势 …………………………………………………… (1)
第一节　概　述 ………………………………………………………………………… (1)
第二节　东北亚海域战略要地与争夺 ………………………………………………… (2)
第二章　基本概念 ……………………………………………………………………… (4)
第一节　概　述 ………………………………………………………………………… (4)
第二节　专题基本概念 ………………………………………………………………… (5)
第三节　海岛定义与空间特点 ………………………………………………………… (8)
第四节　技术平台与信息源 …………………………………………………………… (11)
第三章　千岛群岛岛链空间融合信息特征 …………………………………………… (17)
第一节　地质地理背景 ………………………………………………………………… (17)
第二节　北千岛群岛空间融合信息 …………………………………………………… (19)
第三节　中千岛群岛空间融合信息 …………………………………………………… (21)
第四节　南千岛群岛(北方四岛)战略地位及其空间融合信息 ……………………… (30)
第四章　第一岛链北段空间融合信息特征 …………………………………………… (35)
第一节　日本自然地理空间特征 ……………………………………………………… (35)
第二节　临近日本的海底地势特征与海流 …………………………………………… (36)
第三节　独特的自然条件与特殊的战略地位 ………………………………………… (39)
第四节　日本列岛空间区位特征 ……………………………………………………… (39)
第五节　东海东部岛礁空间融合信息特征 …………………………………………… (50)
第六节　大隅诸岛与海峡水道 ………………………………………………………… (71)
第七节　吐噶喇列岛与海峡水道 ……………………………………………………… (79)
第八节　奄美群岛与海峡水道 ………………………………………………………… (86)
第九节　战略要地冲绳群岛与海峡 …………………………………………………… (92)
第十节　先岛群岛、大东群岛与海峡 ………………………………………………… (99)
第五章　东北亚边缘海空间融合信息特点 …………………………………………… (105)
第一节　日本海基本自然条件 ………………………………………………………… (105)
第二节　典型地段地理背景与现实 …………………………………………………… (109)
第三节　鄂霍次克海基本自然条件 …………………………………………………… (114)
第六章　东北亚海峡通道要地 ………………………………………………………… (117)
第一节　概述 …………………………………………………………………………… (117)
第二节　宗谷海峡 ……………………………………………………………………… (118)

第三节　津轻海峡 …………………………………………………………………………（121）
第四节　朝鲜海峡 …………………………………………………………………………（123）
第五节　大隅海峡 …………………………………………………………………………（127）
第六节　宫古海峡 …………………………………………………………………………（129）
第七章　东北亚海港与空港要地空间分布 ……………………………………………（133）
第一节　海港要地空间分布 ………………………………………………………………（133）
第二节　环日本海海港要地空间区位与自然条件 ………………………………………（133）
第三节　东北亚临太平洋海港要地空间分布特征 ………………………………………（148）
第四节　朝鲜半岛西侧海港要地空间分布特征 …………………………………………（155）
第五节　东北亚空港要地空间融合信息与分布特征 ……………………………………（158）
主要参考文献 ……………………………………………………………………………（174）

第一章　东北亚海域地理空间态势

第一节　概　述

东北亚是一个地理概念。一般意义上讲，东北亚主要是指东亚的北部地区，涉及日本、韩国、朝鲜、蒙古、俄罗斯和中国6个国家。对中俄两国来说，处于东北亚这一地理范围的主要是中国的东北地区和俄罗斯的远东地区。

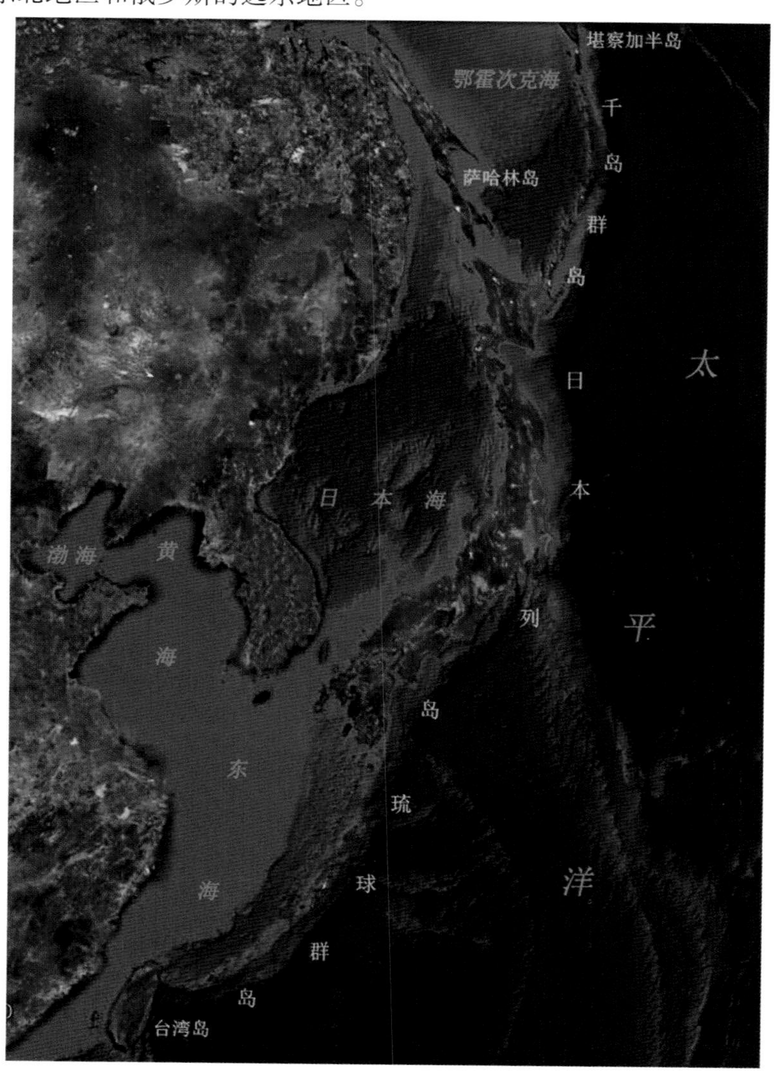

图1.1　东北亚卫星遥感信息处理图示

当前，东北亚已经排除了一国独霸的可能性，军事同盟、均势和大国协调并存。东北亚的战略重要性不断上升，具体表现在东北亚是世界上唯一处于具有全球影响力的中、美、日、俄四大国包围之中的地区，四国在地缘上聚焦于东北亚。国家统一、领土纠纷、能源资源、生态保护、核武器等传统和非传统安全问题交织在一起。而东北亚各国战略互信程度极低，缺少有效的安全制度约束，从而使得安全困境普遍存在。而美国推行导弹防御计划、强化双边同盟的做法更加剧了地区性安全困境。

诚然，东北亚地缘政治与中国国家安全紧密相连，东北亚地缘政治发展演变的各个时期，都对中国国家安全产生了直接而重大的影响。东北亚安全困境制约着中国和平发展的总体环境，而地区经济合作滞后制约着中国在东亚的整体战略布局。

地缘政治则是从地理的观点上来考虑一国的安全问题，其对国家间关系的研究来制定对外战略服务，而地缘政治争夺为国家安全服务，以确保国家的安全与发展。

如上所述，一直以来，东北亚地区是大国力量交汇处，特别是冷战后，这里有广泛的国家地缘利益，相关国家间关系变得愈加复杂。该地区形势发展的不确定性和脆弱性，具体表现在：日、美考虑到战略利益，调整着经济和安全方面的竞争与合作关系；美国对东北亚地区的控制战略；俄罗斯的发展渴望重振其大国雄风；中国的振兴有可能打破东北亚的多极均势格局，在和平发展和促进区域安全稳定方面日益增强着影响力；朝鲜半岛南、北双方在统一问题上的分歧依然存在；东北亚地缘政治未来发展的总趋势是对话与合作，但对立与冲突依然存在，东北亚区域间缓慢的发展，日益显示着活跃的经济关系。

显然，影响东北亚安全形势的危险因素较多，东北亚各国具有多层次的多样性，国家间彼此政治制度、经济体制、发展水平、战略利益、文化传统等有着很大差异。其中，日本因素是影响东北亚安全的突出因素。如它与我国的经贸关系、日本妄图侵占中国固有领土钓鱼岛、日本与俄罗斯北方四岛争端以及与韩国、朝鲜现实纠葛问题等。

朝鲜因素是影响东北亚的不稳定因素，而美国因素则是影响东北亚安全的非直接而重要因素，美国对日、韩、朝、中、俄的政策间接影响着东北亚安全，而朝鲜半岛问题是影响东北亚安全的核心。

对此，相关学者指出，中国的东北亚战略可具体描述为：增强国力但不谋求霸权，重视合作，以制度性力量促进符合中国战略利益和东北亚和平与繁荣的基本框架。

因此，构建东北亚发展共同体是保障东北亚安全的长远战略。

第二节　东北亚海域战略要地与争夺

东北亚海域及其邻近国家的地理优势同时反映着战略的区位优势。近代以来，国土的领属几经变迁，涉及地缘政治上、战略上、军事上、资源上等诸多层面上的国家利益，至今争夺与谈判尚未休止。众所周知的是：

(1)包括堪察加半岛、千岛群岛、萨哈林岛，以及远东地区的大片区域，几经变化，至今为俄罗斯所有；

(2)具有战略意义的南千岛群岛(北方四岛)日、俄相争；

(3)日本海中的独岛(竹岛)争议；

(4)朝鲜半岛海上争端的南、北不稳定性；

(5)海峡通道的控制与反控制；

(6)日本妄想侵占中国固有的钓鱼岛；

(7)图们江口出海航道；

(8)海港要地的空间分布战略意图；

(9)空港要地的空间分布战略意图；

等等，不一而足。

综上所述，可知东北亚地理载体，显示了区域地理优势与劣势对国家的利益与制约。对此，在以下章节里着重予以阐述。

第二章　基本概念

第一节　概　　述

辽阔的东北亚海域中，纵跨四个边缘海，岛链延伸千里，陆架、陆坡、海峡、海沟、海港、空港等一一并存。显示了在海洋地理载体上，含有多元性与多层次性。海洋区域地理要素空间地理跨度与时间跨度，则反映了区域地理优势与劣势。对此，关联着如下所述的诸多相关基本概念。

海底地形地貌　在太平洋广阔的海域中，大致 2 000 m 以下有深海盆地约占总面积的 87%，200 ~ 2 000 m 之间的边缘部分约占 7.4%，200 m 以内的大陆架约占 5.6%。北半部有巨大海盆，西部有多条岛弧，岛弧外侧有深海沟。海底有大量的火山锥。边缘浅水域水深多在 5 000 m 以上，海盆面积较小。

大洋底地貌如似大陆，有着高耸的山脉，辽阔的海底平原，以及深达万米的大海沟。太平洋海底地貌起伏较大，其最深处在西部大陆架地区，有一系列巨大的岛弧和海沟带。岛弧和海沟紧挨在一起，构成地球表面起伏最剧烈的地带，地形高差达 15 000 m。在岛弧内侧与大陆之间是一系列边缘海。太平洋边缘的大陆架、大陆坡、岛弧和海沟，约占太平洋底总面积的 10%。

火山与地震　全球约 85% 的活火山和约 80% 的地震集中在太平洋地区。太平洋东岸的美洲科迪勒拉山系和太平洋西缘的花彩状群岛是世界上火山活动最剧烈的地带，活火山多达 370 多座，地震频繁。

气候　太平洋大部分处在热带和副热带地区，故热带和副热带气候占优势。气温随纬度增高而递减。南、北太平洋最冷月平均气温从回归线向极地为 20℃ ~ －16℃。太平洋年平均降水量一般为 1 000 ~ 2 000 mm，多雨区可达 3 000 ~ 5 000 mm，而降水最少的地区不足 100 mm。40°N 以北，40°S 以南常有海雾。水面气温平均为 19.1℃。

洋流与潮汐　太平洋洋流大致以 5°—10°N 为界，分成南北两大环流：北部环流顺时针方向运行，由北赤道暖流、日本暖流、北太平洋暖流、加利福尼亚寒流组成；南部环流反时针方向运行，由南赤道暖流、东澳大利亚暖流、西风漂流、秘鲁寒流组成。两大环流之间为赤道逆流，由西向东运行，流速 2 000 m/h。潮汐多为不规则半日潮，潮差一般为 2 ~ 5 m。

海洋资源　太平洋动植物都较其他大洋丰富。如：太平洋浅海渔场面积约占世界各大洋浅海渔场总面积的 1/2，海洋渔获量占世界渔获量一半以上；近海大陆架的石油、天然气、煤很丰富，深海盆地有丰富的锰结核矿层，海底砂锡矿、金红、锆、钛、铁及铂金砂矿储量也很丰富。

交通运输 太平洋航运有许多条联系亚洲、大洋洲、北美洲和南美洲的重要海、空航线经过太平洋。海运航线主要有东亚—北美西海岸航线、东亚—加勒比海、北美东海岸航线，东亚—南美西海岸航线，东亚沿海航线，东亚—澳大利亚、新西兰航线等。

西太平洋沿岸有众多的港口与空港。各国之间都有海底电缆。

第二节 专题基本概念

海底山脉 海底孤立的山体称海山，其中起伏较小的称海丘。其基本呈现为海底火山，海山出露海面则成火山岛。海底的孤山也常可发育成平顶海山。大洋中高于 1 000 m 的海底山脉绵延于海底的大洋中脊和海岭，仅在太平洋就有 30 000 座。有的学者指出，在构造上为板块的生长扩张边界。山顶的平均海深 2 000 ~ 3 000 m，高出大洋盆地 2 000 ~ 3 000 m，宽 1 000 ~ 1 500 km，横剖面具有双峰，双峰间为中央裂谷，谷宽几十千米，相对深约 1 000 ~ 2 000 m，裂谷中不断有玄武岩岩浆溢出。

海底排列成行的火山链构成的火山海岭和断裂海岭。火山海岭上有些死火山，呈现为海底的平顶海山，有的出露海面之上为火山锥体。断裂海岭是由大规模海底断裂形成具断块山特点的海底山脉，一般走向挺直，绵延较远。

海沟 在地质学上，海沟被认为是海洋板块和大陆板块相互作用的结果。两个板块相互摩擦，形成长长的不对称"V"字形凹陷地带。海沟位于大陆边缘或岛弧与深海盆地之间、两侧边坡陡峭的狭长洋底形成巨型沟槽。深海盆地上或深海盆地边缘呈狭窄的长条状洼地，边缘陡峻，深度常超过 6 000 m。

海沟多分布在大洋边缘，而且与大陆边缘相对平行。有人认为，水深超过 6 000 m 的长形洼地都可以叫做海沟，属于太平洋的海沟就有 14 条。

在太平洋西部和印度洋，海沟与岛弧平行排列，海沟呈现以下特征。

海沟一般长达 500 ~ 4 500 km，宽 40 ~ 120 km。地球上最深的马里亚纳海沟深达 11 033 m。海沟在平面上大多呈弧形向大洋凸出，横剖面呈不对称的"V"字形，近陆侧陡峻，近洋侧略缓海沟两侧普遍具阶梯状的地貌，地质结构复杂，发育蓝闪石片岩相高压低温变质带。海沟中的沉积物一般较少，主要包括深海、半深海相浊积岩。沟坡上部较缓，而下部则较陡峭。平均坡度为 5° ~ 7°。偶尔也会遇海沟分布到 45°以上的斜坡。海沟为重力负异常带。沿海沟分布的地震带是地球上最强烈的地震活动带。

海沟地理分布在活动大陆边缘，主要见于环太平洋地区。在太平洋西部，海沟与岛弧平行排列，具体如下。

马里亚纳海沟 为目前所知最深之海沟，也是地壳最薄之所在。该海沟地处近关岛的马里亚纳群岛东方。此海沟为两大陆板块辐辏之潜没区，太平洋板块于此潜没于菲律宾板块之下，最深 11 033 m。

日本海沟 位于太平洋西北部，日本列岛东侧南北分布的海沟，最深 10 682 m。北连千岛海沟，南接伊豆诸岛东侧小笠原群岛附近的海沟。长 890 km，宽 100 km。平均深度 6 000 m。本州岛鹿岛滩东部深 8 412 m，最深处在伊豆诸岛东南侧。

海峡 系指介于大陆—大陆、大陆—岛屿、岛屿—岛屿之间连接两个海或大洋的狭窄水道。海峡是由海水通过地峡的裂缝经长期侵蚀,或海水淹没下沉的陆地低凹处而形成的。海峡内的海水温度、盐度、水色、透明度等水文要素的垂直和水平方向的变化较大。底质多为坚硬的岩石或沙砾,细小的沉积物较少。一般深度较大,水流较急且多涡流。海峡在军事及航运上都有重要意义,为交通要道、航运枢纽。全世界共有海峡 1 000 多个,其中适宜于航行的海峡约有 130 多个,交通较繁忙或较重要的只有 40 多个。海峡分为:

内海海峡 位于领海基线以内,系沿岸国的内水;

领海海峡 宽度在两岸领海宽度以内者,通常允许外国船舶享有无害通过权;

非领海海峡 宽度大于两岸的领海宽度,在位于领海以外的海峡水域中,一切船舶均可自由通过。

海峡的长度、宽度和深度等彼此相差悬殊。处于西太平洋的海峡,如:

台湾海峡 沟通东海和南海,全长 380 km;

鞑靼海峡 连接鄂霍次克海和日本海;

宗谷海峡 连接鄂霍次克海和日本海(鞑靼海峡);

津轻海峡 连接日本海和太平洋;

朝鲜海峡 (对马海峡,釜山海峡)连接日本海和东海;

宫古海峡 连接东海与太平洋。

深海平原 深海平原是大洋深处平缓的海床,其坡度小于 1/1 000 的深海底部,系大洋盆地的重要组成单元。常位于大陆架和大洋中脊之间,延展数百千米宽,起伏通常很小,水深 3 000 ~6 000 m。覆盖着较厚的沉积层。它自大陆隆外缘向洋内伸展,表面可以被深海谷所切割,且沿着向大洋中脊的方向,随着沉积层减薄直至过渡到深海丘陵。深海平原大约覆盖了海洋面积的 40%。

太平洋因周围有许多海沟,浊流沉积难以越过海沟到达大洋盆地,深海平原在太平洋东北部有所分布。

火山 火山分为活火山、休眠火山、死火山等。其中:活火山系正在喷发和预期可能再次喷发的火山,而在将来可能再次喷发的火山也可称为活火山。

休眠火山系长期以来处于相对静止状态的但将来还会喷发的火山。此类火山都保存有完好的火山锥形态,仍具有火山活动能力,或尚不能断定其已丧失火山活动能力。沉睡中的火山一旦再次进入地壳移动地带,便会有再次爆发的机会。它和活火山之间,很难划出明确的区分界限。

死火山系指史前曾发生过喷发,但有史以来一直未活动过的火山。此类火山已丧失了活动能力。有的火山仍保持着完整的火山形态,或已遭受风化侵蚀,只剩下残缺不全的火山遗迹。

上述三种类型的火山之间没有严格的界限。

火山岛 火山岛是由海底火山喷发物堆积而成的,主要由玄武岩组成。由火山喷发出的岩浆冷却后凝固而成的一种致密状或泡沫状结构的岩石。火山岛形成中呈圆锥形的地形,被称为火山锥。它的顶部为大小、深浅、形状不同的火山口。如果火山喷发量大,次数多,时间长,火山岛的高度和面积也就增大了。由许多火山喷发的地方都形成崎岖不平的丘陵。在环太平洋地区分布较广,著名的火山岛群有千岛群岛、阿留申群岛等。火山岛按其属性分为两种,一种是大洋火山岛,它与大陆地质构造没有联系;另一种是大陆架或大陆坡海域的火山岛，它与大陆地质构造有联系，但又与大陆岛不尽相同，属大陆岛屿大洋岛之间的过渡类型。

火山岛形成后，经过漫长的风化剥蚀，岛上岩石破碎并逐步土壤化，因而火山岛上可生长多种动植物。但因成岛时间、面积大小、物质组成和自然条件的差别，火山岛的自然条件也不尽相同。

环太平洋火山带全长达 40 000 km 以上，呈一向南开口的环形构造系。有活火山 512 座，著名火山分布在日本列岛、琉球群岛至台湾岛有众多的火山岛屿，如赤尾屿、钓鱼岛、彭佳屿、澎湖岛、兰屿和火烧岛等。

岛弧 大陆与海洋盆地之间呈弧形分布的群岛。即与强烈的火山活动、地震活动及造山作用过程相伴随的长形曲线状大洋岛链。岛屿以山地为主，外临深海沟。

西太平洋岛弧最为典型，分南北两段：北段由千岛群岛、日本列岛、琉球群岛、菲律宾群岛构成，面向太平洋，为东亚太平洋岛弧；西太平洋岛弧处在太平洋板块、亚欧板块和印度洋板块的嵌合带，地壳不稳定，多火山地震。据统计，全世界 500 余座活火山，一半以上集中在该岛弧带；全球地震能量的 95% 也在此释放。

大多数岛弧都由两列平行的、弯弓状的岛屿组成。这样一种双岛弧的内列由一串爆发的火山组成，而其外列由非火山的岛屿组成。在只有单列弧的情况下，组成它的岛屿很多有火山活动的。

破坏性地震经常发生在岛弧所在地。大多数岛弧沿着太平洋盆地的西缘出现。位于大陆边缘与海沟平行排列的弧形列岛，其分布与海沟一致，以西太平洋为主，是分开大洋盆地和边缘盆地的重要构造地貌单元，岛弧向大洋方向外凸的一侧是与之平行的海沟，一个岛弧纵向延伸长几百至几千公里，宽约 200 ~ 300 km。

按岛弧的地貌特征岛弧可分为：①单弧型，由一条平行于海沟的火山岛弧组成，如千岛弧，日本列岛弧；②双弧型，由平行于海沟的一条外弧和一条内弧组成，如印尼群岛弧；③多弧型，是在双弧型的陆侧还有一条残留弧。

海岭 海岭又称海脊，耸立在深海盆地和大陆坡上的海底山脉。狭长延绵的大洋底部高地，一般在海面以下，高出两侧海底可达 3 ~ 4 km。

海渊 海沟的最深部分，海沟中轮廓清楚的深沟。海渊指轮廓清楚的深海凹地，深度超过 6 000 m。多数位于海沟中，海沟中已测得的最深陷部分，如马里亚纳海沟中的马里亚纳海渊，是世界最深的海底，最深达 11 033 m。

边缘海 又称“陆缘海”。位于大陆边缘和大洋的边缘，其一侧以大陆为界，另一侧以半岛、岛屿或岛弧与大洋分隔，仅以海峡或水道与大洋相连的海域。主要潮波和海流系统直接来自外海，水流交换通畅，水文特征受大陆影响，变化比大洋大。边缘海可按其主轴方向分为纵边缘海和横边缘海。主轴方向平行于附近陆地的主断层线，如鄂霍次克海、日本海等，为纵边缘海。

第三节　海岛定义与空间特点

1. 海岛定义

人们向以格陵兰岛为界，比该岛面积大的定义为洲或大陆，反则，面积小的定义为岛。但是，至今海岛具体定义并非统一。从1930年海牙国际法编纂会议规定，“岛屿是一块永久地高于高潮水位的陆地区域”，到1956年，国际法委员会对海岛定义的报告，继1958年《领海及毗连区公约》第10条第1款所规定的“岛屿是四面环水并在高潮时高于水面的自然形成的陆地”，及至1973年国际海底委员会上，岛屿的定义乃有争议。此后，于1982年发布的《联合国海洋法公约》规定，“岛屿是四面环水并在高潮时高于水面的自然形成的陆地区域”，被很多国家所接受。海域以主权岛屿周边领海、200海里专属经济区直至大陆架边缘的最远边界。亦是大陆架与深海资源开发的前沿基地与国防前哨。

海岛作为一个独特区域有着自身的特征，具体表现在：

（1）具有独立性——海岛四周被海水包围，往往远离大陆，面积狭小，地域结构简单，物种区域交流受限制，形成了独立的生态环境地域；

（2）具有完整性——海岛的岛陆、岛滩、岛坡、岛基包括海域、海陆过渡带和陆域三大地貌单元，地理分带性明显而且完整，海岛并具有社会经济的独立性和完整性；

（3）自然环境和生态系统呈现脆弱性——海岛陆域狭小，土壤贫瘠，淡水短缺，生境条件差易受海洋灾害的侵袭等，受灾后很难恢复。

世界海岛分类的所有类型，可反映海岛成因、分布形态、物质组成、离岸远近、面积大小、有无淡水与有无人居住等条件。

已如所知，海岛区域陆地面积小，水域面积大，显示了海岛地理环境独有的特征与规律，在有岛陆桥连通与无岛陆桥连通的岛群区域，也分别表征出海岛诸要素间不同和内在关联性与相互制约。如，海岛工程设施的选址、资源开发、军事区域划定、海岛产业、岛陆联系与海岛行政隶属关系等，均与海岛空间结构变化密切相关。

2. 海岛空间特点

岛群或独立岛屿空间特点及其在不同海域中彼此有所差异，它们离大陆的远近之分，形成背景的不同，有人和无人岛屿之别等。就此，王海壮等做了相关研究（2004），笔者参阅其海岛地理区位及其空间分布特点的阐述，绘制了如图2.2与图2.3所示内容。

海岛分类及其含义

1. 海岛成因

● 大陆岛 系大陆地块延伸到海底并出露海面而形成岛屿,其地质构造、岩性与地貌等和邻近大陆基本相似,通常位于大陆附近;

● 海洋岛 分为火山岛与珊瑚岛;

火山岛 系海洋岛类型中的一种,其是海底火山喷发出的岩浆物质堆积并出露海面形成的岛屿,通常面积不大,坡度较陡;

珊瑚岛 系由海洋中造礁珊瑚钙质遗骸和石灰藻类生物遗骸堆积形成的岛屿;

● 冲积岛 其多形成于江河入海口处,系由径流携带的泥沙堆积而成的岛屿,地势低平,形态多变化,多由沙与黏土等碎屑物质组成;

2. 海岛分布形状与构成的状态

● 群岛 系指一些岛屿彼此相距较近,且成群分布在一起;

● 列岛 系呈现线(链)形或弧形排列分布的群岛;

● 岛群 系指数量在3个以上,彼此相距不远,自然条件和资源情况相近,属于同一个地质构造基础的岛屿;

● 岛 系海岛组成最基本单元,其可组成列岛、群岛或岛群,单个或数个组成相对独立的岛;

3. 海岛物质组成

● 基岩岛 系由固结的沉积岩、变质岩与火山岩组成的岛屿;

● 泥沙岛 该类岛屿形成在江河入海口处,系由径流携带的泥沙堆积而成的岛屿,地势低平,形态多变化,多由沙与黏土等碎屑物质组成;

● 珊瑚岛 系由海洋中造礁珊瑚钙质遗骸和石灰藻类生物遗骸堆积形成的岛屿;

4. 海岛离大陆海岸距离不同

● 陆连岛 原系独立的海岛,后经自然或人工作用,使其与大陆链接;

● 沿岸岛 系指岛屿分布位于大陆不足10 km的距离内;

● 近岸岛 系指岛屿分布位于距离大陆大于10 km,且小于100 km的海岛;

● 远岸岛 系指岛屿分布位于距离大陆大于100 km的海岛;

5. 海岛面积大小

● 特大岛 系指面积大于2 500 km^2的海岛; ● 大岛 系指面积界于100~2 500 km^2的海岛;

● 中岛 系指面积界于5~99 km^2的海岛; ● 小岛 系指面积界于500 m^2~4.9 km^2的海岛;

● 微型小岛 系指面积小于500 m^2的海岛;

6. 海岛所处位置

● 河口岛 指位于河流入海口附近岛屿,多为冲积岛; ● 湾内岛 系指位于海湾以内的海岛;

7. 有无人常住海岛

● 有居民岛 系指常年有人居住并有户籍的海岛; ● 无人岛 系指常年无人居住的海岛;

8. 有无淡水资源的海岛

● 有淡水岛 系指岛上有淡水资源分布的海岛;

● 无淡水岛 系指岛上无淡水资源分布的海岛;

9. 接近海面、海水适淹和水下的珊瑚礁滩

● 珊瑚岛 系为固定的沙洲,高于水面,但海拔高度较低,岛四周环绕有白色的沙滨,面积很小,平坦的顶上覆盖有珊瑚沙,上有淡水层保存,并往往有鸟粪层与繁茂的植物生长;

● 沙洲 在新近浮出海面的珊瑚礁上,具有浅沙一层所称之的沙帽,海拔高度很低,常受到潮水冲刷,大风浪可将其淹没,其上多砾质,植被也少;

● 暗礁 接近于水面,水深一般在4.5~8 m之间,大多系新生的珊瑚礁,退潮时多有露出水面,其上往往有大礁块或岩石矗立在水面上;

● 暗沙 暗滩向上生长,一旦其距离水面较近,如水深为6~25 m,且滩面有沙砾堆积,能通过波浪变形,在海面表征其存在的位置;

● 暗滩 位于水下较深处的珊瑚礁,有的深达15 m以上,表面广阔而平坦,活珊瑚很少;

● 环礁 环礁是热带海洋中生长的巨大珊瑚礁体的一种,系指海中呈圆环状的水下暗礁,环礁通常不露出于海面,但其环状暗礁形态常能在海面上表现出来

图 2.1 海岛通常分类及其含义

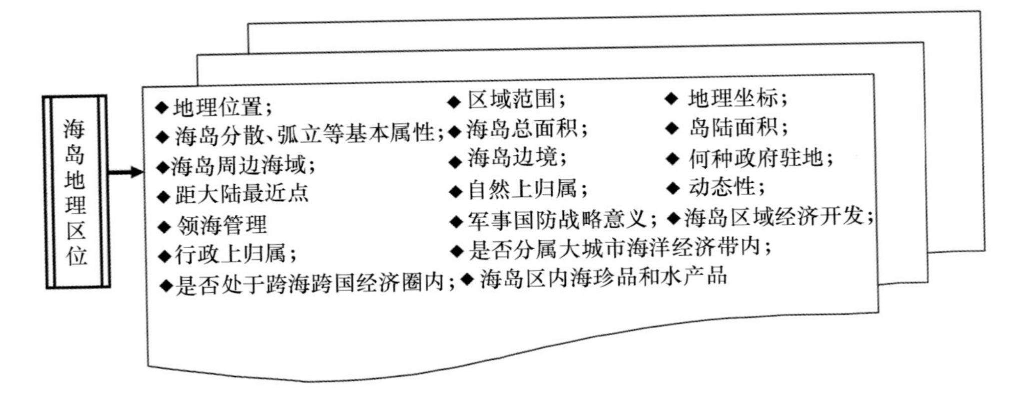

图 2.2　海岛地理区位概念

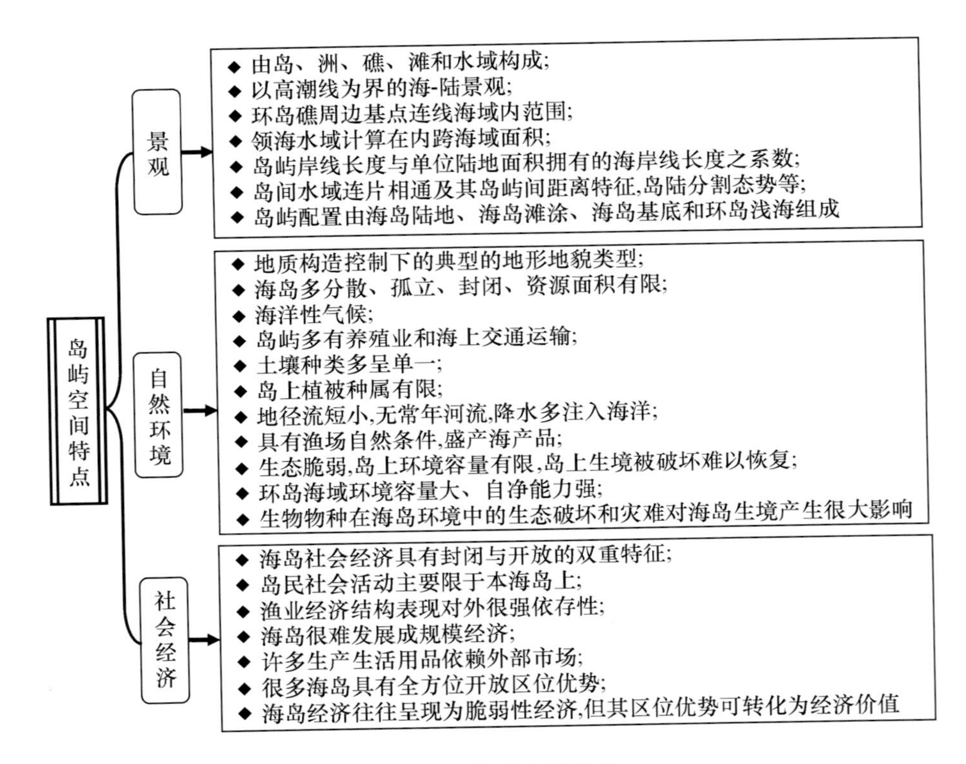

图 2.3　岛屿空间特点

第四节　技术平台与信息源

1. 卫星遥感信息分辨能力

航天遥感系统的性能有分辨率、传感器类型、覆盖范围和时间性等4个常用衡量指标。

分辨率　已达到能发现和识别绝大多数包括军事目标的水平，多种侦察卫星的地面分辨率已达到1 m，以至小于1 m。

性能先进的遥感器技术　主要分为光学照相技术和合成孔径雷达成像技术两种。遥感器能够感知510～770纳米的绿色到红色带的可见光区域，可以同时对卫星运行方向的前方、后方和直下方进行立体侦察拍摄，能够获得关于地球表面地形起伏、建筑物形状等高精度的数据资料。此外，还可以用红、蓝、绿、红外线4种不同色域模式对同一物体进行拍摄，并运用计算机合成处理技术进行分析，具有识别目标真伪的能力。而合成孔径雷达（SAR）成像技术利用在轨卫星搭载的微波合成孔径雷达获取观测对象地域的图像侦察信息，不受天气和光照条件的影响，具有全天时全天候工作的特点。

有效覆盖范围　已达到普通任务所需，系指一个平台可以成像的地球区域以及对一个特定目标连续两次观察之间的时间长度，即"再访周期"，再访周期越短，侦察效能越高。为此，采用：①增设更多的地面站；②在卫星上使用存储载体，当卫星从地面站上空通过时再传回地面；③利用数据中继卫星等手段。

近实时获取图像　系衡量侦察卫星可利用性的关键参数。在图像处理速度相同的情况下，再访周期短的卫星获得目标图像所用的时间就短，侦察时效性非常强。

表2.1　高分辨率卫星遥感特点

内　容	类别/特点	相　对　优　势
高分辨率含义	高空间分辨率 高光谱分辨率 高时间分辨率	• 指像素的空间分辨率在10 m以内的； • 始于80年代及其以后的成像光谱仪； • 重复周期1～3天之内
高分辨率卫星影像主要特点	单幅影像含有丰富的数据量	• 一幅IKONOS全色波段影像地面覆盖面积为11.7 km×7.9 km，数据量达80 MB； • 一幅相同覆盖面积的多波段影像达250 MB
	成像光谱波段很窄	• 单色波段光谱分辨率增加利于用光谱空间特征识别地物精度； • 光谱分辨率增加利于应用的深度
	提供清晰的地物几何结构与纹理信息	• 清晰表现出地物景观结构、纹理等信息； • 监测人为活动对环境的影响成为可能
	成图比例尺扩大	制作大比例尺遥感制图[Ikonos]卫星数据最大成图比例尺可达1∶2 500，快鸟卫星数据将能达1∶1 500～1∶2 000
	从二维—三维信息	• 高分辨率遥感象元反映的是三维空间上不同组分的组合结果； • 高分辨率卫星影像多具有立体像对的数据
	高时间分辨率	重复轨道周期缩短为1～3 d内，利于地表环境动态监测

基于上述，积极发展卫星及其提高侦察能力，多种侦察监视手段相结合，组成全方位、全天候的海洋遥感体系，建设独立的卫星情报系统，提高特定海域信息感知和获取能力。

一些国家以 IGS 系统的空间部分，由 2 颗光学成像卫星和 2 颗合成孔径雷达成像卫星组成。前者主要在白天和气象条件较好的时候拍摄地面目标，后者则不受气象条件限制，可全天候全天时监视地面目标。

例如，日本的策略是发展自己的多用途遥感卫星，既可民用，也能提供军事侦察信息。20 世纪 90 年代以来，日本先后发射了“海洋观测卫星”（MOS）、“日本地球资源卫星”（JERS）等。目前，日本在轨的有“先进地球观测卫星”（ADEOS）和“先进陆地观测卫星”（ALOS）等 4 个系列的遥感卫星，2006 年 1 月 24 日发射的 ALOS 卫星，其最重要的作用是为日本政府提供急需的卫星情报，对整个亚太地区进行全天候监视。

再如，印度现有的侦察卫星已基本具备战略预警侦察能力。迄今，印度已发射了 12 颗 IRSqa 星，8 颗在役，实际上担负着为印军提供邻国军事活动情报的任务。印度还将发射 5 颗侦察卫星，至时将组成分辨率优于 0.5 m、可覆盖整个南亚乃至全球的侦察卫星星座。

从以上发展计划和动向看，我周边主要国家和地区都把进一步提高分辨率、发展具有全天时全天候侦察能力的雷达侦察卫星、实现多颗不同类型侦察卫星的组网作为未来军用侦察卫星系统发展的方向。

2. 遥感技术参数

(1) 资源三号卫星

该卫星系我国首颗民用高分辨率光学传输型立体测图遥感卫星，并于 2012 年 1 月 9 日成功发射。其数据处理系统具有全天时不间断运行能力，可生产比例尺 1∶50 000 基础地理信息产品，以及更大比例尺成图的需求。

表 2.2　资源三号卫星相关技术参数

<table>
<tr><td>卫　星</td><td colspan="5">资源三号卫星</td></tr>
<tr><td>国　家</td><td colspan="5">中　国</td></tr>
<tr><td>发射日期</td><td colspan="5">2012.1.9</td></tr>
<tr><td>轨道高度（km）</td><td colspan="5">505.984</td></tr>
<tr><td>重访周期（d）</td><td colspan="5">3～5</td></tr>
<tr><td>有效载荷侧摆能力</td><td colspan="5">±32°</td></tr>
<tr><td>回归周期（d）</td><td colspan="5">59</td></tr>
<tr><td>相邻轨迹间距（km）</td><td colspan="5">44.68</td></tr>
<tr><td rowspan="8">技术指标</td><td>有效载荷</td><td>波段号</td><td>光谱范围（μm）</td><td>空间分辨率（m）</td><td>幅宽（km）</td></tr>
<tr><td>前视相机</td><td>—</td><td>0.50～0.80</td><td>3.5</td><td>52</td></tr>
<tr><td>后视相机</td><td>—</td><td>0.50～0.80</td><td>3.5</td><td>52</td></tr>
<tr><td>正视相机</td><td>—</td><td>0.50～0.80</td><td>2.1</td><td>51</td></tr>
<tr><td rowspan="4">多光谱相机</td><td>1</td><td>0.45～0.52</td><td rowspan="4">5.8</td><td rowspan="4">51</td></tr>
<tr><td>2</td><td>0.52～0.59</td></tr>
<tr><td>3</td><td>0.63～0.69</td></tr>
<tr><td>4</td><td>0.77～0.89</td></tr>
<tr><td>成像规格</td><td colspan="5">1∶50 000</td></tr>
</table>

(2)斯波特卫星($Spot_5$)

该卫星遥感器 HRG 具有更高分辨率,能前后摆获取立体像对,提高了立体像对的获取效率。

表 2.3 $spot_5$ 高分辨率成像装置特征

装置	2 个高分辨率几何装置(HRGs)
通道及分辨率	2 景全色波段影像(5 m),可以生成一景 2.5 m 影像; 3 个多光谱波段(10 m);1 个短波红外波段(20 m)
波谱范围	P 0.48 ~ 0.71 μm; B1 0.50 ~ 0.59 μm;B2 0.61 ~ 0.68 μm; B3 0.78 ~ 0.89 μm;B4 1.58 ~ 1.75 μm
影像视场范围	60 km × (60 ~ 80) km
象元长度	8 bits
绝对定位精度(无控制点,水平地面)	< 50 m (rms)
内部相对距离精度 (level 1B)	0.5×10^{-3} (rms)
能够编程接受	能
重访间隔(取决于纬度)	1 ~ 4 d

(3)伊克诺斯卫星(Ikonos)

该卫星由洛马公司用雅典娜 2 型运载火箭从范登堡空军基地发射的第一颗高分辨率商业遥感卫星,基本影像数据(Geo L2)经过了辐射纠正和初步几何纠正,可进行太空影像航拍、测绘等。应用领域涉及国家安全、灾害评估等。其影像产品具有多种许可,以满足用户的需求。

表 2.4 IKONOS 卫星相关技术参数

发射日期	1999 年 9 月 24 日
轨道类型	太阳同步
轨道高度	681 km
重访频率	1m 分辨率,2.9 d;1.5 m 分辨率,1.5 d
影像采集时间	每日上午 10:00 ~ 11:00
图像分辨率	全色:1 m;多光谱:4 m
通 道	全色波段: 450 ~ 900 nm 彩色波段: B1 450 ~ 530 nm B2 520 ~ 610 nm B3 640 ~ 720 nm B4 770 ~ 880 nm
影像产品	Geo、Standard、Ortho、Reference、Pro、Precisiondeng

(4)快鸟(Quickbird)

该卫星系美国发射的高分辨率商业遥感卫星,其成像摆角等具有显著的优势。其产品分多个处理级别,不同的产品级别对应不同的处理与地理定位精度。

表 2.5 快鸟卫星相关技术参数

发射日期	2001－10－18
轨道类型	太阳同步
轨道高度(km)	482
回访时间(d)	1～3.5(与纬度有关)
图像分辨率(cm)	星下点全色:65 星下点多光谱:262
区域采集	18 km 宽的成像条带
立体成像能力	沿轨/横轨方向
图像数字质量	11 bits 存储
光谱特征	全色＋4MS
全色分辨率(最低点,cm)	65
多谱分辨率(最低点,cm)	262

(5)中国海洋 HY－1A 卫星

表 2.6 国海洋 HY－1A 卫星相关技术参数

<table>
<tr><td colspan="2">发射日期</td><td colspan="3">2002 年 5 月 15 日</td></tr>
<tr><td colspan="2">轨道高度</td><td colspan="3">798 km</td></tr>
<tr><td colspan="2">重复观测周期</td><td colspan="3">海洋水色扫描仪 3 d;CCD 成像仪 7 d</td></tr>
<tr><td colspan="2">星下点空间分辨率</td><td colspan="3">海洋水色扫描仪 1.1 km;CCD 成像仪 250 m</td></tr>
<tr><td colspan="2">扫描幅宽</td><td colspan="3">海洋水色扫描仪 1 024 象元/行;
CCD 成像仪 2 048 象元/行</td></tr>
<tr><td colspan="2">量化等级</td><td colspan="3">海洋水色扫描仪 10 比特;CCD 成像仪 12 比特</td></tr>
<tr><td rowspan="17">通道</td><td rowspan="11">海洋水色扫描仪</td><td></td><td></td><td>应用:</td></tr>
<tr><td>BI</td><td>402～422 nm</td><td>黄色物质、水体污染</td></tr>
<tr><td>B2</td><td>433～453 nm</td><td>叶绿素吸收</td></tr>
<tr><td>B3</td><td>480～500 nm</td><td>叶绿素、水体光学、海冰、污染、浅水地形</td></tr>
<tr><td>B4</td><td>510～530 nm</td><td>叶绿素、水深、污染、低含量泥沙</td></tr>
<tr><td>B5</td><td>555～575 nm</td><td>叶绿素、低含量泥沙</td></tr>
<tr><td>B6</td><td>660～680 nm</td><td>荧光峰、高含量泥沙、大气校正、污染、气溶胶</td></tr>
<tr><td>B7</td><td>730～770 nm</td><td>高含量泥沙、大气校正</td></tr>
<tr><td>B8</td><td>845～885 nm</td><td>大气校正、水汽总量</td></tr>
<tr><td>B9</td><td>10 300～11 400 nm</td><td>水温、海冰、云顶温</td></tr>
<tr><td>B10</td><td>11 400～12 500 nm</td><td>水温、海冰、云顶温</td></tr>
<tr><td rowspan="5">CCD 成像仪</td><td></td><td></td><td>应用:</td></tr>
<tr><td>B1</td><td>420～500 nm</td><td>污染、植被、水色、冰、浅水地形</td></tr>
<tr><td>B2</td><td>520～600 nm</td><td>悬浮泥沙、污染、植被、冰、滩涂</td></tr>
<tr><td>B3</td><td>610～690 nm</td><td>悬浮泥沙、土壤、水汽总量</td></tr>
<tr><td>B4</td><td>760～890 nm</td><td>土壤、大气校正、水汽总量</td></tr>
</table>

(6)TERRA 卫星

该卫星的 MODIS 数据源从 2001 年 10 月 1 日开始，沿海岸带每天摄取一景[大小约 1 354 象元×(2 500～3 000)列]。按照 1 km(分 3 段 3 个文件)、500 m 和 250 m 分辨率分别存储。影像的存储格式采用国际通用的 HDF 格式，头文件中每间隔 5 个点有经纬度坐标。

表 2.7　TERRA 卫星相关技术参数

卫　星	TERRA
国　家	美　国
发射日期	1999－12－28—
中分辨率成像光谱仪	MODIS
轨道高度(km)	705
扫描宽度(km)	2330(横轨)×10(沿轨)
覆盖周期(d)	1～2(覆盖全球一次)
空间分辨率(m)	250,500,1 000
36 个光谱通道(nm)	有关海洋的通道： B8 405～420，B9 438～448，B10 483～493， B11 526～536，B12 546～556，B13 662～672， B14 673～683，B15 743～753，B16 862～877
8～16 通道应用	• 叶绿素浓度与浮游植物中的叶绿素吸收系数； • 悬浮泥沙浓度； • 黄色物质浓度； • 水体总吸收系数等物理量。

(7)其他高分辨率卫星星群(WorldView 1、WorldView 2、ALOS、Theos)

表 2.8　WorldView 1、WorldView 2、ALOS、Theos 卫星相关技术参数

卫　星	WorldView 1	WorldView 2	ALOS	THEOS
发射日期	2007－09－18	2009－09	2006－01－24	2008－10－01
轨道	太阳同步 高度：496 km	太阳同步 高度：770 km	太阳同步 高度：691.65 km	太阳同步 高度：822 km
地面分辨率	全色：50 cm	全色：46 cm 8 波段多光谱：184 cm		全色：2 m 多光谱：15 m
数传率	800 Mbps	800 Mbps	240/120 Mbps	120 Mbps
重访周期	1 mGSD 成像时：1.7 天 偏离星下点 25°：4.6 天	1 m GSD 成像时：1.7 天 偏离星下点 20°：3.7 天	2 天	

续表

卫　星	WorldView1	WorldView2	ALOS	THEOS
光谱通道	全色	全色+多光谱(8 波段)		全色: 0. 45 ~0. 90 μm B0:0. 45 ~0. 52 μm B1:0. 53 ~0. 60 μm B2:0. 62 ~0. 69 μm B3:0. 77 ~0. 90μm
地理定位精度	无控制点:4. 0 ~5. 5 m 有地面控制点:2 m	无控制点:4. 0 ~5. 5 m 有地面控制点:2 m		
日采集能力	75×10^4 km^2	95×10^4 km^2		

第三章 千岛群岛岛链空间融合信息特征

第一节 地质地理背景

1. 概述

千岛群岛处于太平洋构造不稳定地带，其分隔鄂霍次克海与太平洋，为鄂霍次克海东南部的天然屏障，扼鄂霍次克海与太平洋的海上通道，战略地位十分重要。历史上日本与俄国围绕千岛群岛展开过激烈的争夺。该群岛俄文称之为 Курильскиеострова，日文称之为千岛列岛，英文称之为 Kuriru Islands，中国称之为千岛群岛。对此，为方便与同一性表述，下文中岛屿名称主要采用英文，并附相关名称。

千岛群岛由 40 多个岛屿组成的弧形岛群，其南—北绵延达 649 n mile，群岛海岸线长达 2 250 km，主要由火山岩礁组成，有火山 160 座，其中活火山 38 座，被称之为太平洋火环。各岛山峰耸立，地势崎岖，海岸线曲折、陡峻，千米以上高峰 40 余座，阿莱德山最高，海拔 2 339 m。岛上河短流急，多石滩、瀑布。其中，北千岛群岛 5 个岛屿总面积为 2 593 km^2，中千岛群岛 16 个岛屿总面积约 2 726 km^2，南千岛群岛总面积达 5 036 km^2，总面积约 10 355 km^2。

近海水深，有海湾 10 余处，可停泊大型舰船。

千岛群岛岛间有多条海峡。岛弧一侧为千岛海沟，最深处达 10 542 m。周边有大陆架。该群岛地震频繁，平均三天一次，多为海底地震，不时之后伴有海啸。

千岛群岛受季风影响，冬季漫长寒冷，夏季凉爽潮湿。2 月平均气温 -6 ~ -7℃，最低达 -25℃；最热月 8 月平均气温北部 10℃，南部 17℃；年降水量 600 ~ 1 000 mm，夏季稍多。受千岛寒流影响，太平洋侧较冷，持续多雾，夏季尤甚。12 月至翌年 4 月，多西北风，风力 4 ~ 6 级。千岛海流流向西南，流速 0.3 ~ 1.2 kn。而对马暖流则使南部岛屿西侧温暖。冬季，受阿留申低压的吸引，气旋频繁过境，经常有暴风雪，有时一天降雪深度可达 1.5 m。

千岛群岛南、北跨度很大，因此植物分布呈现很大变化。岛屿北端严寒气候，植物以灌木为主，如赤杨、白桦、柳树、花楸等。在南部岛屿，如择捉岛和国后岛，多是针叶林，如云杉、落叶松、橡树等。土壤是生草土、草甸土和冲积土，森林中主要是含有大量火山碎屑物的弱灰化土。群岛陆上动物贫乏，主要栖居着棕熊、狐等。鸟类集聚在海岸峭壁上。海狗、海獭和海豹及鲑鱼等海生动物多。另有铁、铜、金等矿藏。

千岛群岛上居民以阿伊努人居多，主要从事捕鱼业和林业。

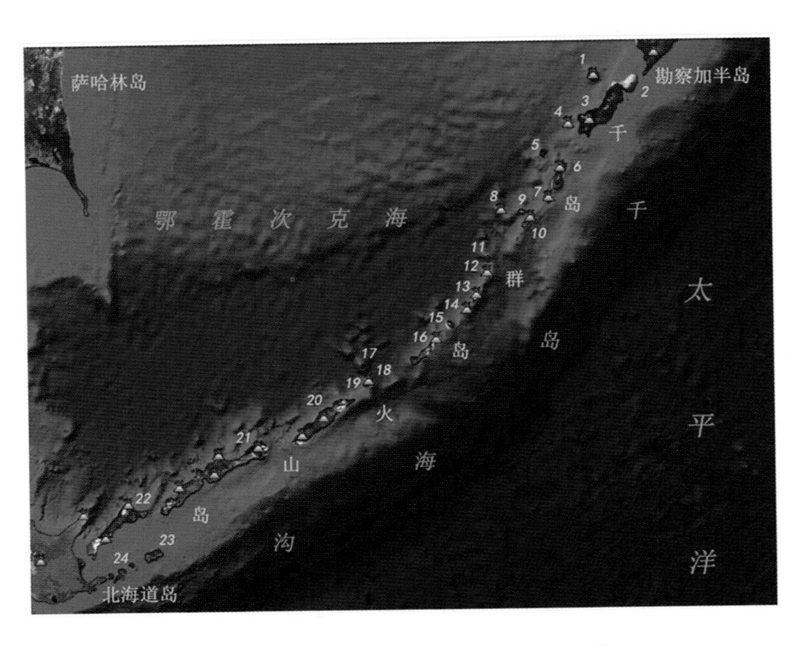

图 3.1　千岛群岛卫星遥感信息处理图像
及其各岛岛名采用英文(附:俄、日文)注称图示

(1)北千岛群岛

1. Atlasov Island(Остров Атласова; Araido /阿赖度岛); 2. Shumshu Island(Шумшу;占守岛);3. Paramushir Island(Парамушир;Horomushiro /幌筵岛);4. Antsiferov Island(ОстровАнциферова; Shirinki /志林规岛)

(2)中千岛群岛

5. Makanrushi Island(Маканруши/磨勘留岛); 6. Onekotan Island(Онекотан/温祢古丹岛); 7. Kharimkotan Island(Харимкотан/春牟古丹岛); 8. Ekarma Island(Экарма/越定渴磨岛); 9. Chirinkotan Island(Чиринкотан/知林古丹岛); 10. Shiashkotan Island(Шиашкотан/舍子古丹岛); 11. Raikoke Island(Райкоке/雷公计岛); 12. Matua Island(Матуа/松轮岛); 13. Rasshua[Rasshya] Island(Расшуа/罗处和岛); 14. Ushishir Island(Ушишир/宇志知岛); 15. Ketoy Island(Кетой/计吐夷岛); 16. Simushir Island(Симушир/新知岛); 17. Broutona Island(ОстровБроутона/布劳顿岛); 18. Chirpoy Island(Чирпой/保以岛); 19. Chirpoyev Island(БратЧирпоев/保以南岛); 20. Urup Island(Уруп/得抚岛)

(3)南千岛群岛(北方四岛)

21. Iturup Island[Итуруп/择捉(护捉)岛]; 22. Kunashir Island(Кунашир/国后岛); 23. Shikotan Island(Шикотан/色丹岛); 24. Khabomai Island(Южно - Курильскаягряда/齿舞诸岛)

2. 生态环境

相对比较,千岛群岛南部岛屿较为平坦,湖泊较多,岛上土壤基本属于火山灰土。鉴于岛上海雾多,气候寒冷,不适于农作物生长。

气候　属海洋性气候,西岸地处鄂霍次克海,东岸临太平洋黑潮与亲潮交汇处,深受大陆性气候与高纬度影响,气候寒冷,冬季气旋带来寒流和降雪,夏季气温偏低,湿度偏高;冬、夏温差小,冬季平均气温在零下 5 ~6℃;受千岛海流影响,夏季多雾,冬季常出现暴风雪,而秋季是晴天与台风交替出现。全年降雨量达 1 000 ~1 400 mm。其中大部分降雪。

海洋生态　沿太平洋大陆架边缘和鄂霍次克海环流和南下的亲潮汇合，千岛群岛周围水域是高丰度的海洋生物。广泛的海藻床，几乎每个岛屿周围提供重要的栖息地，海胆，各种贝类和无数的其他无脊椎动物和其相关的天敌。近海盛产太平洋鳕鱼以及数种比目鱼、沙丁鱼。千岛群岛是两个物种的海狗与虎头海狮形成数个在俄罗斯最大的生殖聚居地。

千岛群岛有数以百万计的海鸟。

陆地生态　千岛群岛的陆地物种的组成主要由亚洲大陆类群通过从北海道和萨哈林岛和堪察加类群迁移。大部分陆地哺乳动物生物是由啮齿动物，更偏南的岛屿上发现有鹿、野猫，陆地鸟、乌鸦、游隼和鹡鸰是常见的。

灾害　台风次数多，地震与海啸频繁发生；全年风力强，海雾大，日照时间少，月平均气温在10℃以上的季节为5～10月间，冬季11月至翌年4月底温度均在0℃以下。时遭暴风雪袭击。

人口　据报，千岛群岛人口相对很少，约2万余人。1992年，在择捉岛上有10 900余人，国后岛上有7 500人，色丹岛上有7 000人，齿舞群岛上人烟稀少。目前，在千岛群岛上居民主要是俄罗斯人与阿伊努人，多从事渔业与林业。

渔业　千岛群岛海域为寒流与暖流交汇处，水产极为丰富。

林业　千岛群岛森林面积广阔，大部分为寒带针叶林。

矿业　鉴于千岛群岛为火山山脉岛屿，矿产蕴藏量丰富，黄铁矿，硫黄和各种金属矿石，如金、银、钛、铜、铅、铁等。

第二节　北千岛群岛空间融合信息

Atlasova Island（阿赖度岛）

该岛东北端位于50°49′01″N，155°40′21″E；千岛群岛北端西北侧，东南距Paramushir Island 10.85 n mile。

该岛为千岛群岛中由海底升至海拔2 339 m高度的火山锥，形成活火山岛，并是千岛群岛中，由火山岩组成的，在高潮时海面呈现直径约14 km圆锥体的最高的火山岛，火山口居岛的中央，最近爆发活动为1981年。该岛呈西北—东南走向的椭圆形，长轴达16.53 km，面积达153 km^2，岛岸曲折，环岛有植被发育。系无人岛屿。

Shumshu Island（占守岛）

该岛东端位于50°45′56″N，156°30′37″E；千岛群岛的北端，堪察加半岛南偏西，距离为6.15 n mile，其西南侧紧邻Paramushir Island。

该岛呈椭圆形，东北—西南走向，长28.53 km，西北—东南宽16.77 km，面积388 km^2。最高海拔171 m。该岛由火山岩组成，有海拔约200 m的平缓山丘与土壤，并分布有众多的河流，地势低洼，镶嵌着无数小湖泊，最大的湖泊位于西海岸附近，并有沼泽地。岛屿北侧是一个小悬崖下的沙滩，并有许多珊瑚礁。据报，岛上有季节性人口约100名。2010年曾报无居民。

该岛西南部系与Paramushir Island相隔2 500 m狭窄的第二千岛海峡；而东北部之间为相距堪察加半岛沃帕特卡角5.95 n mile的第一千岛海峡。岛上点缀着许多沼泽和湖泊，呈现着由沼泽和草地所覆盖。

该岛夏季气温达15℃左右,常常受到暴风雪侵袭,冬天寒冷,零下15℃。沿岸有丰富的海藻,海狮,海獭。陆地上有老鼠,狐狸等。

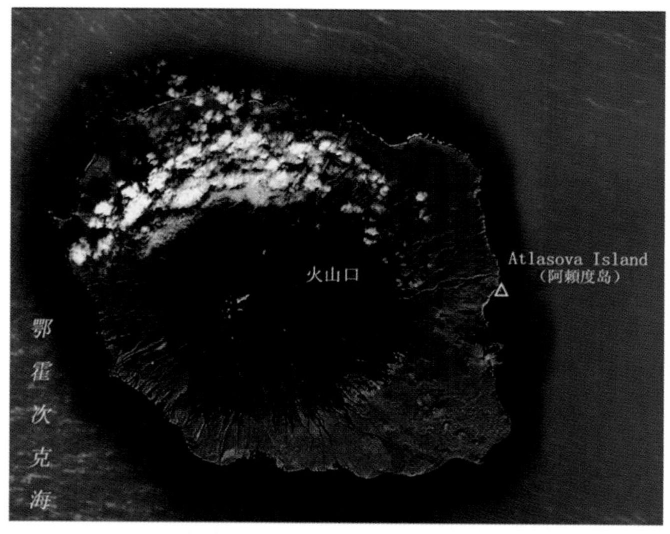

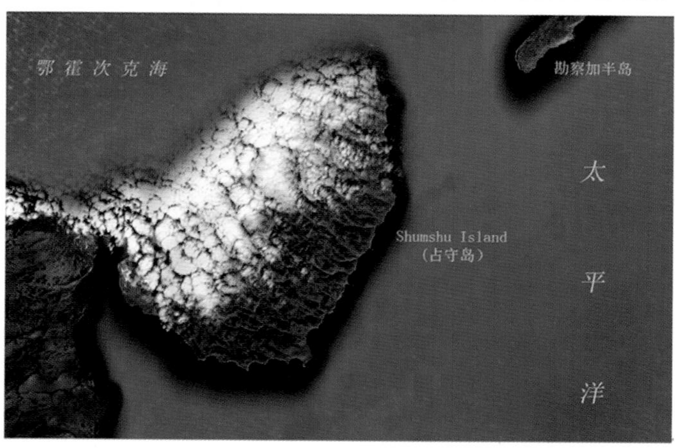

第二次世界大战时期日军在岛上留下的坦克

图3.2 千岛群岛中 Atlasova Island、Shumshu Island 卫星遥感信息处理图像

Paramushir Island(波罗茂知岛,幌筵岛)

该岛南端位于50°00′06″N,155°23′36″E;其东北端与 Shumshu Island 之间被近1 n mile

狭窄的海峡所隔。系千岛群岛第二大岛。

该岛为火山岩型活火山岛，形似长条形，呈东北—西南走向，长 100.56 km，中间宽 22.48 km，面积达 2 053 km^2。

在千岛群岛火山链中 23 个火山中，则该岛上有 5 个活动火山，高达千米以上，呈现一系列火山岛构造。其中火山峰有 Ekebo(1 156 m)，Chikurachki(1 816 m)高度是岛上最高的山峰，位居千岛群岛山峰第三位。克里尔(1 530 m)和大惊小怪峰(1 772 m)呈圆锥形层状火山。最近的一次喷发在2008 年 8 月。环岛上升的小岛，呈现为海中的岩石和暗礁。

岛上最大的河流长约 20 km，系红点鲑和太平洋鲑鱼产卵的河流。岛上山体被低矮松树、桤木、浆果和蘑菇等覆盖到海拔 600 m。河谷地区覆盖着草地，并有棕熊，赤狐，野兔，貂与近岸的海獭与斑海豹。岛上人口数量有波动，据报 2006 年为 2 470 人。

该岛西南侧隔宽达 29.10 n mile 的第四千岛海峡，与 Onekotan Island 相望。

Antsiferova Island(志林规岛)

该岛东端位于 50°12′03″N，155°00′47″E；Paramushir Island 西南侧无人居住的一个火山岛。

该岛东部隔宽约 8.22 n mile 的卢金(Luzhina)海峡与 Paramushir Island 相望。该岛近似圆形，只有一个岬角伸向东，东—西长 4.02 km，中央山峰地质呈层状，死火山口直径约 0.75 km，面积 7 km^2，岛岸陡峭，海岸线长 12 km，岛顶最高海拔 747 m。据报，近代没有火山喷发，缺乏登陆点。西部和南部海岸的岩石上有动物生殖聚居地，悬崖上有鸟类。

第三节　中千岛群岛空间融合信息

Makanrushi Island(磨勘留岛)

该岛东端位于 49°47′5″N，154°29′33″E；第四千岛海峡的西南端，Onekotan Island 西北部隔一宽 15.45 n mile 海峡处。

该岛形似不规则长方形，为一死火山岛。南—北长 9.70 km，中间东—西宽 6.09 km，面积约 49 km^2。岛上地形起伏，谷地纵横，陡峭的悬崖边没有沙滩，谷口直逼岛岸，岛西岸相对岛东岸曲折，高地呈现为高反射率信息特征。海拔 1 169 m。

岛上无人居住。岛上有狐狸和小啮齿动物，灌木丛，浅滩上有海带，褐藻等。

Onekotan Island(温祢古丹岛)

该岛南端位于 49°15′39″N，154°42′47″E；Paramushir Island 以南 53.54 km，Makanrushi Island 东南 15.14 n mile 处，南隔宽约 8.19 n mile 的春牟古丹海峡与 Kharimkotan Island 相望，为北千岛群岛第二大岛。

该岛近似鳄鱼状，为一由相对平坦的地峡连接，系无居民居住的，由两个活动火山组成的火山岛。呈南—北偏右走向，长 42.11 km，东—西宽 7～17 km，面积达 425 km^2。其地貌呈现复杂的侵蚀结构，占据了整个岛屿的北端，在南部的火山口直径达 7.15 km，完全被水淹没，火山口湖泊中有一山体高度达 1 325 m，为该岛最高峰。岛的北侧也有一火山口，并形成火山口湖泊。岛上有七条河流及其相应的湿地。岛岸曲折，海岸地区多为绵延的断崖，只有少部分的沙滩交错，东岸有一海湾，西北部海岸也有海湾。

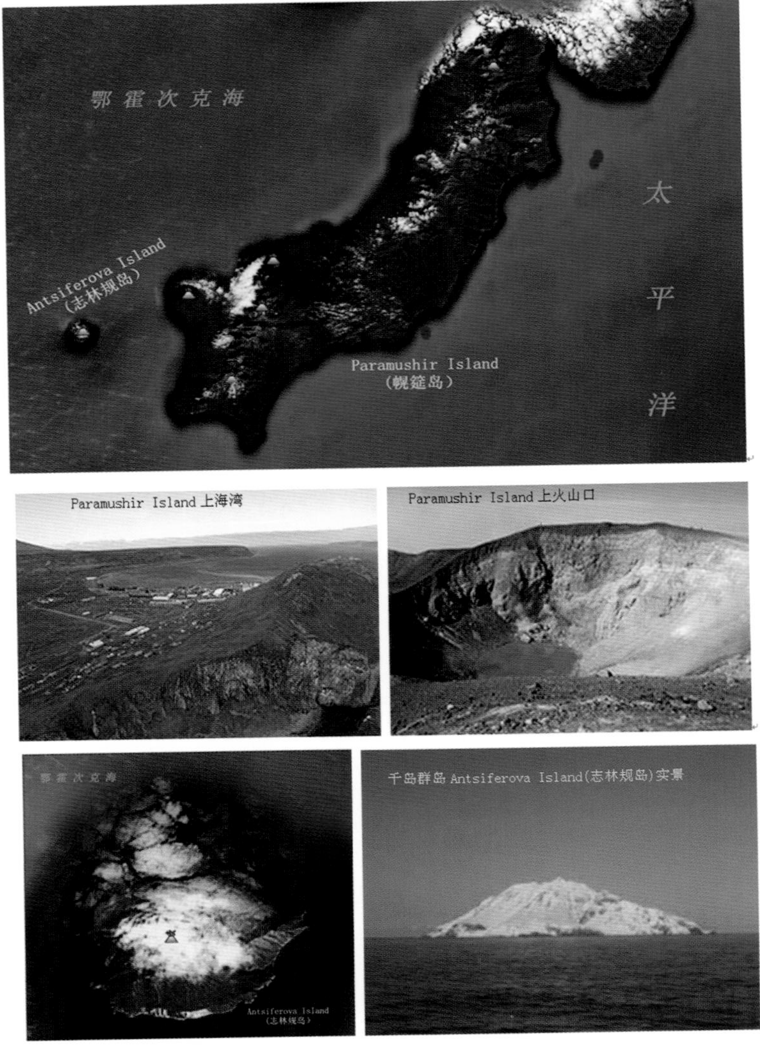

图 3.3　千岛群岛中 Paramushir Island、Antsiferova Island 卫星遥感信息处理图像

岛上植被发育,有桤木,花楸,白桦灌木等,并有狐狸和啮齿动物,临近有海豹和海狮。

Kharimkotan Island(春牟古丹岛)

该岛西北端位于 49°09′56″N,154°27′36″E;东北部与 Onekotan Island 相距 8 n mile。

该岛为无居民居住火山岛。呈似圆角三角形,西北—东南走向,长达 12.43 km,东南部边缘宽约 8.81 km。面积 68 km^2。该岛系一休眠状火山,火山顶高达 1 157 m,峰的特点是两个马蹄形火山口。东北部相隔 8 n mile 的 Krenitsyn 海峡与 Onekotan Island 相望。

岛上东部和西北部有河流和淡水湖泊,岛的南部与西北部有大片植被发育。

Shiashkotan Island(舍子古丹岛)

该岛最南端位于 48°53′16″N,154°00′22″E;Kharimkotan Island 西南部 16 n mile,Ekarma Island 东南侧 4.52 n mile 处。

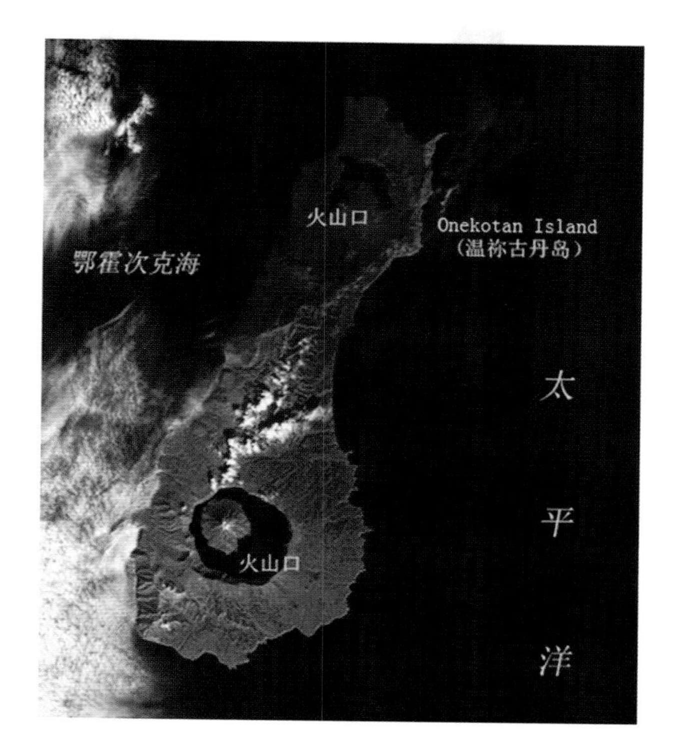

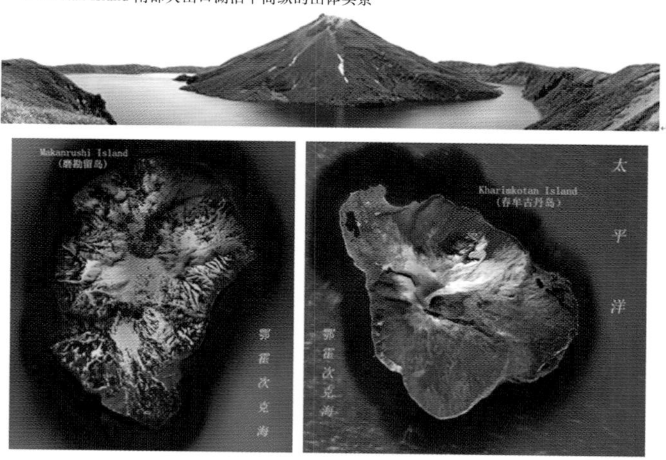

图 3.4 千岛群岛中 Onekotan Island、Makanrushi Island、Kharimkotan Island 卫星遥感信息处理图像与实景

该岛形似不对称哑铃状，一条狭窄的地峡连接两个不同形状的叶片，呈不对称长条状，东北—西南走向，由北部的 Sinarka 火山和南部 Kuntomintar 火山连接形成的岛屿。东北—西南长达 24.73 km，北部最宽 8.66 km，南部最宽 5.59 km，地峡宽 0.9 km，面积约 122 km^2。岛岸多处曲折而陡峭，岛峰在北端，高 944 m。岛的南端最高点达 828 m。东岸近处散布有很多小岛与岩礁。

该岛系一个无人居住的火山岛，岛上有很多溪流和小河，并有瀑布，以及阴影区域的雪原。在低洼地上有草地、灌木丛、雪松，以及狐狸和小啮齿动物等。环岛有海藻，海豹，海狮等。

Ekarma Island(越定渴磨岛)

该岛东北端位于48°57′32″N，154°00′30″E；Shiashkotan Island 西北端4.52 n mile处。

该岛形似一棵白菜，由安山岩形成的活动火山岛，呈西北—东南走向，长8.46 km，中间最宽处约5.40 km，面积达30 km^2。岛上地形崎岖异常，岛岸北侧较南侧曲折，与Shiashkotan Island 之间隔Ekarma海峡相望。岛上西北端火山山峰高达1 170 m。

该岛系一无居民居住的火山岛，缺淡水，依靠雨水。上有众多的硫黄温泉。硫黄沉积在岛的北部山坡。岛上有植被、海鸟，沿岸草地、灌木丛，以及近岸海藻、海狮等。

Chirinkotan Island(知林古丹岛)

该岛东端位于48°58′38″N，153°30′15″E；东距Ekarma Island 15.71 n mile，地处千岛群岛岛链内侧。

该岛近似圆形，直径达2.64 km，面积达5.47 km^2，岛岸陡峭。岛上主要有两个圆锥形的山峰，高达724 m。火山口的宽度达1 km，深度在300～400 m。岛岸呈现陡峭的悬崖，岛的西南侧近岸散布有岩礁。难以登岛。

该岛为无人居住的活动火山岛。

Raikoke Island(雷公计岛)

该岛南端位于48°16′58″N，153°14′55″E；南距Matua Island 9.78 n mile，坐落在中千岛群岛北部。

该岛形似圆锥状玄武岩小岛，东—西长2.58 km，南—北宽2.11 km，面积达4.6 km^2。北与Kharimkotan Island 相隔38.66 n mile的克鲁斯特尔海峡遥遥相望。山峰高达551 m，陡峭的火山口壁，深达60 m，最高的东南端为700 m，宽200 m深处。熔岩流地区在岛东面。在1924年一个强大的喷发，火山口大大加深和改变岛屿的轮廓。

该岛为无人居住的活动火山岛。系海狮与海鸟栖息地。岛上没有饮用水，几乎没有植被。

Matua Island(松轮岛)

该岛东南端位于48°02′17″N，153°16′35″E；北距Raikoke Island 9.78 n mile，南距Rasshua Island 16.16 n mile处。

该岛为无居民居住的活动火山岛，呈不规则状椭圆形，西北—东南走向，长达11.93km，岛中间东北—西南向宽6.34 km，面积约52 km^2。隔15.95 n mile的纳杰日(Nadezha)海峡与其西南部Rasshua Island 相望。该岛走向呈现西北—东南，与中千岛群岛走向成以左偏的夹角。该岛东南端散布一些较小的岛屿和岩礁。岛上有两座火山，其中位于西北角萨雷切夫火山为全岛最高点，海拔1 496 m。陡峭的火山口带有锯齿状的边缘，该火山也是千岛群岛中最活跃的火山之一。另一座火山位于岛屿南部，海拔127 m。该岛的东南沿岸曲折，形成一些纵深较小的海湾。西北部的火山斜坡上锯齿状海岸上呈现有熔岩流，在岛的东北部火山呈现向下倾斜。岛上具有非常强降水，雨，雪，雾。年平均气温 -2.6℃，相对湿度84.2%，平均风速5.7 m/s。

该岛火山2009年6月的一次喷发，足以影响亚洲和北美之间的空中交通。在岛上有一小溪。岛上的植被低矮，有灌木与小型啮齿动物、狐狸、鸟类等。

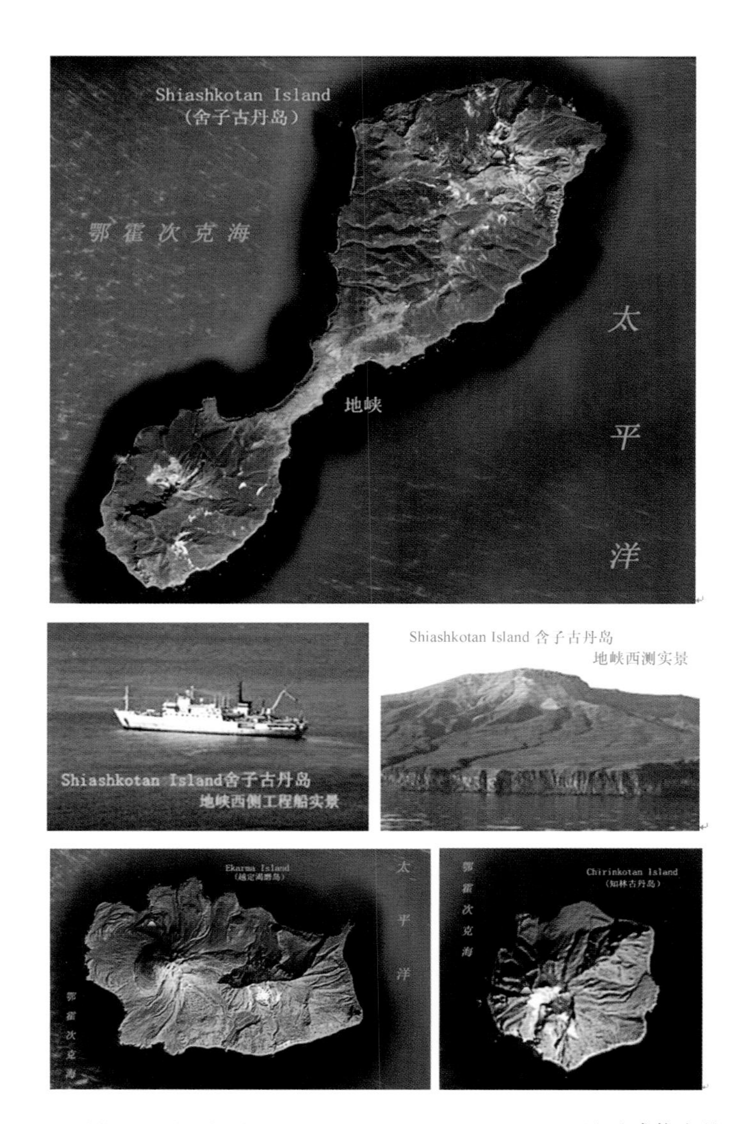

图 3.5　Shiashkotan Island、Ekarma Island、Chirinkotan Island 卫星遥感信息处理图像

Rasshua Island（罗处和岛）

该岛北端位于 47°48′10″N，153°02′45″E；北距 Matua Island 16.16 n mile 处，南距 Ketoy Island 6.17 n mile 处。

该岛为无人居住的活动火山岛，形似不规则椭圆形，隔 15.95 n mile 的纳杰日（Nadezha）海峡与其东北部 Matua Island 相望。呈东北—西南走向，长 15.10 km，中间东—西宽 6.36 km，面积达 67 km^2，系中千岛群岛中较大的岛屿。岛岸曲折陡峭，南部呈现有岩脉向海中延伸，岛上偏北部火山锥海拔高达 956 m。岛上有湖泊与很多温泉。

在南部部分山体高达 495 m。在岛中央南部有一个平坦地。南北两个海平面约 100 米以上高地之间有 5 个淡水湖泊与河流。岛屿上覆盖着灌木丛与草地，有狐和小型啮齿动物等。

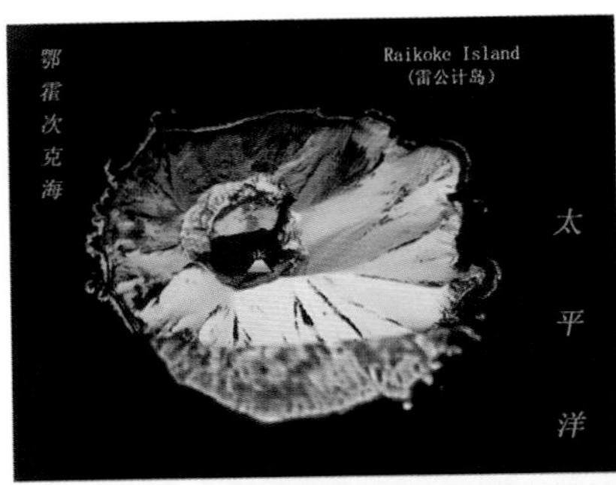

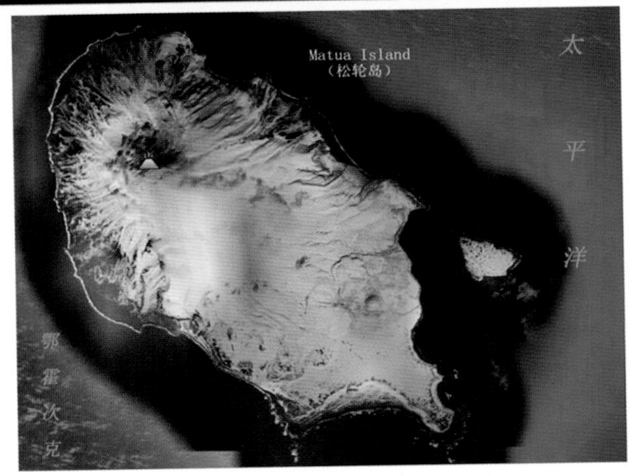

图 3.6　千岛群岛中 Raikoke Island、Matua Island 卫星遥感信息处理图像

Ushishir Island（宇志知岛）

该岛南端位于 47°30′15″N，152°49′13″E；西南距 Ketoy Island 14.12 n mile，东北距 Rasshua Island 9.18 n mile 处。

该岛呈不规则状，由南、北两个小岛组成，统称为 Ushishir Island。两岛从东北—西南贯穿长达 6.46 km，南部最宽 2.63 km，面积为 5 km^2。岛岸曲折，南部近岸多小的岛礁。其中，南部 Ushishiri Island 为被海水部分淹没的火山遗迹。岛上的最高点 Mikasayama（御笠山）401 m 高，岛东岸呈现陡峭的悬崖。

该岛为无人居住的火山岛，沿东南火山口海岸线有无数的喷气孔和温泉。

Ketoy Island（计吐夷岛）

该岛东南端位于 47°17′37″N，152°29′31″E；东北距 Ushishir Island 14.12 n mile，西南部距 Simushir Island 11.66 n mile 处，位于千岛群岛中央部分。

该岛为无人居住的活动火山岛，呈圆形，直径约 10.34 km，面积近 73 km^2。岛顶海拔 1 172 m，呈现两个山峰，位于岛的西南部火山口直径约 1.54 km，深度为 110 m 充满淡水的火山口湖泊。山体地形陡峭，岛的西部和北部呈现有高大的悬崖。东部和南部岛岸相对平滑，由 30 ~ 60 m 高的悬崖则下降到布满巨石和岩石海滩。岛上有巨石和石块组成的海滩。

该岛岛上有红豆杉、竹，以及小型啮齿动物和狐狸，海边有海狮等。

其与东北的 Ushishir Island 之间为一 Rikord 海峡，西南与 Simushir Island 之间相隔戴安娜海峡。岛上发现有啮齿动物和北极狐，近处为海狮聚居地。

Simushir Island（新知岛）

该岛位于千岛群岛链的中心，其东北部位于 47°09′15″N，152°17′27″E；东北部距 Ketoy Island 11.66 n mile，西南距 Chirpoy Island 37.11 n mile 处。

该岛呈一多个火山口一字排列组成的火山链，火山口彼此相距 12 ~ 16 km 左右，顶峰海拔高度达 1 360 ~ 1 539 m，被称之为千岛海岭。

该岛呈以不规则长条形，东北—西南走向，长 57.18 km，中间宽约 6.91 km，平均宽度 5.8 km，面积达 353 km^2。岛上有茂盛的植被与居民。该岛东北部隔戴安娜海峡与 Ketoy Island 相望，西南部隔指南针海峡（Boussole Strait）相距 37.11 n mile 与 Chirpoy Island 遥相望。岛中部火山口形成火山口湖泊，面积约 4 km^2。在岛的东北端海水淹没的火山口形成的海湾，为一潜艇基地。

该岛为无居民居住的火山岛，没有永久冻土，年平均气温大约是 2.8℃，9—10 月两个月降雨量最多，一年中任何时候晴朗的日子极其罕见。岛上属亚北极气候，岛上覆盖着针叶林，而草地覆盖着山坡。山坡上分布有偃松，桤木，桦木等，岛上有小型啮齿动物和狐狸，近处有许多海豹、海狮、海獭。

Broutona Island（布劳顿岛）

该岛南端位于 46°42′11″N，150°44′29″E；与其临近东南部的 Chirpoy Island 相距 10.96 n mile处。

该岛为无人居住的火山岛。呈以不规则椭圆形叶状，西北—东南走向，长 4.02 km，宽约 2.75 km，面积近 7 km^2。地处南千岛群岛的北部，岛上悬崖高达 274 m，没有沙滩。岛顶海拔 801 m。该岛周边呈现强地磁异常。岛的悬崖上有很多鸟巢，临岛有海狮，海獭和海豹等。

Chirpoy Island & Chirpoev Island（保以岛与保以南岛）

该二岛为无人居住的火山岛。其中，Chirpoy Island 东北端位于 46°32′05″N，150°55′05″E；Chirpoev Island 东南端位于 46°26′46″N，150°50′44″E；两者排列成东北—西南走向，相距 1.45 n mile。前者与西北部 Broutona Island 相距 10.96 n mile，后者与西北部 Broutona Island 相距 13.21 n mile 处。

Chirpoy Island 形似小鸟叼食，东北—西南走向，长 6.83 km，中间西北—东南宽 3.54 km，面积达 24.18 km^2。火山峰顶海拔 742 m。岛上缺乏饮用水。岛岸曲折，环岛周边多为悬崖，其东北缘形成了一海湾，水深约 18m，可停靠船舶。

南部 Chirpoev Island 形似不规则长三角形，西北—东南走向，长 5.14 km，东北—西南最宽 3.78 km，面积约 19.43 km^2。火山口顶峰高达 742 m，出露光秃秃的褐色岩石。岛岸陡峭且曲折，有岩礁向海延伸数千米，以至 8 km 左右。岛上有众多的鸟类栖息，岛屿周围为海狮聚居地。

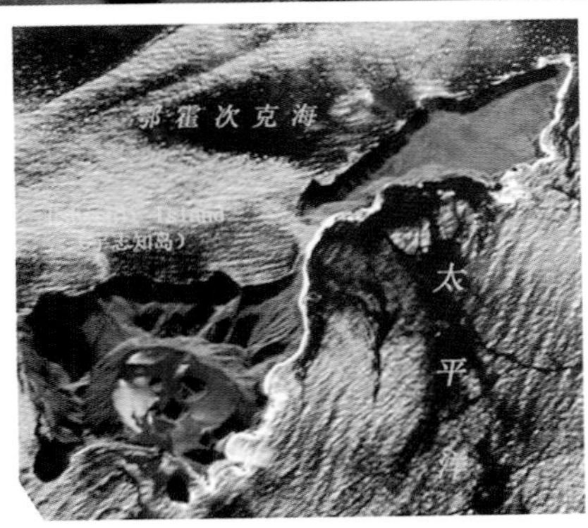

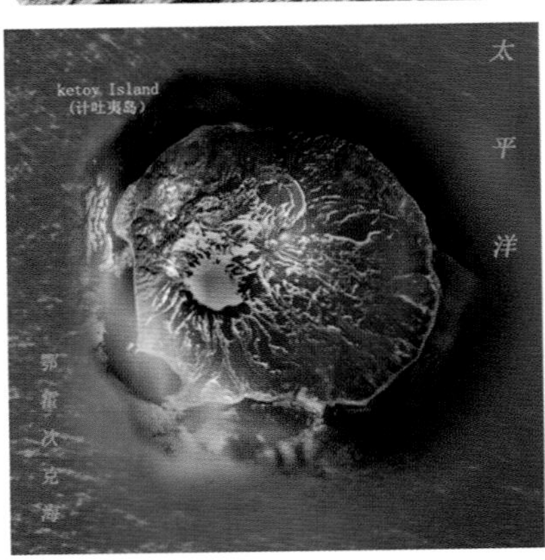

图3.7 千岛群岛中 Rasshua Island、Ushishir Island、Ketoy Island 卫星遥感信息处理图像

Urup Island(得抚岛)

该岛东北端位于46°13′56″N,150°34′19″E;Chirpoev Island 西南部16.16 n mile,择捉岛东北部21.45 n mile处,系千岛群岛第四大岛。

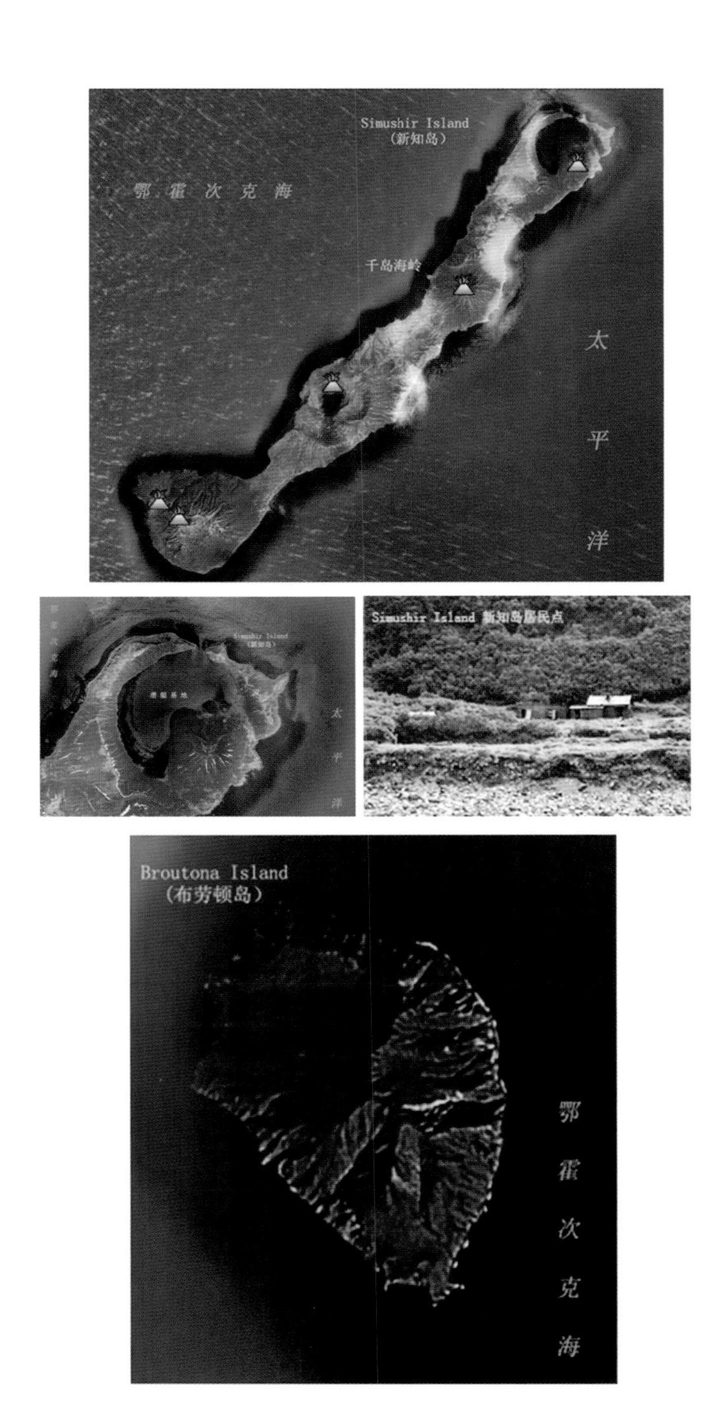

图 3.8　千岛群岛中 Simushir Island、Broutona Island 卫星遥感信息处理图像与实景

该岛为一无居民居住的，呈现山脊似火山链的火山岛。形似剑鱼，呈东北—西南走向，长 116.06 km，中间宽 18.92 km，面积达 1 450 km^2。海拔高度 1 426 m。侵蚀地貌较发育，岛上有海拔达 1 016 m 的高山湖泊与高达 75 m 的瀑布。岛岸并不曲折，西南部与相隔 21.45 n mile 宽的择捉海峡相望，东北部隔 16.18 n mile 宽的弗里斯海峡与 Chirpoev Island

相望。

该岛地处温带和北极之间的边界，亚北极气候带，温和，有雾的夏季和寒冷、多雪的冬天。二月平均气温为-5.8℃。岛上有植被，出现有阔叶林与雪松，这里向鄂霍次克海一侧的海獭是世界上最大的栖息地。

第四节　南千岛群岛（北方四岛）战略地位及其空间融合信息

1. 概述

南千岛群岛（日本称“北方四岛”）是指俄罗斯千岛群岛和日本北海道之间的国后岛、择捉岛、齿舞岛、色丹岛等四个岛屿，总面积5 036 km^2。其位于43°23′—45°33′N，145°23′—148°52′E之间；该岛群地处远东地区边缘、东部临太平洋，背依鄂霍次克海，东北侧为择捉海峡，西南隔根室海峡与北海道相望。

该四岛呈东北—西南走向，其中，择捉岛、国后岛为千岛群岛火山带起伏的丘陵地，而色丹岛、齿舞群岛系根室半岛岩脉延伸所成。四岛处在千岛群岛岛链的南翼，其岛间海峡为沟通太平洋与鄂霍次克海的重要通道，系俄罗斯出入太平洋的重要通道，这有鉴于距西伯利亚铁路最近，并与重要的交通枢纽和军事基地符拉迪沃斯托克（海参崴）和哈巴罗夫斯克两大城市最近，同时离俄罗斯远东地区的重要战略基地萨哈林岛也最近，临近日本海，是千岛群岛上不冻港的主要地段，使之千岛群岛构成了俄罗斯在远东地区的重要门户。四岛拥有许多天然良港，可长年停泊大型船舶。比较有名的有色丹岛上的斜古丹港，择捉岛单冠湾的年荫港和天宁港。第二次世界大战期间，山本五十六率领的日本帝国联合舰队正是从择捉岛上的单冠湾出发，前往夏威夷偷袭珍珠港。

据知，四个岛屿的气候变幻无常，一年中约有300天是雨雪天。这里是冷、暖流交汇处，水产丰富，渔业发达，是世界三大著名渔场之一。大陆架煤气资源储量约16亿吨，黄金储量约1 867吨，银9 284吨，铁2.73亿吨，硫1.17亿吨。

为此，军界评述，俄罗斯认识到，若丧失北方四岛将使俄海军太平洋舰队失去出入太平洋的重要通道，使千岛群岛防御链条断裂，影响俄堪察加半岛上的战略导弹潜艇的安全。俄罗斯太平洋舰队进入大洋，又不可能走朝鲜海峡，因为在朝鲜海峡两岸拥有釜山、佐世保等海军基地的美军，40分钟就可以用水雷封锁该海峡。所以俄罗斯只有走千岛群岛这一条航线最为实际。北方四岛在地理上与萨哈林岛的南端遥相呼应，与哈巴罗夫斯克的滨海区形成掎角之势，可以完全封闭日本进入鄂霍次克海的各条通道。满足俄罗斯在远东牵制日本的战略要求。这里是监视日本海空自卫队和美国太平洋舰队战机及舰船活动的最理想地点。

2. 岛屿分述

Iturup Island（择捉岛）

该岛东北端位于45°31′44″N，148°53′50″E；Urup Island西南部21.6 n mile，国后岛东北

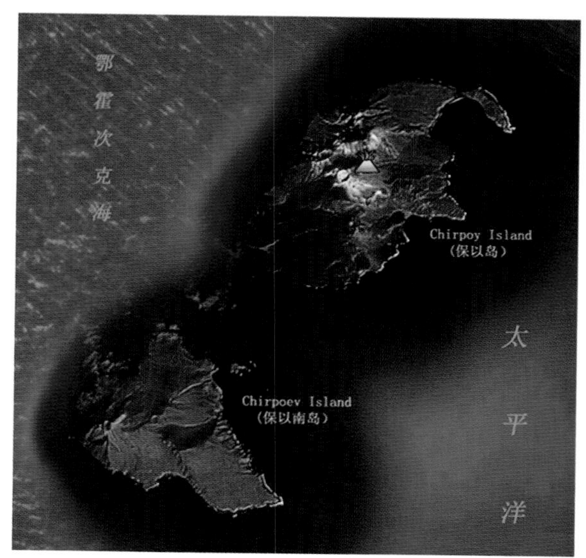

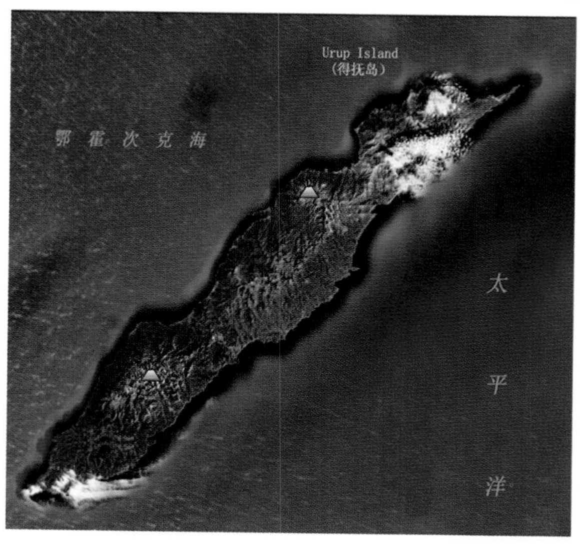

图 3.9　千岛群岛中 Chirpoy Island 和 Chirpoev Island 、Urup Island 卫星遥感信息处理图像与实景

12.47 n mile 处。系南千岛群岛最北端的岛屿,在南千岛群岛(北方四岛)中其面积所占比例为 63.4%,为千岛群岛中最大岛。

该岛为一火山岛。呈不规则长条形,东北—西南走向,长 199.77 km,宽 7.23 ~ 37.54 km,

面积达 3 185.65 km^2。这里大部分是地形崎岖的山地,最高峰为单冠山 1 634 m,海岸曲折而陡峭。岛上呈现 12 个独立的火山和山地块,海拔 1 000 m 以上的火山峰有 7 座,很少有平原。岛上多湖泊、温泉。冰在四月份开始消融,通常 5 月消失。太平洋东南沿海的岛屿无冰。

该岛有海湾 10 余处,均可停泊大型船舶,东南岸单冠湾水深港阔,适于大批舰艇隐蔽停泊。第二次世界大战时曾为日本海军基地。

该岛年平均气温 4.9℃,相对湿度 74.7%,平均风速 6.9 m/s。夏季短暂且凉爽多雾,冬季长而寒冷。据报,2007 年岛上人口为 6 787 人。这里森林面积约 30 万公顷。植被主要由云杉,落叶松,松树,杉木,桤木,藤本植物和混合落叶林,又有熊和赤狐等动物。盛产比黄金还贵重的铼,储量高达 36 吨。附近海域渔业资源丰富,盛产鲑鱼、鳕鱼等,同时也是捕鲸基地。

该岛东北相隔 21.6 n mile 的择捉海峡与得抚岛相望,西南部与国后岛之间相隔宽约 12.47 n mile 的国后水道。

Kunashir Island(国后岛)

该岛东北端位于 44°27′09″N,146°34′04″E;Iturup Island 西南部 12.47 n mile 处,北海道岛野付岬东北,系千岛群岛最南部岛屿,为南千岛群岛中第二大岛。

该岛呈不规则长条形,东北—西南走向,长 122.37 km,宽 4.33 ~ 28.36 km,面积达 1 498.56 km^2,西隔根室海峡与其相望,东北部隔国后水道与 Iturup Island 相视。岛上呈现有 4 个活动的火山,间有低洼地区的湖泊和温泉,大部分地面覆盖着火山喷出物,地形陡峻,最高峰为爷爷岳火山,海拔 1 845 m,为一二重圆锥火山。岛上东北部分布有火山口湖泊与潟湖。温泉水温近 80℃。1973 年 7 月曾大喷发。据报,2006 年全岛人口 6 801 人。

该岛西南部海湾可停泊大型船舶,东岸的古釜布为不冻港。

该岛气候湿润,一年四季雨量充沛,潮湿的季节是夏天。全年最冷气温 -20.3℃,最高气温 30.5℃;年平均降雨天数 114 天,年平均降雪天数约 28 天,年平均白雪覆盖地面达 122 天。季节性滞后,集中降水和最高气温在 8 月和 9 月。岛上原始森林约 12 万公顷,橡木,枫木,白桦,桦木和桤木,以及云杉、冷杉、草甸和灌丛植被等。并蕴藏有金、银、硫黄、硫化铁等矿物。主要经济活动是渔业和捕捞业。

Shikotan Island(色丹岛)

该岛东北端位于 43°50′03″N,146°54′47″E;齿舞群岛东北部,多乐岛东北 12.02 n mile处。

该岛呈不规则长方形,东北—西南走向,长 28 km、宽 9 km,面积约 255.12 km^2。岛上岩石为火山岩和砂岩,岛岸曲折,东南部岛岸相对更曲折,多港湾。岛顶最高点达 412 m。岛上多草,畜牧业相当发达。岛上茂密的植被呈现相对低的反射率信息,表明了微地貌体分隔特征。岛上植被主要有冷杉,落叶松,落叶乔木,竹草丛和杜松灌木等。主要经济活动是渔业和捕捞,主要海洋产品有鳕鱼,螃蟹,海带等。

据报,岛上俄罗斯人现有 7 000 余名。1994 年 10 月 4 日地震和随后的海啸造成重大损害。

Khabomai Islands(齿舞群岛)

该岛群位于色丹岛西南部,中心概位为 43°30′N,146°08′E。

该岛群总体呈东北—西南走向，与北海道岛纳沙布岬海角隔海相望。它由贝壳、水晶、秋勇留、勇留、志发、海鸟、多乐等小岛组成，其中贝壳岛距北海道岛那纱布海角仅 20 n mile，志发岛为其最大，面积达 59.50 km²，多为无人岛。有人认为该岛群从构造地质学来讲，系根室半岛的延伸部分。岛上地形和植被分布类似根室半岛，总面积达 102 km²。

该岛群附近大陆架盛产海产品，年产量约 80 万吨。战略地位极其重要。

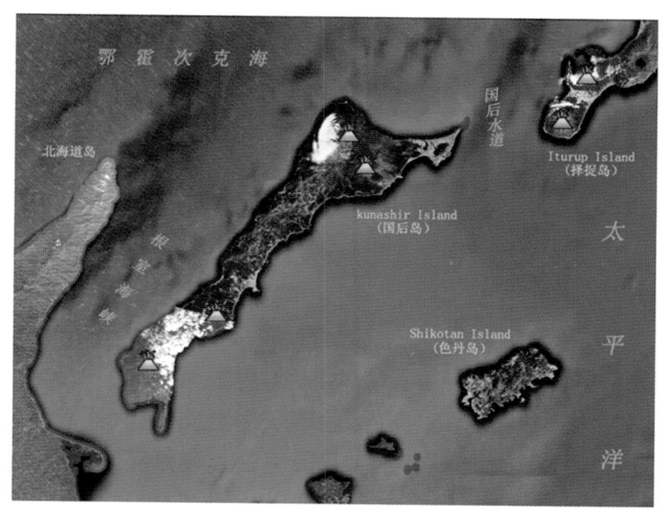

图 3.10　千岛群岛中 Iturup Island、Kunashir Island 卫星遥感信息处理图像与实景

另，地处千岛群岛以西内侧的萨哈林岛，原称为库页岛，其南端位于45°55′56″N，142°03′29″E；呈南—北走向的狭长岛屿，长947.82 km，宽12.21～141.83 km。东邻鄂霍次克海，西侧隔间宫海峡与大陆相望，南为宗谷海峡，总面积78 000 km^2。岛的南部由东萨哈林山脉与西萨哈林山脉组成，最高峰达1 420 m。北部较平坦，以丘陵为主。

岛上人口密度低。据报，岛上有很多中国人。该岛历史上为中国的领土。岛上有丰富的石油、煤炭、黄金等矿产资源，北部有针叶林带与动植物资源、水资源，沿海有水产资源。

从地缘战略上看，地缘战略依据地缘条件，研究国家或地区间战略关系的互动变化规律，揭示战略格局的演变与调整，为国家制定战略方针提供依据来说，该岛为太平洋战略要地。

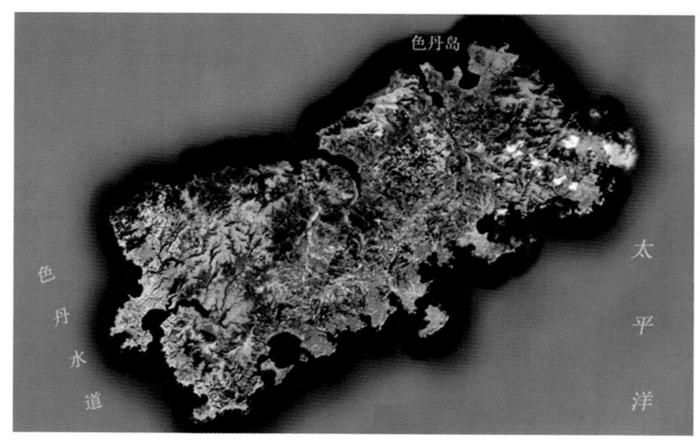

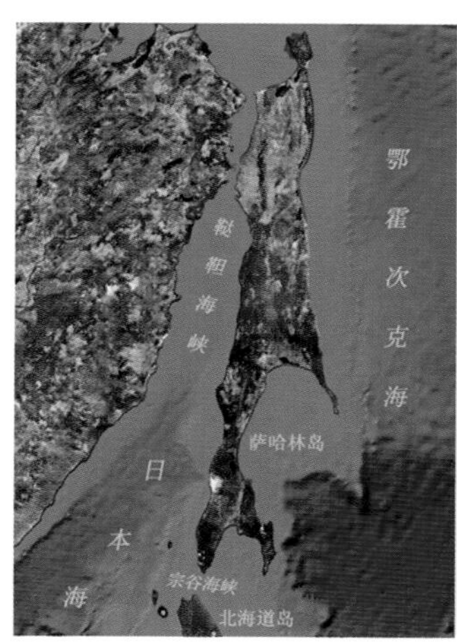

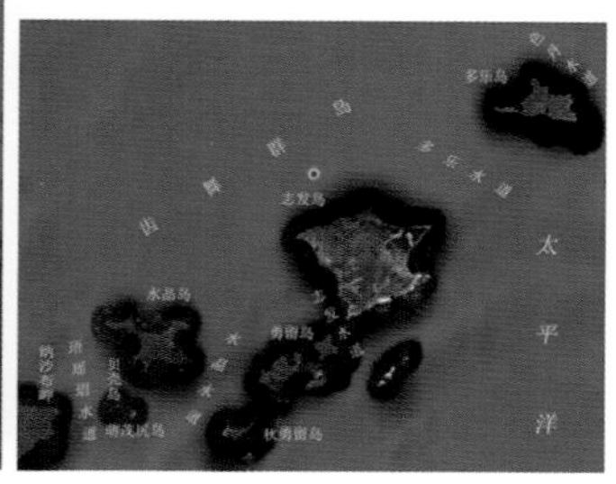

图3.11　千岛群岛中 Shikotan Island、Khabomai Islands 以及鄂霍次克海与日本海之间萨哈林岛卫星遥感信息处理图像

第四章　第一岛链北段空间融合信息特征

第一节　日本自然地理空间特征

1. 概述

日本位于西太平洋，亚洲的东北部，领土呈以南北狭长的群岛国家，主体是北海道、本州、四国、九州4个大岛，面积占全国领土的96%以上。另辖有琉球群岛、先岛群岛、硫黄列岛、小笠原群岛等面积较小、数量较多、分布很广、由大小4 000多个岛屿组成。依据2010年统计，人口为125 358 854人。其东濒太平洋，西临日本海，与中国、韩国、俄罗斯为邻，南部与西部隔东海与我国的江苏、浙江、福建三省以及上海市相望。其中九州的长崎同上海市相距460 n mile，南端的先岛群岛同我国台湾岛仅隔60 n mile。其总面积达377 800 km²。因其地处北半球北回归线以北，南北温度相差为21℃。

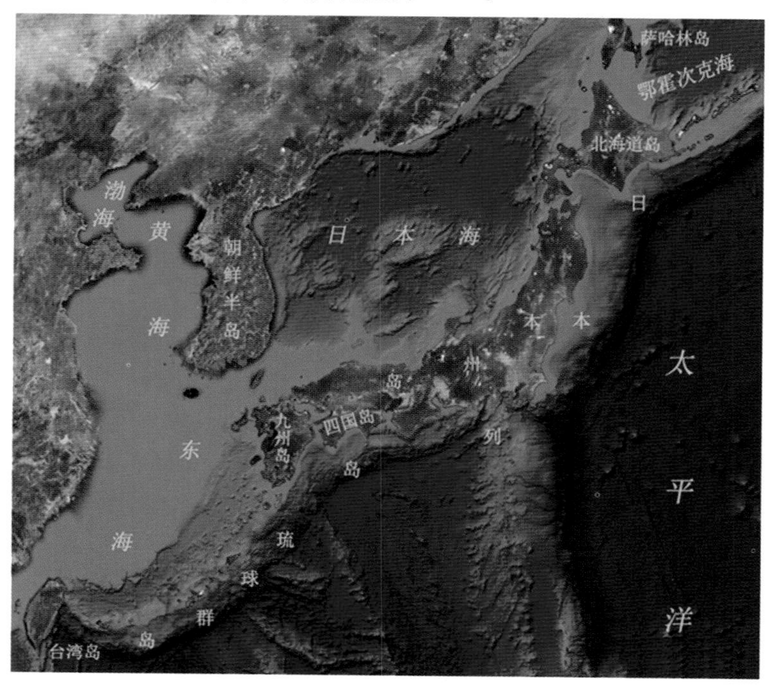

图4.1　日本列岛与琉球群岛卫星遥感信息处理图示

2. 国土

由于日本地处环太平洋造山带，地壳极不稳定，经常发生大地震与火山活动，使地层不断隆起和沉降，沉降与隆起地形间，往往形成海岸阶地与溺谷等复杂地形，并形成有广大的堆积平原。

日本拥有 34 000 km 漫长的海岸线、广阔的领海与专属经济区。在弯曲的海岸和零落散布的岛屿之间，特别是面向太平洋方向的东海岸，分布着众多的港湾。日本列岛上地形极为复杂，细分有：

险峻的山地　日本既是岛国，也是一个山地国家。其群岛的总面积中，山地与丘陵地占 65%，火山地与火山坡地占 10%，总计 75% 为山地。山谷多呈深"V"字状，山脊线多为锐利的棱线，山谷地形极为陡峭，往往呈峡谷状。

密布的火山与温泉　日本也是一个火山国。其全境内火山达 200 余座，并仍在活动的活火山也较多，如浅间山、三原山、阿苏山与樱岛等。火山有多种形态类型，如锥状火山、钟状火山、盾状火山等。同时由火山伴随出现有许多温泉。

狭窄的平原与冲积扇　日本的平原皆属于堆积平原，并细分为冲积平原与洪积台地，两者只占日本总面积的 25%。这里是日本城市与工、农业的集中地，如东京和大阪等城市就横跨在冲积平原与洪积台地之上。

第二节　临近日本的海底地势特征与海流

1. 临近日本的海底地势特征

日本附近的海底地形极为复杂，众多的海山、海台、浅滩、海槽、海沟与海盆，使之水下地形起伏很大。

日本列岛以东的日本海沟呈东北—西南走向，系从千岛海沟—小笠原海沟—马里亚纳海沟，长达 489 n mile，宽近 55 n mile，从北向南逐渐加深，最深处达 9 850 m。在与千岛海沟连接地有一海山，名叫襟裳海山。而位于千岛群岛与北海道东侧的千岛海沟，南北长达 1 599 n mile，总面积为 264 000 km^2，最深处深达 10 546 m，沟壁异常陡峭，它系西太平洋海沟的起点，一直向西南延伸到菲律宾海沟的南端。

日本海沟西侧的伊豆诸岛中，大岛—鸟岛与本州岛在同一岛架上，而西之岛与硫黄列岛也同在一个岛架上。深达 2 000 m 以上的四国海盆，则紧邻于伊豆诸岛的西南部，其南侧为九州—帛琉海岭。两者的东面便是小笠原群岛，该群岛及其附近海底地貌更为复杂，群岛以东就是伊豆—小笠原海沟。

位于西南部琉球群岛临近的海域，水深不仅大，海底地形也崎岖不平，该群岛岛链的西侧为冲绳海槽，东侧为琉球群岛海沟。

冲绳海槽介于琉球群岛与东海大陆架之间，平行于琉球群岛，呈一宽 60 ~ 100 n mile 的狭长形地沟状凹槽。海槽的东、西壁坡度差异极大，靠近东海大陆架的西坡坡度，为 0.7° ~ 0.8°，并明显的以 200 m 等深线为界，向深水处海底坡度急剧变陡，而东壁坡度则达 10°。海槽底部平坦，南深北浅，多深为1 000～2 400 m，浅处为600～800 m，最深处位于宫古岛与我国钓鱼岛之间，深达2 719 m。

琉球群岛海沟呈一东北—西南走向的狭长海沟，东西两侧地形不对称，其西侧等深线基本平行，而东侧海底坡度较缓。海沟深6 000～7 000 m以上，长达130 n mile，最宽约16 n mile，临近海沟西端外侧海底有隆起地形。

琉球群岛海沟西侧，即琉球群岛东侧水下地形陡深，地形坡度近10°，跨过上佐阶地，地形坡度达13°。

深于200 m以上的诸多海槽，分处在琉球群岛岛屿之间，岛屿表征的是岛架大多狭窄而陡峭，逐渐向外海底地形极为起伏。其中，喜界岛东、西两侧海底地形呈平顶而隆起；作为火山岛的鸟岛，从海底800 m处高耸至海面以上。

冲绳岛西岸的水下阶地被断层分开为两个。冲绳岛以南的岛架被近400～1 000 m的6条海谷所切割，其中：①该岛与西北侧岛架上的伊平屋列岛之间水深达300 m以上；②伊平屋列岛与其西南方的粟国岛岛架之间也有一大于300 m的深海海槽；③由两个被深为200 m以上的海槽所分割的岛架上的小群岛组成了宫古列岛，该列岛与其东北方的冲绳岛之间，被深达1 000 m以上的海槽所分割；④位于八重山列岛南部的新城岛以西的海谷最深处达1 000 m以上；⑤位于八重山列岛偏东南部的黑岛以东的海谷，水深也达千米以上；⑥石垣岛与西表岛也有一深达千米以上的海谷。与此同时，八重山列岛和宫古列岛之间有一相隔水深近400 m的海盆。

2. 临近日本的海流

临近日本的海流主要在其东、南与北部，如黑潮及其分支对马暖流和次一级分支黄海暖流、津轻暖流、亲潮与宗谷暖流等。

高温、高盐、水色透明大、流路与流速多变动的黑潮暖流，流速达2～4 kn，最大为5 kn。其源于吕宋海面，由台湾岛和与那国岛之间进入东海，呈蛇行沿大陆架斜坡北上，并穿过屋久岛与奄美大岛之间，流经日本列岛东侧，并接近本州南岸，继之流向东与东东北方，称之为黑潮延续体。

黑潮暖流具体表现特点，尤以夏季最为清晰，其大部分流经琉球群岛西北侧，流向呈东北向，基本与琉球群岛相平行。流幅宽达50～60 n mile，其西北缘与东海200 m等深线趋于一致，而流轴位于台湾岛东北岸和与那国之间、钓鱼岛东南方—久米岛西北45 n mile处—奄美大岛西北90 n mile的连线上，流速2～3 kn，而流幅边缘流速则降至为1 kn。在此，除大隅海峡附近的海流，冬季强于夏季外，冬、夏季差异不大。

由奄美大岛与屋久岛之间的黑潮逆流呈东向，即从笠利崎的东东北方近50 n mile处附近南下，抵达冲绳海峡。同时，南大东岛的北部有一流速约1 kn的西流，而该岛与冲大东岛之间则有一流向西南的海流。在冬、夏季它们无多大差异。

黑潮主流靠近九州岛南岸与东岸，多随季节与气象变化，特别是进入冬季西北季风期，黑潮远离日向滩达70～80 n mile，并出现逆时针转流，增强南下至种子岛以东。而靠近九州岛西侧的，则为对马暖流及其分支黄海暖流。

其实复杂的海流往往出现在岛屿分散、地形效应复杂、气象变化大等环境下，如大隅海峡即是其例。

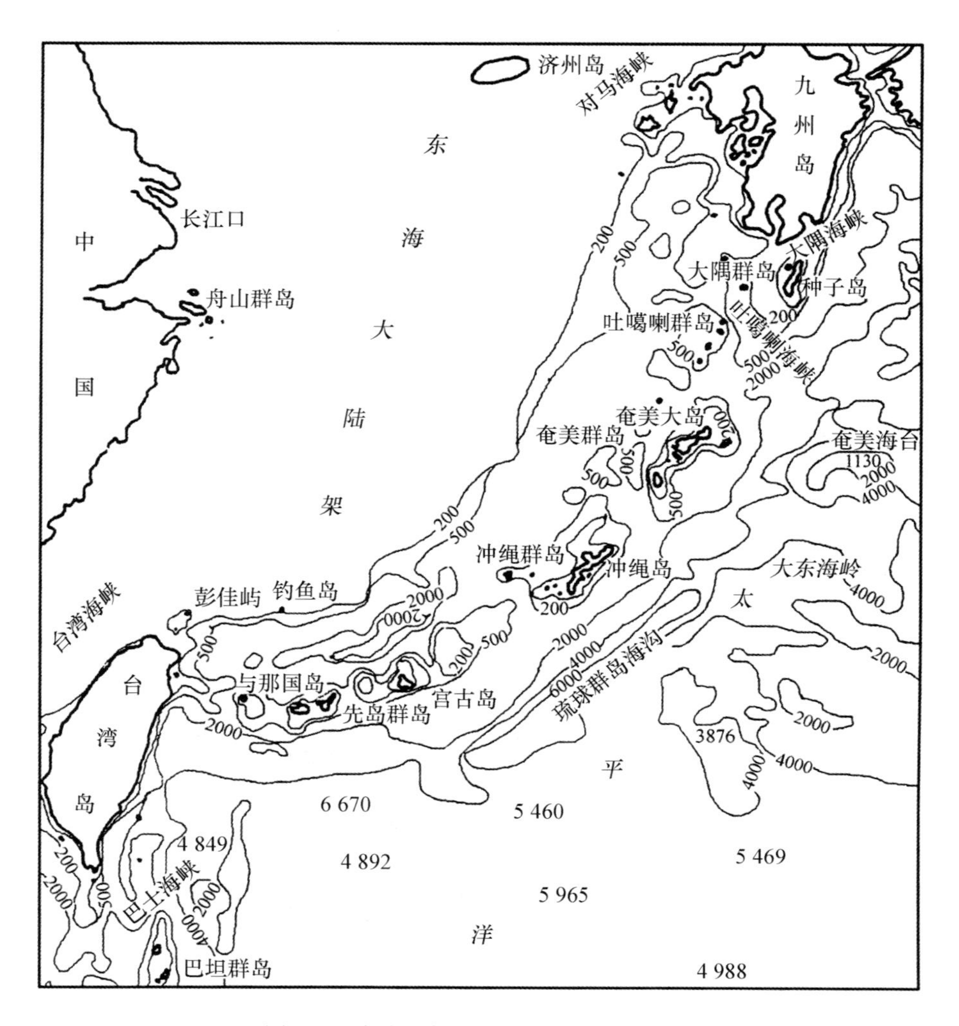

图 4.2 琉球群岛—吕宋岛附近海底地势

在屋久岛与诹访濑岛之间，黑潮主流呈西向东南流，到达种子岛以南转向东北方，此时黑潮流幅达 30 n mile，流速 1.5 ~ 3 kn。进入冬季西北风期，风应力关系，黑潮虽从屋久岛与诹访濑岛之间穿过，但流向四国海区。此时在种子岛、草垣岛、黑岛、硫黄岛、竹岛等附近，黑潮往往出现不同的流向与流速。

在卫星图像中，也清晰的表征出沿九州西岸北去的黑潮，在五岛列岛附近分为两股。其一，经朝鲜海峡流入日本海的称之为对马暖流，表现的特点是流势夏强冬弱；其二，经济州岛南岸向黄海流去的，则称之为黄海暖流。而进入日本海的对马暖流分流后的汇合，大部分转流入津轻海峡进入太平洋，称之为津轻暖流；一部分沿北海道岛北上，经宗谷海峡注入鄂霍次克海，则称之为宗谷暖流。

黑潮接近本州南岸时，流幅约 20 n mile，流速达 2 kn，当流速为 1 kn 以上时，流幅宽达 50 n mile，流向呈东或东东北方，继之与津轻暖流、亲潮相交，便产生冷、暖涡。

在此，应予以提到的是源于鄂霍次克海和白令海的亲潮，属于寒流，流速达 0.3 ~

1.5 kn,流向西南,海表温度为1℃～17℃。

第三节　独特的自然条件与特殊的战略地位

正如上述,日本拥有34 000 km漫长的海岸线、广阔的领海与专属经济区,为发展海洋与海军提供了极其便利的条件。

日本列岛向北延伸与千岛群岛相接,向南依次排列着琉球群岛、台湾岛、菲律宾群岛,蜿蜒数千海里,犹如一条由岛屿组成的锁链,纵列在亚洲大陆的东侧,将亚洲与太平洋隔开,已如上述,这就是地理上所虚拟称之的第一岛链。该岛链把大陆与大洋隔开的地理态势在全球是绝无仅有的。若以台湾岛为中节点,日本诸岛则处在第一岛链的北半段,并恰好将东亚大陆基本环绕。在第一岛链以东是第二岛链,第二岛链主体是琉黄列岛、小笠原群岛、马里亚纳群岛等。日本领土涵盖两个岛链的重要部分,显然,这在战略上具有极为重要的意义。

从日本本土基地起飞先进的战斗机,其作战半径可达东亚内陆。从日本港口出击的军舰,不需要任何中途补给,可以直接在东亚大陆沿海作战。

由于以日本诸岛为基干的第一岛链北半段基本覆盖了东亚沿海,使日本控制着东亚、特别是东北亚绝大多数的出海通道。日本对于东亚地区各国向海洋方向的发展,从事海洋方向的军事活动,都具有很大的制约作用。因此,海洋地理条件决定了日本对其海军有特殊的要求。

日本资源匮乏,国民经济对海外依赖性极强,其战略资源和产品市场严重依赖于国外。而日本的经济却十分发达,主要有北九州、濑户内海、阪神、中京、京滨等工业区,且都集中在本州南部和九州北部的沿海港湾附近,呈“一”字形分布。

第四节　日本列岛空间区位特征

日本群岛主要由北海道岛、本州岛、九州岛、四国岛以及琉球群岛所组成。对此各岛主要特点,由北向南分述于下。

1. 北海道岛海岸与海峡

(1)概述

该岛系日本第二大岛。位于日本的最北部,北隔宗谷海峡与俄罗斯的萨哈林岛相望,南以津轻海峡与本州岛为邻,西临日本海,东濒太平洋,面积达830 000 km^2 以上,人口稀少,仅占全国人口约5%。

岛上多高山,山地丘陵占68%,其中火山占全境的41%,台地占21%,而平原、低地占11%。以石狩、勇拂平原为界,分半岛与胴体两部分。半岛大部属那须火山带,近20年曾有多座火山喷发。胴体部有两列山系纵贯南北,东侧有北见与日高山地,西侧为天盐和夕张山地,构成北海道的骨架。山脉间有上川等盆地散布,东北部有东西向的千岛火山带横亘,火山灰土占全境1/2以上,东、南部居多,沼泽土占6%,主要在东部与北部。

河流多发源于中部山地，下游往往形成冲积平原。海岸线平直，海岸阶地较发育。

气候冬寒夏凉，从 11 月至翌年 4 月为冬季，一月平均气温 -4 ~ -10℃，8 月 18 ~ 20℃，年降水量达 800 ~ 1 000 mm，积雪期 4 个月，无霜期约 140 天。该岛气候东、西差异较明显，临日本海一侧，雪量大，夏季温度较高，而濒太平洋一侧冬季多晴天，夏季气温较低；内陆大陆性气候明显。西岸有暖流，东南岸为寒流，而北岸与东岸有流冰，东南岸夏季有海啸。大部分地区植物以冷杉与针枞为代表。

该岛的耕地约占全国的 1/5，以旱田为主。东、西两侧邻近为世界著名渔场，海洋渔业产量占全国 1/3，并有诸多轻工业，海、陆、空交通也极为便利。

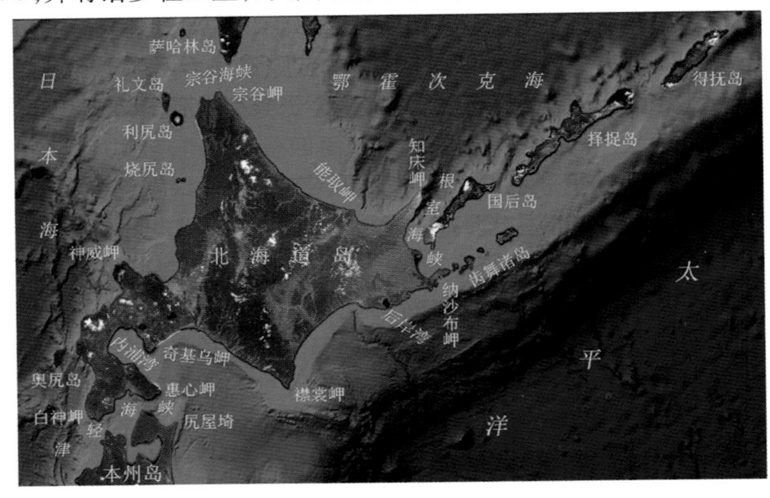

图 4.3　北海道岛及其周边卫星遥感信息处理图像

(2) 面向太平洋的北海道岛海岸与海峡

①东部北侧岸段　该岸段系指知床岬至纹别港间海岸，北濒鄂霍次克海，海岸较为平直，知床半岛位于北海道岛的最东北角，该半岛的西岸长达约 63 km，为一陡峭岩石岸，间有沙质和砾石岸，岸上纵深有呈东北—西南走向，并与海岸平行的高山，其中硫黄山峰高达1 563 m。

从网走港向西北延伸的海岸为连绵的沙质岸，并有数个潟湖。20 ~ 50 m 等深线与海岸极近平行，其中 20 m 等深线距岸 1 ~ 1.5 n mile，险滩礁石甚少。而顺沿能取岬向东北 76 km 沙质岸段，有低矮的丘陵与之平行，这里的 10 m 等深线距岸仅 0.5 ~ 1 n mile。

在知床半岛左侧为一敞开的海湾，该湾称之为网走湾，其对避北风的能力极差。

②东部南侧岸段　该岸段系指长达 268 km 的纳沙布岬至襟裳岬之间海岸。该海岸东段曲折，特别是纳沙布岬至钏路港，长约 130 km，为北海道最弯曲的海岸，多岩石陡岸，并有小岛和险礁，岸线以上则为低矮的海岸台地，而西部岸段较为平直的沙质岸。20 m 等深线一般距岸 2 ~ 3 n mile，个别岸段则为 1 n mile，而 200 m 等深线基本平行于海岸，距岸约 16 n mile。这里有多处港湾可避风。

③北部西侧岸段　该岸段系指纹别港至宗谷岬海岸，全长达 172 km，除音稻府岬至神威岬之间约 59 km 岸段多岩石与黏土的陡崖外，主要为沙质岸，岸段间有突出的小岬角，岸

上有连绵的低山丘。岸线向外 1 n mile 水深即大于 10 m,等深线大致平行岸线,水深 20 m 以外坡度变大。

潮汐 潮差小至 0.3 m 以下,日潮显著不等,高高潮后为低低潮,且其有明显的季节性与时日性,平均海面也有明显的季节性,沿岸潮流弱而不稳定。

气象 沿岸全年少雾,全年温差大,雨量少,海陆风显著。

④根室海峡　该海峡位于北海道岛东岸与国后岛之间,长达 70 n mile,分南、北两个口门。北口宽 40 n mile,中央水深达 2 400 m,向南至野付水道与南口北半部,水深浅至 10 m 以下;而南口宽 20 n mile,其南半部水深也仅为 20 ~ 30 m。该海峡北段西岸系知床半岛,中段为仅宽 8.5 n mile 的野付水道,南段则是根室湾。

海峡多有海冰,港湾甚少。

⑤宗谷海峡　该海峡位于北海道岛与萨哈林岛之间,连通日本海和鄂霍次克海。其最窄处仅 23 n mile,海峡内水深为 30 ~ 70 m,海峡北侧的卡缅奥帕斯季岛的可航宽度为 8 n mile,而北侧则为 18 n mile。

潮流 该海峡水文气象条件较为复杂,海峡中的流有海流与潮流合成,日周潮流较半日周潮流强,但其变化并非与潮流一致。

海冰 海峡内流冰多出现在 1—3 月,4 月、5 月初也时能见到,鄂霍次克海的流冰,常随东北季风漂移穿过海峡进入日本海,也时而封住海峡东口,6—8 月多雾,北侧较南侧大,向东逐渐减少,海峡南部的岸冰常年冰情严重。

(3)面向日本海的北海道岛海岸与海峡

海岸特征　北海道岛西岸,系指北从野寒布岬经利尻水道向南沿海岸至神威岬,继续向南沿海岸穿过奥尻海峡至津轻海峡西口。沿岸山地连绵,向海延伸从北向南形成有:野寒布岬、雄冬岬、高岛岬、积丹岬、神威岬、茂津多岬、白神岬等。除石狩湾外,沿岸海湾不多,但有留萌港、石狩港、石狩湾港与小樽港等诸多港口。距岸 10 ~ 29 n mile 范围内,由北向南分布有:礼文岛、利尻岛、烧尻岛、天卖岛、奥尻岛、大岛与小岛等岛屿。

气象 沿岸受对马暖流的影响,气温较高;冬季受西北季风的影响,降雪多,气温低,日照率小。夏季,降雨量少,多晴天,陆海风显著。6—8 月虽为雾季,但较少。

海洋水文 潮高小,涨潮最大仅 0.3 m,日潮显著不等,高高潮后为低低潮。潮流弱且不稳定。利尻水道夏季流势强,1 ~ 1.5 kn,当西北风强时,流势更强。奥尻海峡北口附近,海流方向不规则,而夏季较规则,偏北流为 0.5 ~ 1.5 kn,偏南流为 0.3 ~ 0.5 kn。

2. 本州岛海岸与海峡

(1)概述

该岛为日本第一大岛。呈东北—西南走向的弧形岛屿,长达 1 500 km,最宽处约 300 km,连同其所属的 1 540 余个岛屿,面积为 2 300 000 km^2,人口约占全国人口的 80% 之多,达 1 亿。该岛西临日本海,东濒太平洋;东北隔津轻海峡与北海道岛相望,西南隔关门海峡周防滩与九州岛为邻,南濒濑户内海同四国岛相望。

地形崎岖,多火山与地震。中部为中央高地,山脉中高峰多处达 3 000 m 以上,山间分布有盆地群。富士火山带由中部延伸到太平洋中的小笠原、伊豆诸岛。本州北部有 3 列山脉纵贯南北,山间分布有盆地和平原。其中奥羽山脉长达 450 km;西南部的中国山地与纪

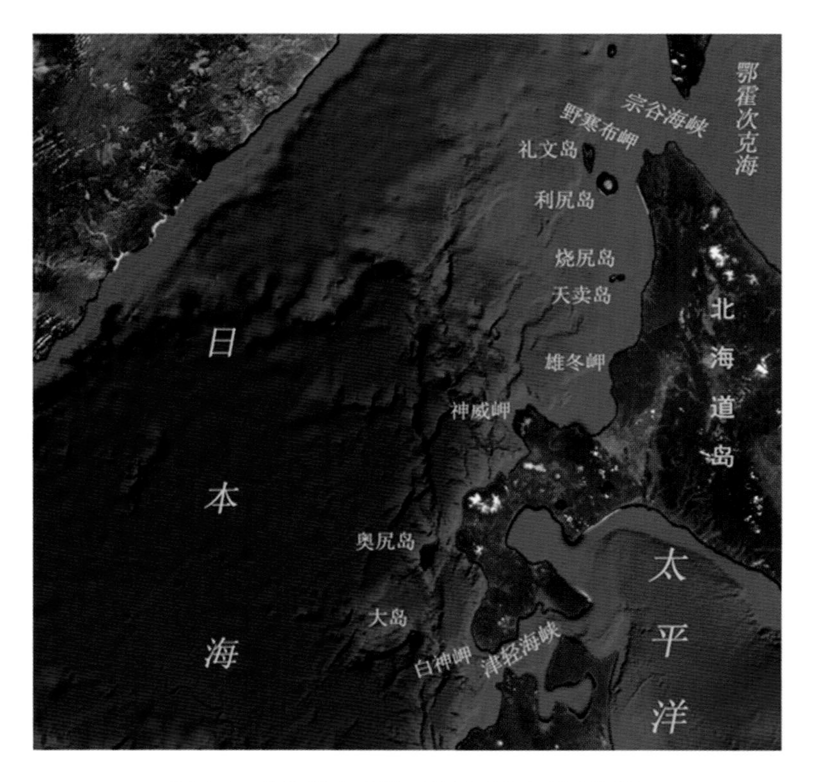

图 4.4　北海道岛西岸卫星遥感信息处理图像

伊山脉呈东西走向,山间有众多小盆地,较大的平原集中于太平洋沿岸。其中以关东平原为最大,河网稠密,上游多急流瀑布。

海岸线长达 12 000 km,约占全国海岸线总长度的 40%,其太平洋岸线曲折多港湾与半岛,而沿日本海海岸线相对较平直。

该岛大部分地区气候温和湿润,但南与北、东与西有明显差异。最冷的 1 月平均气温北部为 −2℃左右,西南端为 5.5℃;最暖的 8 月份,平均气温北部 22.5℃,西南端则为 26.7℃。年降水量北部 1 400 mm,西南部 1 700 mm。东部太平洋夏季与台风期降水最多,冬雪少,天气多晴朗。

森林覆盖面积约占总面积的 3/5;矿产资源较少,而工业产值则占全国的近 90%,且工业带主要分布在太平洋沿岸。

全国 17 个特别重要港湾,该岛则占有其中 15 个。海、陆、空交通极为发达。

(2)面向太平洋的本州岛海岸与海峡

①东北岸段　该岸段系指八户港至金华山海岸,全长达 278 km,岸线以其中点向东突出,全程表现为沉降式海岸,沿岸多岬角和孤立的岛礁,山地多仅贴海岸。其至金华山岸段海岸尤为曲折,并有大船渡湾与气仙沼湾等有良好的锚泊条件外,余之近 5 个海湾因口门向东,涌浪较大。除湾口处水深较浅外,30 m 等深线贴近海岸,近岸有岛礁分布; 而八户港岸段相对平直,宫古湾、野田湾与八户滩等分布其间,50 m 等深线平行于海岸,岸外多无险滩,

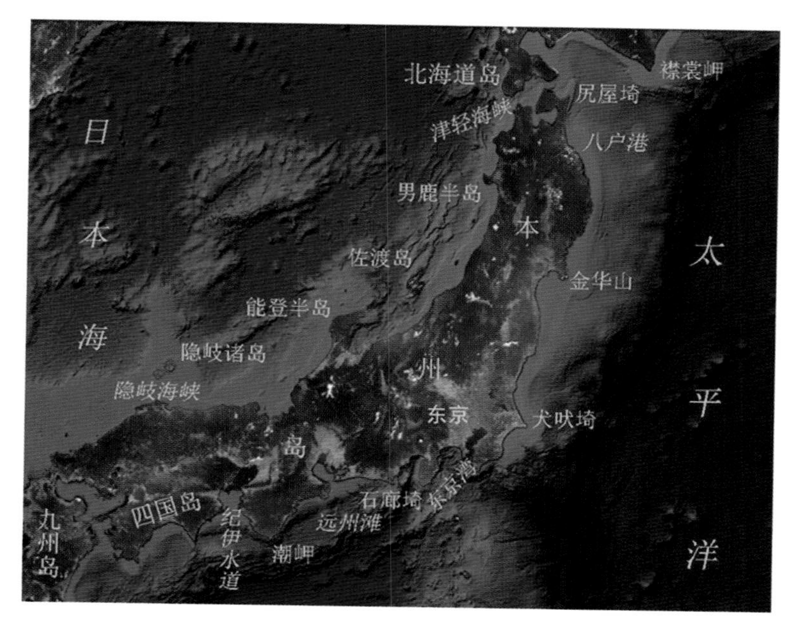

图 4.5　本州岛卫星遥感信息处理图像

由于海面开阔,风浪较大。

这里有多条水道,如金华山与牡鹿半岛之间,宽达 600 m,中间水深约 5 m 以上的金华水道;位于女川湾南侧的早埼附近与江岛列岛西部的二股岛之间,宽达 600 m 以上,中央水深近 100 m 的早埼水道;位于出岛和路岸之间,最窄处仅 150 m,中央水深小于 40 m 的出岛水道。

在海岸的南段多处分布有大的岩礁,其中如大曾岩位于江岛东北方 1.4 n mile,水深 8.2 m;小流浅滩位于大指崎以东,距岸 1.3 n mile,最小水深 4.3 m 等。

该岸段水文气象条件也较为复杂,具体特点是:

潮汐、潮流　多呈南、北向,流速小,日潮不等较为显著。其中,受南下海流影响流速与流向不规则,日潮不等较为显著。

气象　12 月至翌年 3 月的冬季,多北风和暴风,余之月份多吹南风。实际上沿岸各处季风风向不尽一致。

②东部中央北岸段　该岸段系指金华山至犬吠埼海岸,全长约 280 km,除南,北两端,海岸基本平直。该岸段分南、北两部分。

北岸段从金华山至盐屋埼长约 148 km。其中北部,临近牡鹿半岛以南有网地岛与添代岛等,并有东西排列的石卷湾与松岛湾,两湾顶分别有石卷港和盐釜港。从松岛湾向南至盐屋埼的海岸较为平直,长 142 km,10 m 等深线紧靠海岸,20 m 等深线距岸 2 ~4 n mile。

南岸段从盐屋埼至犬吠埼也长达 148 km。海岸为较平直沙质岸,但呈弓形向西弯入,临近犬吠埼北侧水域称为鹿岛滩。10 m 等深线也紧靠海岸,20 m 等深线距岸 2 n mile,但该二条等深线在北半段有所曲折,在水深 20 m 以外深水域基本无岛礁。

全岸段几处分布有岩礁,如名为大岩的岩礁则位于花渊埼东南方约 3.5 n mile 处,其最小水深 0.9 m,并有浪花标志。

这里水文气象特征具有明显的区域性，具体为：

潮汐　犬吠埼附近水域涨潮流向西，落潮流向东，高、低潮后 1 ~ 2 h 转流，流速、流向不规则。

在南岸段，距海 60 ~ 110 n mile 之间海域，为寒流与暖流交会处，多有涡流出现。

气象　在冬季，沿海因受地形影响，该岸段各处主风向不尽相同。全岸段夏季主风向为偏南风，全年风力较强；冬季刮西北风时，常伴随降雪，而当风向转为东北或东时，则多降雨；5—8 月梅雨期多浓雾。但在盐屋埼附近，夏季东北—东南风时多降雨。

③东部中央犬吠埼至石廊埼岸段　该岸段以其各处海岸特征，从北向南逐分为 5 个岸段。

A. 犬吠埼至野岛埼位于房总半岛东岸，全长 130 km，其北段海岸为沙质岸，向陆凹进呈弓形，向陆纵深为低矮丘陵；南段为弯曲的岩石岸，向陆纵深为低山区，在九十九里滨 10 m 等深线大致与海岸平行，20 m 等深线距其两端海岸约 8 n mile；在太东鼻与长埼鼻之间，距岸 10 n mile 以内多鱼礁。

B. 野岛埼至洲埼岸段沙质岸与岩石岸相间，其中布良鼻附近，水深 16 m 以下的浅水区向海延伸至距岸 1.7 n mile 范围内多浅水礁滩，称之为布良浅滩，而洲埼周边有暗礁。

C. 洲埼至大房岬之间为馆山湾，湾的东半部水深浅于 30 m，而湾口近处水深达 300 m，表现了这里水下地形变化急剧。

D. 大房岬至剑埼系围绕东京湾与浦贺水道的岸段。东京湾中有横须贺、京滨与千叶等大港。

E. 剑埼至石廊埼岸段也较为弯曲，近岸水下地形陡深。北段的相模湾最大水深达 900 m，湾的边缘水深多大于百米以上，其外侧就是相模滩，这里水深多在千米以上。除初岛与神子元岛周围外，距岸 1.5 n mile 以外无独立险礁，水深大于 20 m 以上。同时，相模滩以南有一岛顶海拔 760 m 名为大岛的岛屿。

海流　石廊埼至剑埼外海面，黑潮主流从钱洲海岭至三宅岛向北东北—东东北方向流时，黑潮支流则从伊豆半岛与大岛之间流入，流速约 1 ~ 2 kn，黑潮支流大时可达 3 kn 以上。

气象　5—8 月为海雾雾季，其中 7 月雾最多。

④东南部岸段　该岸段系指石廊埼至潮岬海岸，依其海岸特点从东北向西南分为三段。其一，石廊埼至御前埼之间为骏河湾，基本呈南北走向，湾顶宽阔，湾口开畅，沙质与岩石岸相间。从富士川河口向南穿越海湾的深水峡谷区超过千米以上，直至湾口附近水深达 2 000 m 以上，湾口西侧内有石花海，水深突浅至约 32 m，湾口外有水深浅于 50 m 左右的金州浅滩。湾内东、西分布有多处港口；其二，御前埼至大王埼岸段大部为沙质海岸，伊势湾就位于该岸段西半部，而知多半岛又将伊势湾与渥美湾分隔东、西，伊势湾口有伊良湖水道穿过，湾口又有水下拦坎。伊势湾内水深相对较浅，中间水道不超过 40 m。伊势湾口附近至大王埼岸段为多弯曲的沉降海岸；其三，大王埼至潮岬山地紧逼海岸，沿岸水较深，100 m 等深线距岸约 5.4 n mile，并多海湾与孤立岛礁，如从北向南排列有尾鹫湾、贺田湾与新鹿湾等。

整个岸段主要水道有 3 条：布施田水道、桃取水道和伊良湖水道等，诸水道宽度不大，水也浅。

潮汐　该岸段区春、秋季朔望前后为规则半日周潮，余之时间有日潮不等现象；春、秋季两弦期和夏、冬季朔望有较大的日潮不等现象。而岸段的外海一侧，潮流通常沿岸流动，涨潮为西向流，落潮为东向流，高、低潮后 1 h 转流，流速较弱。受日周潮影响，月赤纬大时几乎一日一次潮流。

气象 该岸段冬季盛行西北风，导致气候干燥，天气寒冷，而夏季盛行较弱的东南风，天气异常炎热。4—10 月多雨，其中 9 月份降水量最大；每年台风期常伴有暴雨。

⑤南部潮岬至宫鼻埼岸段 该岸段处于纪伊水道东侧，山体直逼海岸，形成诸多岬角与悬崖，海岸基本呈东南—西北走向，岸线曲折，近岸多岩礁，港湾甚少，短小的山溪垂直海岸注入海洋。其中，日御埼为向海深入的悬崖海角，且附近分布许多明礁。在日御埼以北约 5 km 处为一低平的悬崖，名为小浦埼，从该悬崖东北方约 700 m 处有向西北方延伸达 700 m 的礁脉。

⑥大阪湾岸段 从宫鼻埼向北，海岸转入向东北弯曲，形成今日的大阪湾。该湾处于本州的岸段为广阔的大阪平原，其北半部的沿岸工业区港湾众多，而南半部为沙质岸。湾内险礁不多，10 m 等深线距岸 1 ~4 n mile。这里潮流较弱。

（3）面向日本海的本州岛海岸与海峡

海岸特征 本州岛西岸系指北从舻作埼向南经能登半岛至经岬，继续向西南穿过隐岐海峡到川尻岬，海岸走向呈北东北 - 南西南，其中舻作埼至新潟港海岸，除舻作埼与男鹿半岛外，海岸尚平直，并有 4 支较大河流入海。男鹿半岛至新潟港沿岸 10 m 等深线距岸约 500 ~900 m，岸外分布有飞岛、粟岛等岩礁与海岸近平行。

新潟港至能登半岛岸段 海岸低平，佐渡岛东隔佐渡海峡与本州岛相望，该岛上有两条平行山脉，两山脉之间岛的两侧各有一海湾，该岛呈南—北长 65 km，最大宽约 35 km。佐渡海峡宽约 17 n mile，呈东北—西南走向，其东北部较浅，约 100 m，西南部较深，达 500 m。能登半岛东侧有几个海湾，如富山湾。

能登半岛至日御碕岸段 从能登半岛至安岛岬为长达 91 km 的沙质岸，岸线平直，呈东北—西南走向。安岛岬至经岬间为弯入 24.88 n mile 的若狭湾，该海湾岸线曲折，湾内底质多为沙或泥。湾内有舞鹤港、宫津港与敦贺港等。而经岬至日御碕岸段长达 255 km，除美保湾外，岸线大致呈东—西走向。面向隐岐海峡的岸段多熔岩流形成的岬角，多海岸侵蚀地貌，与其北部遥相望的隐岐诸岛之间，相隔着 22.71 n mile 宽的隐岐海峡。该海峡东、西两侧水深均大于 140 m 以上，海峡中部水深约 70 ~90 m。隐岐诸岛包括岛前、岛后两群，大小岛屿达 180 余个，其中以岛后岛最大，两岛群间为一岛后水道。

日御碕至川尻岬岸段 该岸段长达 188.50 km，呈东北—西南走向，海岸水深，多为岩石陡岸，间有一些小港湾，如大社港、滨田港、荻港等。近岸分布有一些岛礁。该岸段面向朝鲜海峡，西北部约 50 n mile 处有一面积较大的浅滩，名为“千里浅滩”。

气象 沿岸受对马暖流的影响，气温较高；冬季受西北季风的影响，降雪多。北部岸段 4—8 月为平静期，9 月至翌年 3 月为风浪期，刮西至北风时多为晴天，连续出现东南至东北风时，多为阴天或雨天。

海洋水文 对马暖流主流从佐渡岛与男鹿半岛连线外方北上，流速约 0.3 ~1.5 kn，但粟岛与飞岛连线以内流速为 0.3 ~1 kn，或 1 kn 以上，呈北东北流。对马暖流在能登半岛北岸沿着海岸以 0.5 ~1 kn 流向东东北方，夏季流速增大，最大达 2 kn。佐渡岛以北涨潮流为东南流,落潮流为西北流,高、低潮后 1 h 转流,流速 0.5 kn 以下,多全日潮。

对马暖流被隐岐诸岛分为南、北两支,在隐岐海峡约为 0.5 ~1 kn 的东流,偏西风时流速增大。见岛附近海流以东北—东流为主,流速 0.3 ~1 kn 为主;川尻岬东北方沿岸一般为东北流,流速 0.3 ~1 kn。

图 4.6　本州岛面向日本海的卫星遥感信息处理图像

3. 四国岛海岸与海峡

(1)概述

该岛为日本第四大岛。位于本州岛西南,北临濑户内海,南濒太平洋,东隔鸣门海峡、纪伊水道与本州的近畿地方为邻,西隔丰予海峡、丰后水道与九州岛相望。其连同所属岛屿面积达 18 800 km^2,20 世纪 80 年代人口平均密度 425 人/km^2。

该岛山地占全境面积 80%,分南、北两带。北部称内带,地形较低,多在千米左右;南部为外带,四国山地横亘,平原狭小,并零散分布于河流下游或沿海。

这里南、北气候差异较大,北部温暖少雨,南部气温高而多雨。年平均气温 16℃左右,8 月 26.3℃,1 月 5.2℃。年降水量在 2 000 mm 以上,雨季在梅雨期 6—7 月与初秋台风期,南部风涝灾害较大。

(2)面向太平洋的四国岛海岸与海峡

①东岸段　该岸段系指和田鼻至室户岬海岸,其中和田鼻至蒲生田岬岸段位于大阪湾西岸,向东突出,那贺川喇叭形河口在这里形成了三角洲,该三角洲南侧的橘浦湾口有许多小岛与险礁,如湾口南侧的舞子岛、野岛和飞岛等,湾口北侧有舟矶等;从蒲生田岬至室户岬岸段位于纪伊水道西侧,该段海岸呈东北—西南走向,山体直逼海岸,距岸 300 ~600 m 山峰连绵,纵深重峦叠嶂。短小的山溪垂直海岸注入海洋,其北段海岸较南段海岸弯曲,近岸多岩礁,港湾甚少,20 m 等深线距岸近 0.3 n mile,浅于 30 m 的等深线大致平行于海岸,靠近

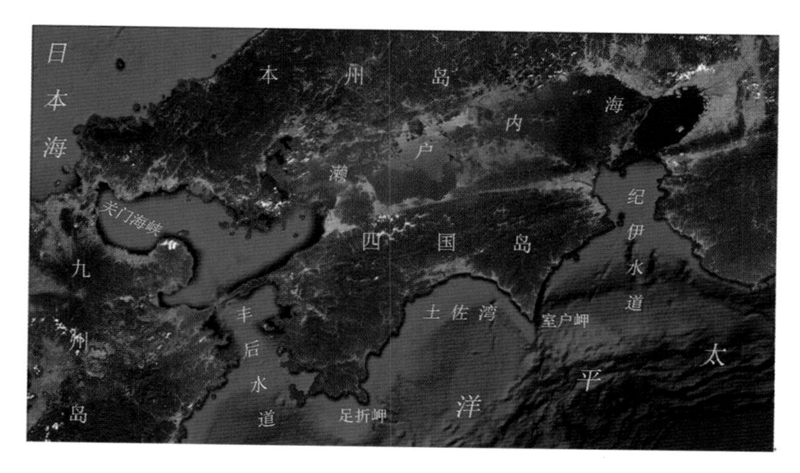

图 4.7　四国岛卫星遥感信息处理图像

室户岬岸段的 30 m 等深线距岸约 1.4 n mile。近岸有伊岛、大岛和出羽岛等，岛陆之间分布有较多的礁石。

潮流、海流　该岸段涨潮为北向流，落潮为南向流。海流沿海岸形成东北或西南向流，流速 0.2 ~ 1 kn，通常多为西南向流。

②南岸段　该岸段系指室户岬至高茂埼海岸，其中室户岬至足折岬岸段向北呈半圆形湾入达 30 n mile，称此为土佐湾。该湾除高知附近的平原外，山体直逼海岸，湾的东北侧海岸不甚弯曲，20 m 等深线大体与海岸平行。湾的西北侧较曲折，特别是小的岬角外等深线多不与海岸平行。白鼻以东除室户岬附近以外，20 m 等深线距岸约 1 n mile；白鼻以西除凹入岸段外，20m 等深线一般距岸小于 0.5 n mile。整个海湾沿岸多鱼礁。

足折岬至高茂埼岸段中，足折岬至柏岛岸段向南突出，近岸并有海拔高度达 400 m 的冲岛。沿岸也多有鱼礁分布，20 m 等深线大致平行于海岸，向外水深急骤加大，距岸 2.5 n mile 通常水深近 90 m。向陆纵深山体起伏，林木茂盛。

潮流、海流　该岸段涨潮为西向流，落潮为东向流；大潮期平均流速小于 0.5 kn。通常在夏、秋季黑潮接近土佐湾内海岸，流速达 4 kn；湾内常出现反时针旋转的环流，流速 0.5 ~ 0.8 kn。

气象　天气有明显的季节性，冬季气温始终为 7 ~ 8℃左右；春季常出现大雨，梅雨期降水量近 400 mm；8—9 月份降水量达 200 mm 以上。

③西岸段　该岸段系指高茂埼至佐田岬海岸，位于丰后水道东侧，该段海岸较为曲折，山地直临海边，多处陆地岩脉向海延伸，而形成半岛与海湾，最为突出的是从女子鼻附近，由东北向西南延伸到佐田岬，呈一狭长达 35 km 的半岛，并与西南部九州的关埼之间形成速吸海峡。近岸广布礁石，水深多达 30 ~ 60 m 以上。由良岬两侧，从西北向东南分布有连续不断的岛屿，如日振岛、御五神岛、横岛等，排列在水深约 50 ~ 70 m 处，并仅靠丰后水道。

该岸段岬角和岛屿具有一定特点。如佐田岬位于四国的最西端，系丰后水道北口东角的岩石角，其岬端有御岛；高岛位于佐田岬西南方约 5 n mile 处，岛顶高 146 m，在该岛东东北方约 200 m 处有一水深 1.8 m 的暗礁，沿岛岸分布有礁石；横岛位于高茂埼的西西北方 4 n mile 处，岛顶高 144 m，西侧与南侧为险峻的悬崖，岛上有林木生长。

④丰后水道　该水道位于四国岛西岸与九州岛东岸之间，为从太平洋进入濑户内海重要的深水道，水道两侧地形复杂，沿岸多险滩。其北口为宽约 7 n mile 的速吸海峡。主航道位于高岛～佐田岬之间。

潮流　丰后水道的潮流通常为南、北向流，从低潮 2～3 h 后到高潮 2～3 h 后为北向流，反则，从高潮 2～3 h 后到低潮 2～3 h 后为南向流；而速吸海峡大潮期最大流速的北向流为 5.9 kn，南向流为 5 kn。

气象　该水道区夏季多偏南季风，冬季多偏北季风。

4. 九州岛海岸与海峡

(1)概述

该岛为日本第三大岛。东北隔关门海峡与本州相对，东隔丰予海峡和丰后水道与四国为邻，东南临太平洋，西北隔朝鲜海峡与韩国相望，西隔黄、东海与中国遥相对。该岛连其所属岛屿面积达 43 400 km^2，人口平均密度为约 312.3 人/km^2。

该岛地势山高谷深，山间多有盆地和平原，并有较多火山分布于南部，且向南延伸到吐噶喇列岛。南部九州山地为四国山地的延伸部分，斜贯九州岛中南部。发源于山地的河流多湍急，海岛岸线曲折，多海湾和半岛；东部日向滩沿岸为隆起的平直海岸。

气候温暖多雨，除山地外，1 月平均气温 4℃以上，大部分地区年降水量达 2 000 mm，同时梅雨期时间长；台风侵袭时常风涝成灾。

工业地带在北九州，农副业也较为发达。铁路与公路干线借助关门海底隧道和关门大桥与本州相连，并有重要的北九州港。

(2)面向太平洋的九州岛海岸与海峡

①东部岸段　该岸段系指关埼至佐多岬海岸，其从关埼至尾末湾的北岸段，位于丰后水道西侧，岸线曲折，如同其对岸的四国西海岸。山地直临海边，多处陆地岩脉向海延伸，形成半岛与海湾，由北向南绵延分布有岩礁，20～30 m 等深线一般距岸多小于 1 n mile，并多不平行于海岸。从芦埼向南岸段以东，100 m 等深线大致平行于海岸，距岸约 8 n mile。

从尾末湾沿岸向南直抵佐多岬，除志布志湾，海岸大致平直。其中大隅半岛沿岸山地迫近海岸，除沙质岸外海岸陡峭，沿海陡深。

在该岸段的南部，都井岬与火埼之间的志布志湾湾口向东南敞开，湾口宽 12 n mile，向陆纵深达 14 n mile 以上。湾内从都井岬至埼田湾附近岸段与肝属川河口至火埼岸段二者基本为砾石岸，从埼田湾绕过湾顶到肝属川河口多为平直的沙质岸，10 m 等深线距岸也不过 0.6 n mile；湾中部水深 40～70 m 左右。其湾口潮流呈东北、西南向流。

②南部岸段　该岸段系指佐多岬至野间岬海岸，这里主要有南北长达 38 n mile，东西宽约 5～11 n mile 的鹿儿岛湾。湾口处于立目埼与开闻岬之间，湾口宽约 9 n mile，口门向西南，沿岸陡深。靠近湾顶有一名为樱岛的将该湾的上部一分为二。10 m 等深线多贴近岸边，湾中部水较深多在 100～220 m 之间，而湾口水深却近 100 m 左右。这里的潮流为往复流。

③大隅海峡及其附近　该海峡位于九州岛以南，界于大隅半岛与大隅诸岛之中，其最窄处在佐多岬与竹岛之间，宽达 15 n mile。海峡北岸陡峭，南部小岛岸段不仅陡峭，并多礁石。

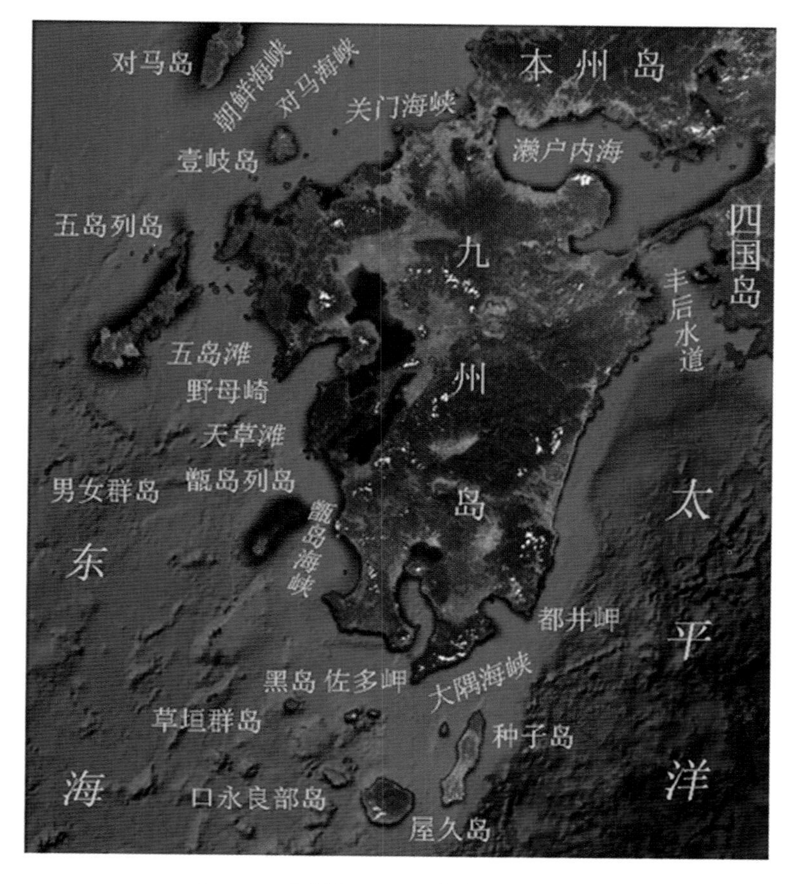

图 4.8 九州岛卫星遥感信息处理图像

海峡水深多为 90 ~ 120 m，底质多种多样，海峡中水色透明度较大，透明度一般达 16 ~ 30 m，夏季更大。

该海峡为从东海通向日本东南沿海港口的捷径。

该海峡的西北方有男女群岛与甑岛列岛。其中，甑岛列岛位于九州岛以西，之间相隔甑岛海峡。该列岛一字排列，呈东北—西南走向，长达 20 n mile 以上，由上甑岛、中甑岛、下甑岛和许多小岛组成。列岛的南半部周围陡深，200 m 以上水深距岸最大不过 2 n mile，而列岛的北半部则相对较浅。从该列岛东北端向东有断续的岩石小岛。

男女群岛位于九州岛正西约 90 n mile 处，由男岛与女岛 2 个主岛以及苦路岐岛、寄岛、花栗岛 3 个较小岛与更小的岛礁组成。从东北向西南呈一弓形排列，长达 7 n mile。该列岛基本由火成岩构成，岛岸陡深，并多暗礁。

潮流　该海峡的潮流较为复杂，除大隅半岛与种子岛之间的沿岸外，因受 1.1 ~ 1.8 kn 的东流影响，终日向东流，西流向很少，即使有持续时间也不过 1 ~ 2 h；高潮前约 1 h 40 min 东流最弱（或西流最强），低潮前约 1 h 40 min 东流最强。

海流　这里海流也较为复杂。流幅达 30 n mile，流速 1.5 ~ 3 kn，夏季比冬季较强的黑潮主流，在屋久岛与诹访濑岛之间流向东南，而在种子岛以南转为东北流向，并在九州岛东岸外海北上,流向四国岛海域。

在该区黑潮季节性差异,表现在冬季黑潮常在都井岬东南方离开海岸;西北季风期,黑潮主流稍压向南方,穿过屋久岛与诹访濑岛之间流向东南,在种子岛南方 30 n mile 以上处转为东东北流向,流向四国海域,这时种子岛东岸常出现南流。

当黑潮支流向东流经草垣群岛、黑岛、硫黄岛和竹岛一线的南北海域,以 1 ~2.5 kn 的流速进入大隅海峡,穿过该海峡后在都井岬海面与黑潮主流汇合,但也有部分经过种子海峡南下。夏季大隅海峡的东向流有时可达 3 kn。

第五节　东海东部岛礁空间融合信息特征

1. 概述

打开太平洋海图或从卫星图像上可以看到,辽阔的太平洋海面上,在朝鲜海峡与中国台湾岛之间,有一呈从东北向西南延伸的,连绵不断的,长约 700 n mile 以上的弧形岛屿锁链。其主要包括有对马岛及其附近西南部诸岛、五岛列岛、男女群岛、甑岛列岛、大偶诸岛、吐噶喇列岛、奄美群岛、冲绳诸岛与先岛诸岛以及诸岛间海峡等。其中,大偶诸岛、吐噶喇列岛和奄美群岛又称萨南诸岛,而冲绳诸岛与先岛诸岛则称为琉球诸岛,总计有大、小岛屿达 500 余个,其中岛岸长于 1.85 km 以上的 90 个以上,合计面积约 4 600 km^2,总称为琉球群岛。该群岛将中国东海与太平洋隔开,是东亚大陆沿海的一条天然屏障,各岛多珊瑚礁海岸。

诸群岛中,面向东海的群岛内侧之吐噶喇列岛与粟国岛等系雾岛火山带的一部分,中部由古生代与中生代地层构成,为群岛的主要部分,琉球石灰岩分布较广。其中,屋久岛的宫之浦岳海拔 1 935 m。而面向太平洋的群岛外侧,则由第三纪地层构成,地势较低。纵观琉球群岛,它系一列海底山脉,出露海面以上为岛屿,处于海面以下的形成暗礁或浅滩。通常水深大于 200 m 的海槽多将诸多岛屿或岛群之间分隔成复杂的海底地形。狭窄的岛架外,水下地形多陡深。

琉球群岛附近海域水深极为深邃,水下地形崎岖而复杂,岛链东侧系琉球海沟,西侧则是冲绳海槽,岛链上海底地形起伏也很大。从北向南形成有众多岛间海峡。

位于琉球群岛东南侧的琉球海沟,发育特点表现在琉球群岛东侧水深急剧变深,海底坡度达 10°,穿过断续阶地后,则达到 13°以上,当地形下倾至水深 6 000 ~7 000 m,便是狭长的琉球海沟。它呈东北—西南走向,水深大于 7 000 m 的范围长约 130 n mile,最宽处为 16 n mile,该海沟西侧的等深线大致平行,海底坡度较陡,而东侧海底坡度则较缓,位于海沟的西端外侧,海底地形有所隆起。

冲绳海槽位于琉球群岛与东海大陆架之间,呈以地沟状的狭长凹槽,并平行于琉球群岛的东北—西南走向,南部较深,水深 1 000 ~2 400 m,最深处位于宫古岛与我国的钓鱼岛之间,达 2 719 m;较浅的北部,水深 600 ~800 m。海槽底部地形较为平坦,但其东、西槽壁坡度差异较大,前者达 10°,后者缓为 40′ ~50′。而海槽西北侧,我国大陆海岸自然延伸的东海大陆架外缘,即 200 m 等深线以深,海底地形坡度急剧变陡。

各岛的海岸多为珊瑚礁海岸。属于亚热带海洋性气候,夏长冬短,如那霸年平均气温

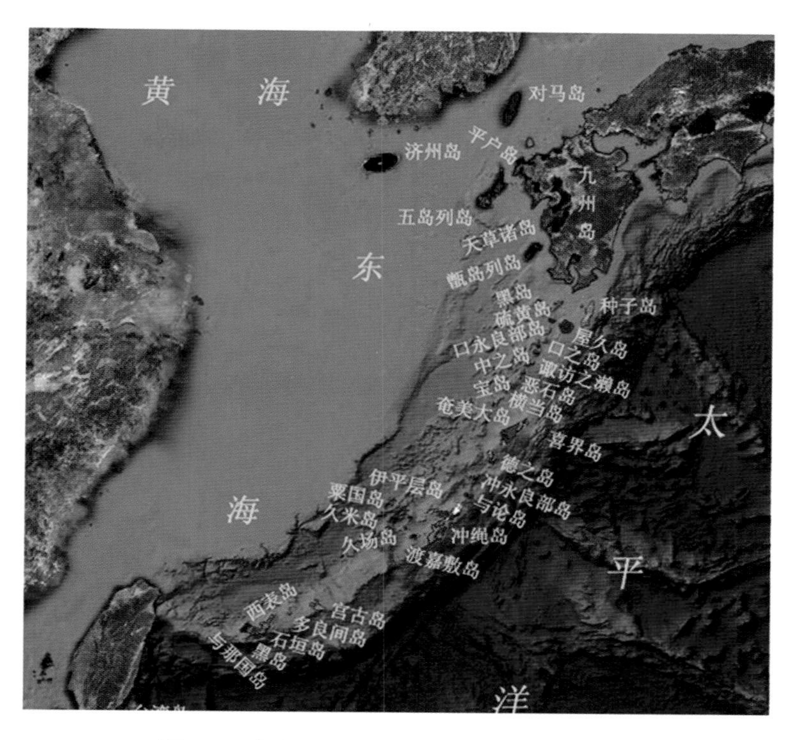

图 4.9　东海以东诸岛卫星遥感信息处理图示

22℃,最冷的 1 月份为 16℃,最热的 7 月份为 28℃。年降水量达 2 000 mm 以上。但在梅雨季节更有所增大,常有台风过境,风涝成灾。棕榈与榕树等热带和亚热带植物繁茂。

表 4.1　琉球群岛海峡水道一览表

名　称	宽(n mile)	水深(m)	名　称	宽(n mile)	水深(m)
大隅海峡	15	90 ~ 110	冲奄海峡	48	200 ~ 600
种子岛海峡	最窄 10	40 ~ 80	与路岛和德之岛之间水道	12	200
屋久岛海峡	6.5	—	德之岛与冲永良部之间水道	18	多系 600
吐噶喇海峡	23	400 ~ 600	冲永良部岛和与伦岛之间水道	18	500 以上
口之岛水道	5	500	与路岛水道	1.5	—
中之岛水道	11	600	具志川北水道	—	最小 11
诹访濑水道	9	600 ~ 900	具志川南水道	—	21 ~ 29
恶石岛至小宝岛水道	19	最浅 188	宫古海峡	—	100 ~ 500
宝岛至上根屿之间水道	21	400 ~ 800	庆良间海峡	0.8	60
大岛海峡	0.5 ~ 2	30 ~ 100	阿嘉海峡	—	可航宽 350
喜界岛海峡	1(200 m 等深线之间)				

2. 东海—日本海海域间诸岛与海峡要道

(1)概述

本海域在东海东部,其包括诸多岛礁与海峡水道,北侧是韩国,西部与我国相遥望,具有突出的战略区位。

该海域内如图4.7~图4.11所示,空间遥感信息表征了诸多岛礁与海峡水道彼此分异的地理特征。通过空间信息融合分析,一一展现了相关的具体内容。面对地理目标包括:对马岛、壹岐岛、平户岛、的山大岛、五岛列岛、男女群岛、甑岛列岛等,及其岛礁相间的海峡水道,如朝鲜海峡、对马海峡、壹岐水道、甑海峡等,另有,佐世保港。

(2)环九州岛东北—西南部诸岛

①对马岛

该岛北端位于34°40′27.79″N,129°28′29.99″E;对马海峡西侧。

该岛呈近南—北走向,稍为向右偏,长条形,南—北长约73 km,最大宽度约为18 km,由上岛和下岛组成。全岛为山地,平地少,地势险峻,全岛信息反射率表征了岛上植被茂盛。岛岸非常曲折,并有很多小港湾,多为小吨位船舶避泊地,位于东岸的避泊地不适宜避偏东风,位于西岸的避泊地不适宜避偏西风,在下岛东岸的中部有严原港,为主要港湾。水产业为主要产业。

在岛的南、北两端附近距岸约1.5 n mile以内分布有礁石,其他部分离开1 n mile就没有危险。

②朝鲜海峡

一般将对马岛与壹岐岛间的东水道(对马海峡)及对马岛与朝鲜半岛南岸间的西水道(朝鲜海峡)总称为朝鲜海峡。从广义上讲,朝鲜海峡是指九州北岸、本州西部与朝鲜半岛南岸、东岸之间的全部海域。长约160 n mile,宽约110~150 n mile。对马岛位于该海峡的中部,并将该海峡分为东南与西北两支,对马岛东南侧的为对马海峡,西北侧的为釜山海峡。

东水道最窄部在对马岛的下岛南端神埼与壹岐岛北端的辰岛之间,宽约26 n mile,最大水深为131 m。西水道最窄部在对马岛的上岛西岸与其西—西北方的鸿岛、南兄弟岛、生岛等岛之间,宽约26 n mile,最大水深为对马岛北端外深达228 m。

水文气象:

冬季,西北季风强,特别是在对马岛西岸,波浪高。另外,在对马岛部分地区,冬季有一种叫"寒烟"的特别寒冷的风,该风从陆地吹向海洋,在海上形成浓雾,在该浓雾中,一般气温比周围气温低6℃;夏季,多西南风,海陆风比较显著,气温比九州北岸稍低。

9月份多北或东北风,该时期少雨,多晴,刮北风。

东北流从高潮前1 h至高潮时开始,到低潮前1 h至低潮时终止;西南流始于低潮前1 h至低潮时,止于高潮前1 h至高潮时。平均最强流速,大潮时为1~1.5 kn,小潮时为0.5 kn。

潮流时间,西水道越向西南方越迟,在济州岛附近约迟4 h,东水道越向西南方越早,在五岛列岛西部早4 h。

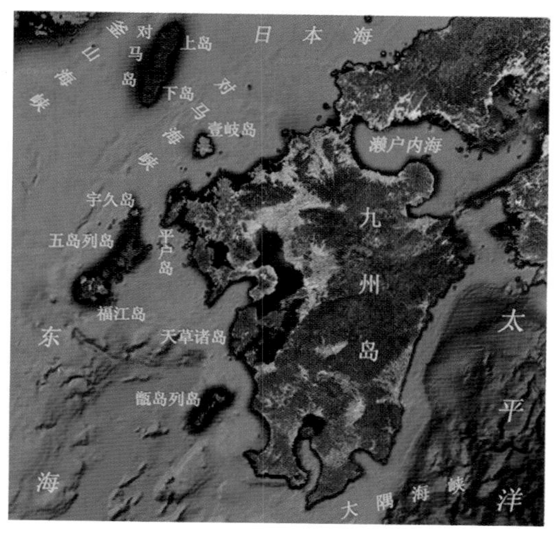

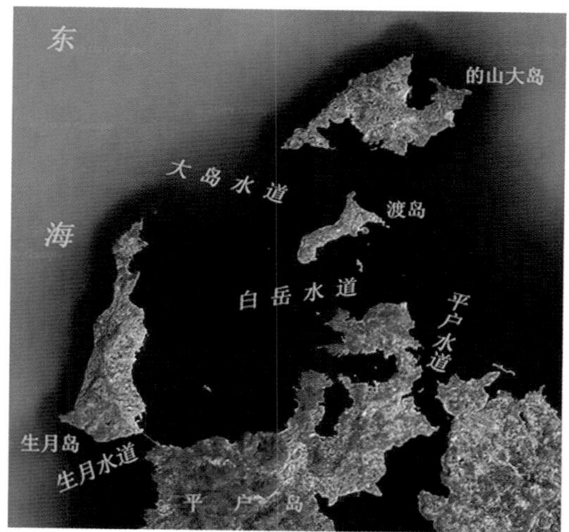

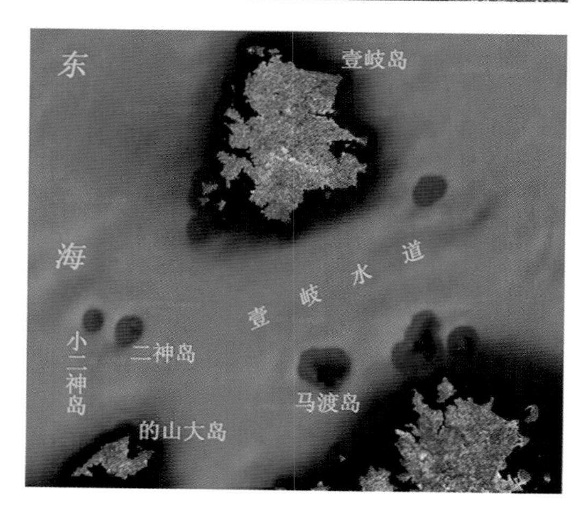

图 4.10　九州岛西侧诸岛空间分布遥感信息处理图像

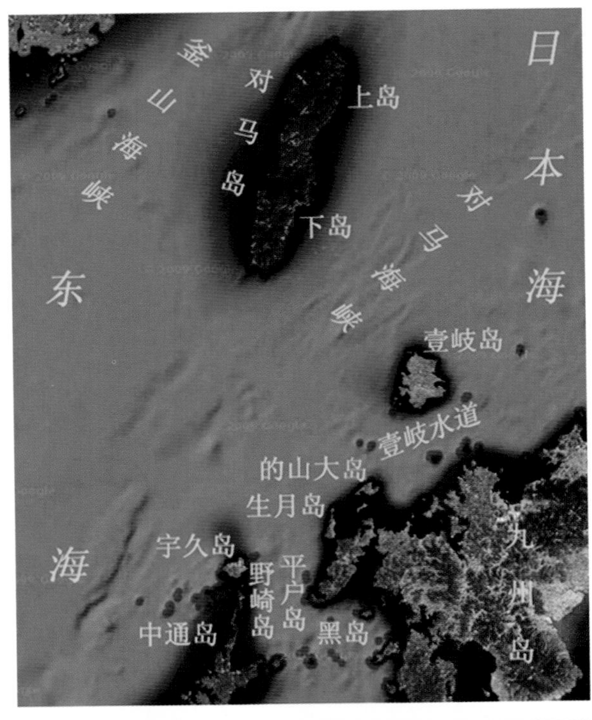

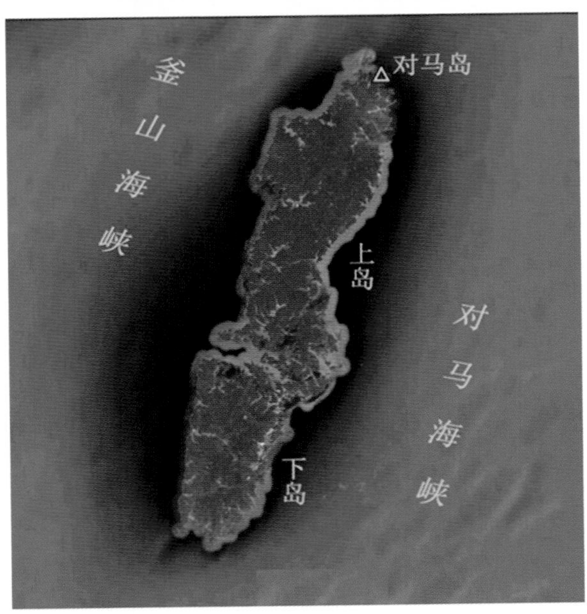

图 4.11　釜山海峡—平户岛之间的对马海峡、对马岛、壹岐岛、的山大岛、生月岛等诸岛与岛间水道卫星遥感信息处理图像

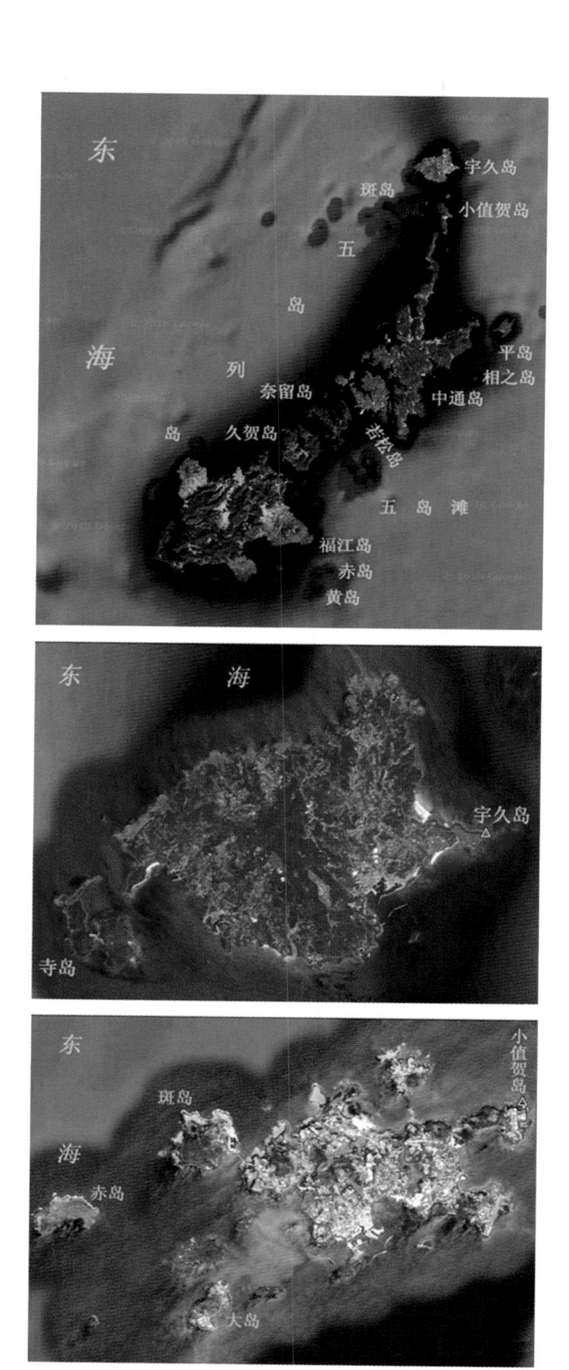

图 4.12　五岛列岛、宇久岛、小值贺岛等卫星遥感信息处理图像

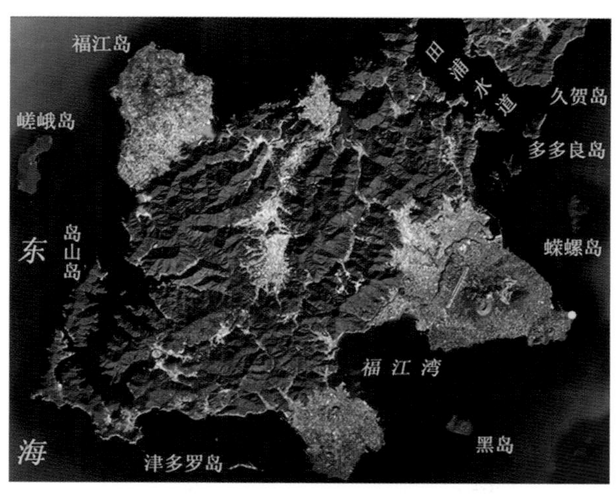

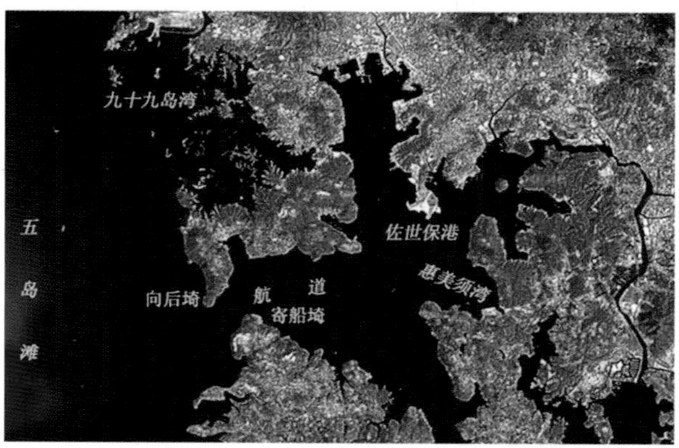

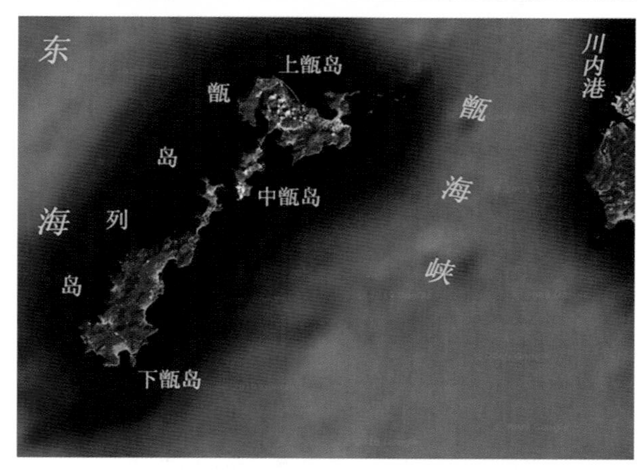

图 4.13　福江岛、甑岛列岛与佐世保港卫星遥感信息处理图像

③壹岐岛

该岛位于壹岐水道的北侧，在马渡岛北方约 7.5 n mile 处。

该岛呈不规则形状，东—西长约 14 km，南—北宽约 17 km，由第三纪层的砂岩和玄武岩组成，大部为台地。岛南部为该岛岛顶的岳岭高达 213 m、岛西部的津上山顶高近 130 m，岛东北部的男岳高达 156 m。岛上植被茂盛。

岛的周围多小岛和险礁，岛岸曲折，南沿岸大部分分布有岩礁，东部有离岸险礁。另外，这段海岸多小湾。

壹岐水道 位于九州北岸的西部与壹岐岛之间，为大型船的常用航道。从关门海峡西口至该水道距离约 55 n mile，水道中部宽约 7 n mile，水深 50 m 左右，在水道东口的北侧有名岛等群岩和暗礁，在东口的中部有乌帽子岛，在西口的中部有二神岛，最小宽度为 3.5 n mile。

该水道东北流自低潮后 5 h 30 min 至高潮后 5 h 30 min；西南流自高潮后 5 h 30 min 至低潮后 5 h 30 min。平均最强流速，大潮期为 1 kn，小潮期为 0.3 kn，每天两次的东北流与西南流有强弱。

壹岐水道西口的二神岛及小二神岛以南有平户岛，其间有的山大岛、度岛及生月岛等。其中，二神岛位于壹岐水道西口约中央处，为马鞍形岛，高 98 m，岛岸险陡，距岸 200 m 以外无暗礁。小二神岛高 57 m，位于二神岛的西北西方约 1.8 n mile 处，为一小岛，周围急深。在该岛的东北东方约 0.6 n mile 处，有卡拉托礁高 3.4 m。

平户水道 该水道位于平户岛与九州岛之间。据报，2000 吨级的船舶可通航。由于该段沿九州西岸海难较多，船舶要选在白天的憩流时通过。

④的山大岛

该岛形似“N”字，位于二神岛的南方约 6 n mile，岛上大部分为耕地，树木较多，直至诸山顶附近。除岛东北部的后浦以外的岛岸均为险陡曲折岸。南—北各有一个海湾。

该岛西北海岸长 7.05 km，中间东—西宽 4.72 km，有诸多岬角，位于的山大岛的北端长崎鼻，为岩质陡崖从水边直立长崎鼻上较平坦。自鼻端有礁脉向北方延伸约 400 m。在长崎鼻的西方约 400 m，距岸约 120 m 处，有平礁高 2.4 m 的小岩岛，在其北方约 300 m 处，有水深 6.4 m 的岩礁。其外侧水较深。

后浦，位于长崎鼻与其东方的岬角之间，为向南方弯入的浦。在浦奥的小岛高 5.2 m 的小岩岛，低潮时几乎与浦滨相连。在浦内有至二神岛及壹岐岛的海底电缆。

大贺鼻为的山大岛的东端岩角，鼻端急深。后方逐渐隆起成圆顶山；该岛南岸大部为险峻陡崖，与南方的度岛之间有险礁；马头埼位于岛的西南端，呈圆顶，容易识别。埼的周围被岩棚围绕，在其南南西方约 300 m 处，有水深 5 m 的哈埃萨基礁。

贝岩，位于长崎鼻的西方约 1.8 n mile 处，为高 11 m 的小岩岛，在该岛的附近距岸约 200 m 以内有礁脉延伸。

⑤度岛

该岛位于的山大岛的南侧，在岛内大部分为约同样高的诸丘相连。接在南岸东部的似圆形饭盛山高 105 m。自度岛东端的崎濑鼻有干出礁脉向东方延伸约 600 m，最外端为卡梅奥礁，最小水深为 0.2 m。在该礁脉的北方隔狭水道有高 14 m 的羽岛。在度岛南方的横岛与度岛东端之间，海底险恶，有小岛与暗礁。

⑥生月岛

该岛北端位于 33°26′32.88″N，129°26′3.61″E；南—北长约 10.32 km，中间东—西宽 2.22 km。岛上植被多分布在岛上西部；东部，特别是中南部，多为居民地与耕地，沿岸有两个大港湾。北端隔宽约 3 n mile 的深水水道与的山大岛的马头埼相对，南端隔生月水道与平户岛相对。岛顶番岳高 286 m 的尖峰远望显著。岛岸险峻，岛周围距岸 300 m 水深为

10 m 以上。

上述各岛间水道特征表现为：大岛水道位于的山大岛与度岛之间，宽约 0.7 n mile，水深 30～70 m，大型船可通航；白岳水道位于横岛与平户岛之间，最小宽度为 0.7 n mile，东口稍浅，有水深为 16～20 m 的向西北至东南走向的浅滩，该浅滩南部有水深 14.6 m 萨基岩；生月水道位于生月岛与平户岛之间，最狭窄部宽约 400 m，中央部的水深 14.6～23 m。

各水道潮流最大流速，大岛水道为 3.1 kn，白岳水道为 2.9 kn。生月水道可达 4.9 kn，在该水道的西方约 5 n mile 处，转流时间相同，平均最强流速在大潮期不超过 1 kn。

⑦五岛列岛

该列岛位于九州西侧，从九州西北端的平户岛西方约 10 n mile 处起，至西南方约 50 n mile，排列相间着宇久岛、中通岛、若松岛、奈留岛、久贺岛、福江岛等大小 230 个岛屿。这些岛屿间有小值贺、津和埼、若松、泷河原、奈留及田浦等 6 条水道中有强潮流，但都能通航。

气象　冬季季风期，一般盛行偏北风。12 月至翌年 2 月，月平均风速 4～5 m/s 以上。夏季多西南风，8 月最热，平均 27℃左右；4—7 月沿岸多雾，一般发生后 2～3 h 消失。

潮流　该列岛西侧，一般涨潮流向东北，落潮流向西南。在各岛间、列岛北端东北侧、福江岛西南侧等处，潮流一般为西北、东南流。西北流在低潮后 1.5～2 h 至高潮后 1.5～2 h；东南流在高潮后 1.5～2 h 至低潮后 1.5～2 h。水道狭窄部流非常强，最强可达 6.5 kn。

该列岛北部东北侧，涨潮流的一部分流向西北方，经野崎岛南、北两水道。列岛西侧涨潮流为东北流，但靠近小值贺岛附近诸岛就分为二支流；一支折向东方，与从野崎岛南侧流来的西北流汇合而流向北方，经小值贺岛与野崎岛之间的水道，而后又与野崎岛北侧水道流来的西北流汇合，进入小值贺水道，经过寺岛和宇久岛间的狭水道流向西方，在狭水道内的流速有时很强；另一支流向小值贺水道西口，在西口与前一支的一小股汇合，发生强激潮。

落潮流在宇久岛西侧也分为二支。一支流向西南，经小值贺岛西侧附近诸岛间，另一支流向东南方，经寺岛与宇久岛间的狭水道，流向野崎岛北端。在此又分为二支：其中一支流经野崎岛西侧水道，而至南口又分为二支，一支经野崎岛南侧水道流向东南方，另一支沿中通岛西侧流向西南方，经小值贺岛西侧后，与同方向的流汇合。

宇久岛　该岛西端位于 33°16′17.54″N，129°04′13.09″E；岸线曲折，环绕该岛有诸多岬角，形成许多小湾。位于岛中央的岛顶城岳高达 261 m，如：对马濑鼻，位于宇久岛北端的低鼻，有险礁从鼻端向北方延伸约 550 m，其外端水深 31 m；长崎鼻，位于岛东端低鼻，鼻周围距岸约 600 m 有岩礁延伸出，再向东方约 400 m 为浅水地。另有，神浦位于宇久岛西南岸，在神浦渔港和其西方的寺岛之间，水深 7.3～23 m。

表 4.2　宇久岛附近岛礁、水道空间分布特征

名　称	位　置	特　征
左志岐岛	宇久岛北端东方 2 n mile 附近	由 3 个小岛组成，中央的小岛高 59 m，东方小岛高 32 m，西方小岛高 23 m
黑母岩	长崎鼻东南方约 2.2 n mile、小值贺水道东口东方约 2 n mile 处	为东—西长约 550 m 的群岩
前小岛	宇久岛东南岸外 0.3 n mile 处	为一高 39 m 的小岛

续表

名　称	位　　置	特　　征
寺岛	宇久岛西南部，相距0.26 n mile	该岛岸主要由火山岩形成，北端为一高29 m的狭长岬角。岛东南侧有一鼠岛高22 m
寺岛水道	寺岛与宇久岛之间处	为一“S”形狭水道，水深大于5 m，最狭处宽仅200 m，北口有干出1.5 m的乌贼土礁，最小水深3.6 m的乌贼土岩等险礁
鸭礁	寺岛水道北口、火焚埼西北方约400 m处	为一高17 m小岛
小值贺水道	宇久岛和寺岛南侧	为东—西方向水道，一般水较深。前小岛与六岛间为东口，寺岛与六岛间为西口。东口东方约2 n mile有黑母岩，中央有周围水深的相礁。西口虽然宽约1 n mile，但纳岛北方约400 m内有几个孤立浅礁
六岛	小值贺水道东口南侧	为一高75 m圆形小岛。有浅水地从它东端向东南方延伸约500 m
六岛水道	六岛和野崎岛之间	水道西口附近、野崎岛北端北方约400 m处有一适淹黑岩礁，岩礁南侧水浅，北侧陡深
野崎岛	介于宇久岛和中通岛之间	形似长条形，南—北长6.09 km，岛上树木茂盛，御山为岛顶，高达353 m。岛东岸中央有一黑合浦，浦口北角与它北方约1 n mile的高30 m的小岛之间为险恶地。津和埼水道位于该岛和中通岛北端的津和埼之间，10 m等深线距津和埼岸约250 m

小值贺岛　该岛西南端位于33°11′27.80″N，129°02′39.72″E；呈不规则形状，东西长约7 km。东岸的前方锚地两侧有2个圆锥形的峰，北峰高137 m，称为东城岳；南峰称为殿崎岳高69 m。岛上植被茂盛。环绕该岛有诸多岬角及其外延的岩礁与小海湾，其中长崎鼻位于小值贺岛北端，鼻端稍内方有一高59 m的秃山，西面临海一侧陡峭。前方锚地是小值贺岛东岸一小湾，有礁脉从湾口北角的唐见埼鼻向南方延伸250 m，它的外端有一赤丸礁。湾滨一带距岸约150或350 m内有礁脉延伸，湾顶北侧的舵垣礁、中央干出0.3 m的三礁等较显著。湾口南角的殿埼鼻北—东—南方约600 m内为浅水区，东方约600 m有一水深3.6 m的神浦礁，东北方约550 m有水深2.2 m的冲舵垣礁，北方距岸约350 m有干出1.3 m的大根礁等。

该岛与纳岛一起构成了小值贺水道的南滨。隔一宽约0.8 n mile的水道，与野崎岛西岸北部相对。

该岛与它西方约3 n mile内的许多小岛，均为臼状火山岛，附近的海底为熔岩原。

表 4.3　小值贺岛附近岛礁、水道空间分布特征

名　称	位　置	特　征
纳岛	小值贺岛北端附近	为一高 63 m 的岛，北侧有诸多浅礁，南侧与小值贺岛北岸之间虽有小水道，但水道两侧均有浅水地
小黑岛	小值贺岛南岸外约 350 m 处	为一高 20 m 小岛。其与小值贺岛间水较浅
黑岛	小黑岛西方约 0.8 n mile 处	为一高 40 m 小岛。岛东、西两端树木茂盛的山峰，临海一侧陡峭，从南、西方望去，可见黑色的悬崖
大岛	黑岛西南西方约 1.8 n mile 处	该岛西北侧为险峻峭壁。岛顶树木茂盛，从西、南方望去显著。有岩礁从岛西南侧向西南方延伸约 500 m。该岛东邻有高 54 m 的小岛
六岩	大岛西南方约 0.6 n mile	为一最高岩高 3.3 m 的小群岩，其与大岛西南侧的石陂之间水浅
黑岩	六岩南方约 650 m	为一高 7.3 m 黑小岩礁，其东北侧的海底险恶，距岩礁 150 m 处有一水深 3.6 m 的浅礁
霍格岛	大岛西方约 1.2 n mile 处	为一小岛，其南端有高 63 m 的峰，靠近海边崎立着，北端岬上也有一小峰。岛北端有一小岩礁
薮路木岛	大岛北方约 500 m 处	岛西端 200 m 外有一贝礁，为一半圆形的小群岩，最高岩礁高 23 m
古路岛	薮路木岛东北方约 500 m 处	为一小岛。它的西侧有高 56 m 的险峻悬崖。古路岛和小值贺岛间约 650 m 的水域内，有许多干出礁。左路岛东方约 800 m、靠近小值贺岛西南岸有一高 17 m 乙子岛为光秃小岛
赤岛	薮路木岛西北西方约 1.2 n mile 处	在岛南部，岛顶高 104 m，从海滨突起。岛西南部有几个圆顶山，从西、南方望去显著。岛北侧及东侧距岸 200 m 内海底险恶，岛西北侧附近有几个明礁
斑岛	与小值贺岛西岸仅隔一宽约 200 m 处	该岛与小值贺岛西岸之间为水深 1.8 m 的水道。南岸有几个深海蚀洞长 60～100 m。靠近岛西侧有一高 7.6 m 的个岩礁，它的西南方约 500 m 处有一水深 3.6 m 的浅礁
仓岛	斑岛的西南西方	为一方形岛。岛东北方 2.4 n mile 内，有浅水岩礁
帆扬岩	仓岛北方约 550 m 处	系一高 38 m 的 2 个突岩
杓子	仓岛北方约 0.8 n mile 处	为一干出 1.5 m 的岩体，除低潮时外，岩上一般均有浪花，据报有一水深 7.9 m 的岩礁
美良岛	仓岛西南部，相距 1.52 n mile 处	岛上有南、北 2 个顶，南顶高 140 m。该岛是小值贺岛西方诸岛中的最大岛
平岛	美良岛正南，相距 0.64 n mile 处	系一高 58 m 岛。岛西南—北方 0.8 n mile 内有浅水地及浅礁
白岩	五岛列岛诸岛中最西边一个岛	系一高 35 m 岛，从岛顶至高潮线，望去好像是一刀削下
杓子岩	白岩北方约 740 m 处	为一水深 2.7 m 的暗礁
高丽礁	白岩西南方约 6.2 n mile 处	系一大岩礁块，水深小于 20 m 部分南北长约 0.8 n mile、东西宽约 0.7 n mile，最小水深 4.1 m

中通岛 该岛中部位于33°02′48.38″N,129°04′3.07″E;为五岛列岛中最不规则形状,南—北长38.87 km,北端隔一津和崎水道与野崎岛相对;西南岸隔一狭长的若松水道与若松岛相临。东岸的中部为中通岛的中心地。东岸南部的奈良尾港,西岸的青方湾及奈摩浦有锚地。

该岛北部为一狭长半岛,它从有川湾与奈摩浦之间,直伸向北,长达16 km。半岛上山峰从东西两岸崛起。半岛北端为津和埼,山脊高仅75 m。地势向南逐渐升高,5 km后到高366 m的权现山,再向南5 km至高444 m的古番岳,为全岛之顶。植被茂盛。

若松水道 为中通岛与若松岛间水道,开始大致西—东走向,到中间后折向南,略成"7"字形,全长约8 n mile。西北口在串岛和若松岛北端的一濑鼻之间,宽约1 500 m;南口在若松岛东南端的白埼和中通岛的西南角入鹿鼻之间。水道南部有上中岛、下中岛、野岛、荒岛、葛岛等,它们几乎都排列在水道中央。在若松水道中还有诸多分支水道:

沿岸多弯曲,中通岛一侧的道土井湾、大浦内及若松岛一侧的若松港,均为最安全锚地。

潮流在若松水道,西北流发生在低潮后1.5 h至高潮后1.5 h,东南流发生在高潮后1.5 h至低潮后1.5 h。水道北口北滨的青木浦前面,大潮期平均最强流速不到1 kn,而在潮流最强的下中岛东侧附近,北流达4 kn,南流4.7 kn。

表4.4 中通岛附近岛礁、水道空间分布特征

名 称	位 置	特 征
前岛	权现山北北东方约2 n mile处	距中通岛岸约1 n mile处,为一高83 m小岛
平岛	中通岛东侧1.9 n mile处	呈不规则形状,东—西长3.8 km,位于岛中央的高207 m的白岳为岛顶。白岳向西与向北逐渐降低,山脊向南部延伸 该岛南侧科莫达湾镇中有一树木茂盛高达33 m小岛 该岛附近的潮流,大潮期3~5 kn的潮流流经各水道,产生强急潮
相岛	平岛南南西方约4.5 n mile,距中通岛约2.7 n mile chu	岛高109 m,岛周围海底险恶,20 m等深线距岸200~600 m
锦岛	串岛东北方约1.9 n mile处	系高29 m的岛,周围有暗礁。岛南端南方约400 m有小岛,周围有浅礁
折岛	锦岛东侧	系高88 m的岛,其他构成了青方湾口西角。从岛北端向东北方约700 m,有浅水地延伸
祝言岛	折岛北方约1 n mile处	系一高155 m的岛,周围有险礁

若松岛 该岛东北端位于32°56′1.10″N,128°59′20.02″E;形状极不规则,多被狭长的海湾分隔,其与中通岛西南侧仅隔一若松水道。该岛西侧北部有深湾,西南部隔一泷河原水道与奈留岛相对。该岛靠泷河原水道一侧的岛岸和南岸多岩而险峻,特别是南岸,岸线多弯曲,沿岸海底起伏不平。环岛有诸多岬角,如:一濑鼻为若松岛西北角,是一险峻的悬崖角,近旁有一高6.3 m的岩及一适淹礁;比夏果鼻为若松岛北端,靠近鼻北侧有一最高为26 m比夏果岩。神崎鼻位于相岛东南方约1.6 n mile,是若松岛西岸的一个角,向泷河原水道内突出。从渔生浦水道西口至神崎鼻长约1.7 n mile的岸线较平直。

若松岛西北岸有一向若松水道北口开口的深湾,湾口北侧有日岛、有福岛及渔生岛。日岛与有福岛之间的水道称为宫水道,但两岛有堤相连。此外,有福岛与渔生岛间也有堤相连。日岛、有福岛及渔生岛所围成的海域为日岛渔港。

泷河原水道 该水道介于若松岛与奈留岛之间，全长约 4 n mile，有福岛与葛岛之间为西口，宽达 1.2 n mile，高埼鼻和汐池鼻之间为南口，水深 10 m 以上的水道宽 1 000 m。该水道涨潮流向北、西方，落潮流向南、东方。大潮期流速 5～6.3 kn，神崎鼻前的水道狭窄部流最强；小潮期流速 2～3 kn。涨潮流沿奈留岛北岸流动，直到高潮后约 1 h。克布达岛附近是潮流汇合点，常引起强潮激浪。而水道北方诸岛间潮流微弱。

表 4.5 若松岛附近岛礁、水道空间分布特征

名 称	位 置	特 征
串岛	若松水道北口北侧	为一岩岛，岩石表面处处有斑点，西岸是险峻的峭壁。东部高 190 m 的桃木山为岛顶。岛南部形成一小半岛，它的险峻的西南端的西方，有一最高 32 m 的几个突出岩的比夏果礁
荒岛	筑地鼻南方约 0.6 n mile 处	系高 111 m 的岛。岛西岸面向若松水道，东岸与中通岛之间有狭窄水道。荒岛南方有高 25 m 的男鹿岛，高 24 m 的荷内岛、桐小岛等 3 个小岛，它们一起构成了大水道东侧
日岛	串岛西南方	系一多树岛，岛中央有一最高峰，高达 244 m。岛四周为险峻的悬崖岸，西岸险峻的悬崖上长有松树。岛东北端附近距岸约 200 m 处有一高 55 m 的龙宫小岛。小岛东端有暗礁。日岛北端附近也有干出 1.8 m 的双顶岩
下中岛	若松水道南半部中央	系一高 138 m 的长方形岛，南北长约 1.6 km，东西宽约 500 m
野岛	下中岛南侧	该岛南北长约 900 m，东西宽约 300 m，高 75 m。该岛与下中岛仅隔一小水道，该小水道称为片潮水道，据报水道内的表层流常常为同向流，因此而得名 野岛东侧有 2 个小岛，有礁脉从北方小岛的东侧向东方延伸出约 100 m 另，关挂礁是野岛南端南南东方约 550 m、葛岛北端附近的几个岩，最北端的岩高 6.8 m
葛岛	若松水道南口中央	系高 63 m，南北长约 1.2 km，东西宽约 300 m。从岛西南端向北北西方排列着 3 个小岛，互相由礁脉相连
白埼	若松岛东南端	其构成了若松水道南口西角，从海岸直至山腰间，均为白岩
黑博岛	白埼西南方约 1.3 n mile 处	系一高 75 m 小岛
田小岛	白埼西北方约 1.3 n mile 处	靠近若松岛南岸中央，为一高 69 m 的岩小岛，它的北端有浅滩与若松岛相连
有福岛	泷河原水道西口北侧	系高 236 m 的岛，岛上全是树林及耕地。岛岸一般平缓，仅北侧较险峻。东岸有人家。岛东北端附近，距岸约 150 m 处，有干出 2.1 m 双顶岩。该岛东岸与日岛南端附近有堤坝相连
渔生岛	有福岛和若松岛之间	为一三顶小岛，中顶稍高。全岛多杂树和耕地，地势较平缓。北顶稍尖，顶附近树丛间有岩石裸露。岛西端为低的小石滨，与有福岛有堤相连。岛西端南方 200 m 内有岩礁延伸，最外方的称为高 4.7 m 孤立岩的昆希礁
渔生浦水道	渔生岛与若松岛间的小水道	该水道最狭部宽仅 50 m，因两岸有石陂延伸出，低潮时宽仅一半。但水道内水深大于 5.4 m 且中央无碍航物，所以潮流缓和时小艇常走此水道。潮流涨潮流向东，落潮流向西，最强流速 3 kn 左右
相岛	有福岛南方约 900 m 处	系一高 77 m 岩石小岛。岛东方约 250 m 有一最高岩高 5.3 m 的群岩，再向东 250 m 有一赛吉利礁，水深 4.1 m
葛岛	有福岛西南方约 1.2 n mile 处	系构成泷河原水道西口南侧的高 139 m 的岛。岛岸除南侧外均多岩，南侧是沙滨。构成岛北端的琵琶胴外端，有两三个突岩；构成岛西端的比夏果鼻，是一列被杂草覆盖的孤立岩的尽头

奈留岛　该岛被夹在泷河原水道和奈留水道之间，它东北与若松岛相对，西南与久贺岛相对，为一形状极不规则的岛。岛周围有许多伸入很深的海湾，靠奈留水道一侧的岛的西南岸有许多小湾。这些湾顶均为沙滨，但各湾之间的岬角均多岩，附近常有暗礁。环岛有诸多岬角，如黑濑鼻为奈留岛西端，它构成了奈留水道北口北角。从该鼻至西南西方约 200 m 内，有数个连续的明礁，鼻内方有高 186 m 的山；挂先鼻是大串泊地南南东方约 2 n mile 的小半岛西端，前端有险峻的圆丘。距岸 100 m 内有许多岩，南方约 150 m 处有干出 1.5 m 的希锡奥嘎达礁。

奈留水道　该水道介于奈留岛和久贺岛之间，全长约 5 n mile。西口介于黑濑鼻与折纸鼻之间，宽约 1.2 n mile，南口介于末津岛与福见鼻之间，宽约 0.7 n mile。水道西滨为连续的险岩角和沙滨。水道南口附近有柱礁等两三个暗礁，水也深。挂先鼻与早埼之间是奈留水道最狭部，水深 20 m 以上的航道宽约 900 m。

大潮期流速达 5.5 kn，落潮流从水道内流向柱礁（柱岩），水道内有强烈的激潮。特别在北口，激潮会突然发生，激潮随潮时而变化位置。

奈留水道北口西北方 5.5 n mile 附近的潮流与生月水道西方的大致相同，但日周潮流较弱，南流最强流速 1.5 kn，无一日一次潮现象。

表 4.6　奈留岛附近岛礁、水道空间分布特征

名　称	位　置	特　征
椛岛（桦岛）	奈留岛东南方	该岛分为南北长约 5 km 的北椛岛和东西长约 2.5 km 的南椛岛，两岛仅有一狭小地峡相连。北椛岛顶高 322 m。 其中，南椛岛南岸西部距岸约 550 m 处有一水深 6.8 m 的相礁、东部距岸约 100 m 有高 34 m 的小岛。此外，南椛岛南端东南方约 2.8 n mile有一水深 10 m 孤立岩的角礁
茨布拉岛（津妇罗岛）	南椛岛西北方，南椛岛与茨布拉岛两岛仅隔宽约 700 m 的水道	岛顶在岛的偏南部，高 276 m。岛周围陡深，距岸 100～300 m 外水深达 20 m 以上，但岛西南端附近距岸约 200 m 处有一干出 0.6 m 的嘎梅礁

久贺岛　该岛西南端位于 32°49′49.79″N，128°50′0.31″E；形状不规则，岛岸曲折多岩，其隔奈留水道与奈留岛相对，系一多山岛，植被茂盛。岛西岸大体上为较平直的岩岸，高 200～300 m 的山脉从岸边崛起，山脉中的番屋岳高 344 m，为岛顶。有一向北开口的长条形海湾。

折纸鼻系该岛北端，多岩，长有稀疏树木。鼻端附近有许多孤立的明礁，最西端有一高 12 m 的坎多利岩。福见鼻为久贺岛东端，它构成了奈留水道南口西角。它北方约 0.8 n mile 距岸约 250 m 处有乌小岛，靠水道一侧陡深，距岸 80 m 水深即达 20 m 以上。

福见埼至金刚埼沿岸虽有礁散布，但距岸 100 m 或 400 m 内水深即达 20 m。

野首埼至长崎鼻约 5.55 km 的沿岸一般陡深，20 m 等深线距岸 150～400 m，但有的地方有礁，黑埼西北方约 130 m 有水深 3.6 m 的岩。

久贺岛西北端附近有孤立险礁。从北岸伸入很深的久贺泊地，几乎把岛一分为二。

从长崎鼻南南东方 600 m 附近向东方延伸约 300 m 的沙咀，构成了一小浦的浦口西角。

从这里至丸山鼻约 2.78 km 沿岸，20 m 等深线距岸 200 ~ 700 m。丸山鼻西北方约 1.11 km 距岸 250 m 处有水深 4.5 m 的岩，东方约 550 m 距岸约 300 m 有水深 1.3 m 的岩。

田浦水道 该水道是久贺岛与福江岛之间的水道，全长约 5 n mile。北口位于系串鼻东侧。东口被位于水道中央的多多良岛分为两支，多多良岛与金刚埼之间的称为北水道、与屋根尾岛间的称为南水道。该水道虽然平均宽约 1.2 n mile，但东口水深 10 m 以上的水道狭窄，北水道宽约 700 m，南水道宽约 900 m。该水道东、西两岸虽可接近到约 450 m 航行，但金刚埼南方的险礁及多多良岛西北方有马伊礁。

潮流 田浦水道，从低潮后 1.5 h 至高潮后 1.5 h 为北北西流，从高潮后 1.5 h 至低潮后 1.5 h 为南南东流。水道中央平均最强流速，大潮期为 5 kn，小潮期为 1.5 kn。

日周潮流 1 日 2 次的北北西流及 2 次的南南东流的流速差很小，低低潮后的北北西流及这以前的南南东流比其他的北北西流及南南东流稍强，月赤纬大时，2 次北北西流及 2 次南南东流的流速差达 0.8 kn。这种强的北北西流，发生在春季夜间、夏季午后、秋季夜间、冬季午前。

福江岛 该岛位于五岛列岛西南端，其西南端位于 32°36′53.38″N，128°35′56.34″E；为列岛中的主岛。

该岛东西长约 30 km，南北宽约 25 km。四周有 5 个高角。全岛多山，火山性草山从岩岸隆起，草山与内方更险峻的高山之间，为肥沃的平地。

该岛东北岸与久贺岛西南岸相对，中间隔田浦水道。东北岸 200 m 左右的山峰崛起，山上树木茂盛。岛西北部为一已耕作的高角，它的顶称为京岳高 186 m，为一显著圆顶山，从京岳向四周逐渐降低。其南方有一高 436 m 的父岳，为福江岛最高峰，它是西北、东南方向走向山脉的基点。岛岸弯曲，形成许多港湾。系串鼻为福江岛北端，它构成了田浦水道北口西角，是一险峻的岩角。角端附近有强烈激潮。

富江湾 该湾位于福江岛东南岸。湾口介于长崎鼻与卡斯拉（加素罗）鼻之间，宽约 2.3 n mile，向西北弯入约 2.3 n mile。湾内西南侧有浅水地延伸。

崎山鼻至卡斯拉鼻的海岸，为福江岛东部半岛的南岸。该半岛有鬼岳火山群。多为多草的圆锥形山，它的西北部有高 315 m 的火岳、高 318 m 的鬼岳，东南部有高 144 m 的箕岳、高 125 m 的臼岳，西北侧地势逐渐降低而成为耕地。该沿岸 20 m 等深线，距岸 300 ~ 800 m。

从湾口南角的长崎鼻至福江岛南端的笠山鼻沿岸布满浅礁，10 m 等深线有的地方距岸达 1 n mile。

富江湾口涨潮流向内、落潮流向外，流速不超过 1 kn。

福江岛南岸，从东部直到西部的大开湾内，有黑礁湾及大宝浦，可作偏北风时的锚地。该大开湾沿岸，高 150 ~ 200 m 的山丘起伏，部分为耕地和森林，坡地大都被草覆盖，它背后有高 400 m 以下的山脉延伸。大宝浦口至大濑埼的西部海岸，为海蚀的险峻悬崖岸。

气象 大礁埼附近，冬季盛行西北季风，整个冬季月平均风速 4 ~ 5 m/s。1—3 月的暴风日数为 10 天以上，天气恶劣，特别是 12 月至翌年 1 月，据报，每月约有 20 天阴天。

夏季多偏东风，平均风速 3.5 m/s，但附近沿岸 4—7 月有雾。一般雾日少，最多在 4 月，4 天左右，其他月为 2 ~ 3 天。

潮流 大礁埼附近，北流从低潮后 2 h 至高潮后 2 h，南流从高潮后 2 h 至低潮后 2 h。

大潮期平均最强流速 1 kn。日周潮流较强,1 日 2 次的北流及南流强弱不同,低低潮前的南流比其他流强,有的差 1.5 kn。大潮期月赤纬大时,南流达 2.5 kn。这种强南流,发生在春季的午后、夏季的白天,秋季的午前和冬季的夜间。

赤岛、大板部岛及黄岛附近流速较强,但数海里外即变弱。涨潮流向北,落潮流向南。

笠山鼻(笠山岬) 为福江岛南端,该角从海方逐渐升高,为良好的耕地。海岸多岩,浅滩延伸较远。

表 4.7 福江岛附近岛礁、水道空间分布特征

名称	位置	特征
竹子岛	田浦水道南口南侧,屋根尾岛西方约 600 m	岛高 65 m。它的东南方有高 27 m 的观音小岛、南南东方有高 35 m 的庖丁岛,竹子岛与庖丁岛之间有岩礁相连
荣螺岛	屋根尾岛东南方约 2 n mile 处	岛顶高 143 m,多树。有水深不足 20 m 的礁脉从岛南端向南延伸约 450 m,该礁脉上有高 5.9 m 的手代岛与水深 5.9 m 的浅水点
蕨小岛	奈留水道西滨中央距岸约 200 m 处	系高 44 m 的岛,其东南端有礁脉与久贺岛相连。但靠水道一侧,离岛岸约 100 m 水深即达 20 m 以上
音无礁	系串鼻西北方约 0.7 n mile 处	为一高 1.8 m 的孤立岩,周围水深
鸭岛	音无礁西南方	该岛与音无礁仅隔一宽约 350 m 的深水道,为一群岩小岛,分布在东—西长约 450 m 的范围内,最高岩高 38 m
多多良岛	田浦水道南口中央	岛高 167 m。它把水道南口分为南、北两水道。岛的西、南岸有礁石散布,但 20 m 等深线距岸 150 ~ 300 m
屋根屋岛	田浦水道之南水道西南侧	系一高 147 m 的岛。它的东北岸有一北浦,为一小开湾,浦内有礁,但离浦口北角的北浦鼻约 150 m 水深即达 20 m 以上
赤岛	福江岛的崎山鼻南南东方约 3.7 n mile 处	系高 54 m 小岛,四周有礁。从岛北侧向北方延伸出约 900 m 的礁脉上有一高 2 m 的鼻礁,距岸约 550 m
大板部岛	赤岛西方约 800 m 的,高 8 m 的小板部岛南侧	该岛高 11 m。与小板部岛之间有礁脉相连。该岛与黄岛之间的水道中有水深 4 m 的弥五郎崎礁等,海底险恶
黄岛	大板部岛南方约 0.9 n mile 处	系其岛群中最大岛。岛南岸多险峻悬崖,但北岸缓慢倾斜,形成耕地
美渔岛	黄岛西南端附近	系一高 66 m 小岛。有石陂从它的西端向西方突出约 200 m,其上有高 15 m 的中礁
黑岛	富江湾口中央	岛南岸为岩石陡岸,北岸及西岸多岩礁,部分为小沙滨。北岸距岸约 250 m 有高 3.8 m 的平礁岩石小岛
津多罗岛	笠山鼻西方约 2.6 n mile 处	系一高 119 m 东—西走向的狭长岛,形成了黑礁湾的南侧。岛南岸及东岸有礁脉延伸出。在向东延伸的礁脉上、距岛东端 300 m 有一小岛、1 000 m 外有一高 5 m 的鲸岩礁
诺乌礁	黑礁湾与大宝浦的交界处	系一从海岸向南南西方伸出约 0.7 n mile 的狭长礁脉,低潮干出。它的外端附近有高 8.3 m 的岩石小岛,外端南方约 200 m 处有干出 2.1 m 的顿布利岩

续表

名　称	位　置	特　征
美郎岛	浦口西侧、距岸约 500 m 处	系一高 76 m 岩石小岛，四周有礁。它西方约 1 000 m、距离约 500 m 处有一水深 7.3 m 的礁
大濑埼	福江岛西南端	系险峻的悬崖角，该角几乎为一直角向外突出。其东北方约 750 m 为一山顶
岛山岛	福江岛西侧	系一多树的险峻岛，南、北山脊相连，大致位于岛中央最高顶高达 267 m，岛西岸为显著的陡峭悬崖，在北端的黑濑埼外的黑礁高 28 m，周围有暗礁
嵯峨岛	岛山岛北北西方约 2.6 n mile 处	岛上有的地方草、竹茂盛，有的已被耕种。它从西方望去好像是 2 个岛，在北端岛顶高 144 m。该岛除东岸外均险峻
姬岛	柏埼北北东方约 1.2 n mile 处	系一高 199 m 小岛，岛西侧为险峻的悬崖岸，其他为多树的耕地

⑧男女群岛

该群岛位于福江岛南南西方约 35 n mile，呈东北—西南方向排列成弓形，长约 7 n mile。除有男岛和女岛 2 个主岛和 3 个稍小的苦路岐岛、寄岛、花栗岛外，还有许多小岛和突岩，该群岛各岛几乎都由玢岩构成，无平地，岛岸多为悬崖峭壁，沿岸陡深，而且浪高。曾多无人居住。各岛间和各岛周围有许多暗礁。

各岛间诸多水道流较强，涨潮流向北，落潮流向南，流速达 3 kn 以上。

男岛　位于男女群岛北部，岛上无显著的山峰，仅有一东—西走向的高 223 m 的平缓山脊，岛上有低矮树木。岛岸为陡峭岩壁，并形成有台地。另外，各岬角附近向岸纵深 700 m 内有几个孤立礁。岛东岸为陡峭悬崖，有岩礁散布，距岸 300 m 内险要，岛西岸及南岸西部多岩礁而险峻。岛西岸南部附近有暗礁。环岛有诸多岬角。

表 4.8　男岛周边及其附近岛礁空间分布特征

名　称	位　置	特　征
锯埼	男岛东端	为高 124 m 的岬角。埼东方约 400 m 有高 2.5 m 的贝托岩。该岩北方约 300 m，有干出 1.2 m 岩礁。两岩中间有暗礁。此外，贝托岩东方约 300 m 有干出 2.4 m 的岩礁
立神埼	男岛南端	系一岩石岬角。从埼端向南方 200 m 内，有几个明礁，中间的一块岩高 25 m，其南端高 13 m 的岩称为立神。真浦为男岛南岸的小湾，可作北风时的锚地，但沿岸有暗礁散布。特别在立神埼西侧距岸约 100 m 内有暗礁
里埼	男岛西端	高 148 m。埼南方约 300 m 有一暗礁，它的外侧陡深。里浦为男岛西岸的小湾
荒濑埼	男岛北端	其北方约 400 m 有 2 个岩礁，东边的为赤岩高 11 m、西边的为丸太岩高 3.7 m，丸太岩东侧有一暗礁。其东方约 700 m 有水深 18 m 的礁，它的外侧陡深

马乚水道　介于男岛与苦路岐岛之间，宽约 400 m。潮流会引起强激潮。水道中央横

着一干出 1.2 m 岩礁，它西侧有一水深 7.3 m 的暗礁。

烟礁 位于男女群岛东北端，为一尖顶暗礁。它的最浅处水深 0.9 m，周围陡深。它的南南西方约 600 m，还有一水深 1.8 m 的暗礁。潮流强时，这 2 个礁均会产生激潮。该两个岩礁与男岛东端的礁之间陡深。

苦路岐岛 该岛隔一马亼水道与男岛西端相对，为一高 104 m 小岛。全岛为险峻悬崖，四周有岩礁。特别在南端，有礁脉向南方延伸约 500 m，最南端的称为中礁，最小水深 14.6 m。

锅水道 介于苦路岐岛与寄岛之间，水道中多岩礁。

寄岛 该岛与苦路岐岛仅隔锅水道。其东部有 2 个险峻的尖峰，其中北峰高 177 m，南峰高 184 m。岛西南端至西方和西南方约 500 m 内，有几个明礁，帆立岩高 17 m，这些明礁外方水陡深。

中水道 介于帆立岩与花栗岛之间，为宽约 550 m 的水道，水深，为群岛中最安全水道，但潮流较强。

花栗岛 该岛位于寄岛南南西方，系一险峻倾斜面的小岛，在南端附近岛顶高 142 m。岛东侧距岸约 100 m 有一明礁，礁东北方距岸约 100 m 有一水深 5.4 m 的礁。岛南端东方约 300 m 有一水深 12.8 m 的礁。其他各角附近距岸约 100 m 也有明礁。

花栗水道 介于花栗岛与女岛之间，由于两岛距岸 100 ~ 150 m 以内有明礁，航道宽仅 150 m。

女岛 该岛位于男女群岛西南端，高 283 m，为群岛中最高岛。略呈瓢形。岛岸几乎全为悬崖绝壁，全岛小树茂盛。岛北顶较尖，南坡多树，东坡为光秃的险峻悬崖。

前滨为女岛东岸弓形的开湾，前面有岩礁。前滨岸边有井，平时水量较多，水中含少量盐分。前滨与西岸的后滨之间有小道相通。后滨为女岛西岸的弯入部。

表 4.9 女岛周边及其附近岛礁空间分布特征

名　称	位　置	特　征
难埼	女岛最南端	埼上的尖峰高 106 m。其东方约 350 m 有 3 个明礁，最外方岩高 7.4 m。屏风浦位于女岛南岸的悬崖峭壁下
与茂次郎埼	女岛西北端	系高 131 m 的险峻岬角。它北侧有 2 个明礁。另外，埼南方约 550 m、距岸约 300 m 处有高 4.3 m 明礁，礁西方约 100 m 有一干出礁。而濑右卫门其位于女岛北端，为一悬崖高角。它构成了花栗水道北口西角
针古岛	女岛西南端附近	为高 90 m 小岛，其附近有几个明礁。岛西南方约 500 m 有 2 个明礁，称为冲赤礁，内侧一个高 10 m。针古岛西方约 500 m 也有一干出 0.6 m 的岩礁
鲛礁	针古岛南方约 1 n mile 处	由 2 个岩礁组成，为群岛中最南端的明礁。东岩高 7.4 m。礁周围陡深，与女岛之间水道水也深。礁西南方约 1.8 n mile 处有一新礁水深 43 m，潮流强时它附近常引起激潮

⑨鸟岛

该岛位于男岛西北方约 18.5 n mile，处在西南—东北方向延伸的礁脉上，为一列突起的岩礁，其与南方的 2 个岩礁相连。北岩在南岩东北方约 740 m，高 9.2 m。最南岩礁高 19 m，长 50 m，为 3 个岩中的最大岩礁。最南岩从南方望去较尖。这些岩礁周围陡深，底质大致为岩和沙。

⑩甑岛列岛

该列岛系由多山的上、中、下甑岛 3 个大岛和许多小岛组成，并从甑海峡西侧的上甑岛向西南方延伸约 20 n mile。

列岛南半部周围陡深，一般距岸 1 ~2 n mile 水深即达 200 m 以上；但北半部周围较浅，从列岛东北端有许多岩小岛向九州西岸方向延伸。

A. 上甑岛　该岛西北端位于 31°52′54.41″N，129°50′11.98″E；甑岛列岛最北方，为一多山岛。西岸有高约 300 m 的山脉耸立，东南部的远目木山高达 423 m，为岛顶。南岸为险峻的绝壁；北岸多沙滨，岸边有几个咸水湖。

远见山半岛从该岛东北岸向东北方伸出，其上的远见山最高，高达 252 m。有一狭长岛靠近半岛东北端，它东端的射手埼与从野岛向西方延伸的岩礁群之间有狭窄水道。

该岛南端的茅牟田埼呈悬崖角，埼附近耸立着一高 33 m 的黑色巨岩。并有礁脉从埼端延伸出约 200 m，靠近它的外端有一干出 2.4 m 的卡吉卡克礁。

在茅牟田埼南方，涨潮流向北，落潮流向南。而夏季流向极不规则，有时出现终日南流或北流。茅牟田埼附近，流速 1 ~1.5 kn。

从茅牟田埼西侧向北弯入的江石浦，浦内距岸约 190 m 以内，处处有险礁。而从江石浦口西侧的仓妻埼至向东北方弯入的中甑浦沿岸有低潮干出礁脉延伸出约 700 m。另外，仓妻埼东南侧距岸约 350 m 处有一高 22 m、多树的小岛，该岛附近多礁，10 m 等深线距岛南方约 250 m。

中岛为中甑浦口西侧的无人岛上树木茂盛，岛顶较平，四周为绝壁，特别西岸更为险峻。而靠近中岛南侧的光秃圆顶岛叫丸山岛，岛高 50 m，该岛砾滩与中岛相连，且中岛有干出砾滩与中甑岛相连。

浦东岸 200 m 内有岸礁延伸出。此外，在中岛北岸距岸约 200 m 处有岩上水深 9.1 m 宗右卫门礁，浦口附近东岸外约 300 m 处有水深 5 m 的孤立岩，靠近浦口西岸有高 19 m、稀疏松树的小辰丸岛，靠近小岛浦北岸有高 9.8 m，秃圆顶的百贯岛，岛南侧有干出 1.2 m 的岩礁；小岛浦中部有水深 3.2 m 的孤立岩岛礁等。

绳濑鼻位于上甑岛西北端，鼻端距岸约 300 m 以内有几个岩礁，其外方有高 3.7 m 的扎古伊巴礁。

绳濑鼻北方 2 n mile 附近，涨潮流向东，落潮流向西。流速小于 1 kn。

B. 中甑岛（平良岛）　该岛南端位于 31°46′29.52″N，129°49′40.51″E；上、下甑岛之间，北侧有干出砾滩与中岛相连，西南岸隔蔺牟田水道与下甑岛相对。全岛多杂草及小树林，部分为耕地。岛顶位于岛中央的木口山高 297 m，东岸多沙滨。西岸一般为险峻陡岸。

浦口南角的矢埼南南东方约 250 m 有干出 0.9 m 的岩礁，该岩南南西方约 600 m 处的平礁高潮适淹。

有几乎露出水面的礁脉从中甑岛南端的东侧向东方延伸约 900 m，其上有一辨庆岛，距岸约 350 m，高 49 m，较显著。岛南端西侧的源太郎埼附近距岸约 300 m 内有岩礁。

辨庆岛附近，涨潮流向北，落潮流向南，而夏季极不规则，有时会出现终日南流或北流。

流速 1 ~ 1.5 kn。

蔺牟田水道 该水道介于中、下甑岛之间，为一宽约 350 m 的狭水道，潮流很强。有的潮时，水道两侧的一侧会产生激潮。水道中央有水深 8.2 m 的纳卡岩。

从中甑岛一侧向西方延伸出约 850 m 的礁脉西端有一高 5.3 m 冲濑上。从下甑岛一侧向东方延伸 300 m 的礁脉，低潮时均干出。

大潮期潮流流速为 2 ~ 3 kn，有时会超过。涨潮流向北，落潮流向南，憩流时间约 15 min。该水道强风逆潮流方向吹来时会引起激潮。有时也会出现终日西北流或西南流。

C. 下甑岛　该岛南端位于 31°37′20.04″N，129°41′21.50″E；为甑岛列岛中最大的岛，岛上多山。列岛中最高峰尾岳位于岛中央偏北，高 604 m。山峰树木茂密，从西方望去呈钝峰，但从东北—东方望去呈锐峰，特别显著。

岛北部突出，形成狭窄多角，海岸附近多岩。东岸有沙滨及砾滨，但西岸陡峭隆起 300 m 以上。

早埼至壁立鼻海岸段险峻，耸立着几个高 300 ~ 450 m 的山峰。由良岛位于这段海岸中央距岸约 500 m 处，由 2 个小岛组成。

潮流 钓挂埼附近，涨潮流向西，落潮流向东。流速 1 ~ 2.5 kn，海面常起激潮。下甑岛与鹰岛之间流速 1 ~ 2 kn，据报有东南方向落潮流。

早埼附近，涨潮流向北，落潮流向南，流速均为 1 ~ 2.5 kn。早埼南方约 1.5 n mile 的野崎鼻附近海面常起激潮。

表 4.10　下甑岛周边及其附近岛礁空间分布特征

名　称	位　置	特　征
平濑埼	下甑岛北岸的东角	其面向蔺牟田水道，构成了蔺牟田浦口北角。埼周围约 200 m 内有岩礁延伸。从埼端向内陆约 300 m，为一有 3 个顶的小半岛，然后地势逐渐升高至高达 114 m 的岛巢山。从该埼至南南西方的长滨浦浦口北侧的岬角角间海岸多岩而险峻
蔺牟田浦	平濑埼南侧	长滨浦为一开湾，可避偏西—北风
江崎鼻 - 手打浦	长滨浦南侧	为一高 93 m 的圆形岬角，多岩。该鼻南侧为一宽约 2 n mile 的开湾，距岸 300 m 内有岩礁分布，特别是北部。西南部的濑尾附近有瀑布。濑尾埼端有突岩，埼上的山北侧树木较茂密，自此地势逐渐升高形成尖峰，直至高 484 m 的口岳。濑尾埼以南岛岸险峻，内方为高 300 ~ 370 m 的山脉，小树茂盛，有许多岩石露出。与此相反，濑尾埼以北诸山均为秃山，处处群石裸露，直至山顶
津口鼻	下甑岛东岸南端	埼上有 2 个圆顶。鼻端南方约 400 m 有几个明礁．称为上礁，周围陡深，暴风雨时有浪花
手打浦	津口鼻西侧	系一小湾，浦口宽不足 900 m，而且浦内水域也狭窄，浦首一带为沙及小石滨
钓挂埼	下甑岛最南端	钓挂埼西北方约 2.5 n mile，为一险峻多岩角的早埼，为下甑岛最西端。该埼内方隆起而形成多树山峰。而手打浦与早埼间的海岸为险峻的岩石陡岸，靠近岸边为长满小树的高 300 m 以上的山脉

续表

名　称	位　置	特　征
壁立鼻	高濑鼻北北东方约 1 n mile 处	为一险峻岬角。鼻上树木间有红色光秃地，该鼻后方地势逐渐升高，向东 2 km 至高 512 m 的这气山。从壁立鼻至东北方的由良岛东方对岸，岛岸险峻，岸边有高 604 m 的尾岳。从由良岛至北北东方的圆埼，沿岸没有超过 180 m 的山峰
圆埼	下甑岛北端	由险峻悬崖构成。埼内方约 300 m 处有高 167 m、多树的夜萩山尖峰，埼端西方约 300 m 处有干出 1.8 m 的库礁

(3)海峡水道与港湾

①甑海峡

该海峡介于上甑岛与九州本岛之间，海峡中央的中岩和鸭岩天狗鼻北北西方距岸约 1 n mile 之间为主水路，宽约 6 n mile，水深 42 ~ 53 m。中岩与上甑岛之间，有许多小岛散布。

表 4.11　甑海峡中散布的岛礁空间分布特征

名　称	位　置	特　征
中岩	甑海峡大致中央	由 2 个岩礁组成，较高岩高达 4.3 m，它南方约 300 m 处有水深 8.6 m 的岩礁、西南方约 0.6 n mile 处有水深 7.7 m 岩礁
鸭岩	中岩东南方约 6 n mile，距岸约 0.9 n mile 处	系高 8.6 m 孤立岩礁
天狗鼻	鸭岩南南东方约 1 n mile 处	系一悬崖角，鼻顶树木茂盛
辨财天山	天狗鼻东方约 3.2 n mile 处	系一高 519 m 的山
冲岛(冲羽岛)	天狗鼻南方约 3.2 n mile 处	系一岩石小岛
黑神岩	中岩西北方约 3 n mile 处	系一无树，高 16 m 黑色突岩，该岩礁周围有暗礁
冲岛	射手埼东方约 2.3 n mile 处	为一树木茂密的高 43 m 岛，东岸为褐色险崖。从该岛至上甑岛东岸的约 2.9 n mile 范围内，有高 59 m 的双子岛、高 95 m 的野岛、高 94 m 的近岛等孤立岩小岛及许多暗礁散布

甑海峡多南—南南西流，流速不大。中岩东、西两侧涨潮流向北，落潮流向南。流速 1 ~1.5 kn。这附近潮流在上甑岛西岸中河原浦高、低潮 1 ~2 h 后转流。

鸭岩附近涨潮流向北，落潮流向南，流速 0.8 ~1 kn。北流从中河原浦低潮后约 1 h 至高潮后约 1 h，南流从高潮后约 1 h 至低潮后约 1 h。

②佐世保港

该港位于九州西岸的北部，松浦半岛，东南佐世保湾顶端，港市之西南，临东海，西至中国上海港 455 n mile。由于该港的地形条件优越使之成为天然良港，长期主要作为日本军港兼商港。主要码头有：立伸码头，在湾顶，在坞式港池四周，计有诸多泊位，水深均达 10.6 m，均可靠泊 2 万吨级船只。在进港的船舶中有一半以上是美国军舰，其次是防卫厅的自卫舰和佐世保重工业的修理船及外贸船。

佐世保市为长崎县第二大城市，除造船业以外无显著工业，但因有西海国立公园这个优越的自然条件，使之逐渐成为观景旅游的城市，而且该市具有海上自卫队的基地城的特色。港滨缺乏平坦地面，市街沿佐世保川扩延呈细长形。

气象 全年北风最多，但夏季多偏南风，冬季多偏北风。气温在8月最高，平均为27.5℃左右，1月气温最低，平均为5.5℃左右。

降水量在6—7月的梅雨期多，最高在7月，降水量约350 mm。另外，冬季降雪，但其天数和降雪量均少。

雾极少，通常不影响船舶航行。

潮流 在港内的庵埼及其北方约0.9 n mile的椎木附近海上，涨潮流流向港内，落潮流流向港外，在高、低潮后约1 ~ 2 h转流，流速不超过0.5 kn。在口木埼西方海上，东南流自低潮后2 ~ 3 h至高潮后2 ~ 3 h，西北流自高潮后2 ~ 3 h至低潮后2 ~ 3 h，东南流很少超过0.5 kn，西北流有时可达1 kn以上。

③九十九岛湾

该湾位于相浦港及高后埼之间，有很多小岛和险礁，被叫做九十九岛湾，从其中央部奥吉卡岩的北方水道至湾奥的船越、鸳浦及南滨的龟子岛方面的各水道，水深为10 m以上，除了至船越的主水道以外，各处有很多紫菜、牡蛎、裙带菜和珍珠的养殖设施及固定渔网等，有碍航行。

第六节　大隅诸岛与海峡水道

1. 岛礁及其周边水文气象特征

(1)概述

大隅群岛是琉球群岛最北面的一群岛屿，由草垣岛、黑岛、硫黄岛、竹岛、马毛岛、种子岛、屋久岛和口永良部岛等组成，北隔大隅海峡与九州南岸相望，南与吐噶喇群岛相接，其中种子岛，屋久岛稍大，口永良部岛次之，其余都是一些小岛。从草垣岛向东经黑岛、硫黄岛、竹岛至马毛岛的一列小岛，东—西排列于大隅海峡的南侧，形成大隅群岛的北缘。

种子岛、屋久岛和口永良部岛，春、夏多雨，秋天多晴天。4月、5月晴天时常有雾，视距不良；从6月上旬开始进入雨季，阴雨天可持续30 ~ 50天。该雨季结束时，出现强的西南风，称为“黑南风”或“荒南风”，在不下雨但有乌云时叫“黑南风”，晴天时叫“荒南风”。该风在持续吹10天左右后，常出现风力减弱的西南风(白南风)，天气也变为晴朗。春季多东风，夏季多南风，秋、冬季多西北风，冬季风力较强。

大隅群岛最东面的岛屿，其北端的喜志鹿琦与九州的佐多岬隔海相距22.5 n mile，和屋久岛等岛屿构成九州南岸的天然屏障。种子岛与屋久岛之间为种子岛海峡。

(2)大隅诸岛与海峡

①种子岛

该岛南端位于30°20′43.96″N，130°52′37.80″E；大隅群岛最东部。

该岛呈长条形，南—北长57 km，东—西宽5 ~ 14 km，面积约447 km^2，岸线长约

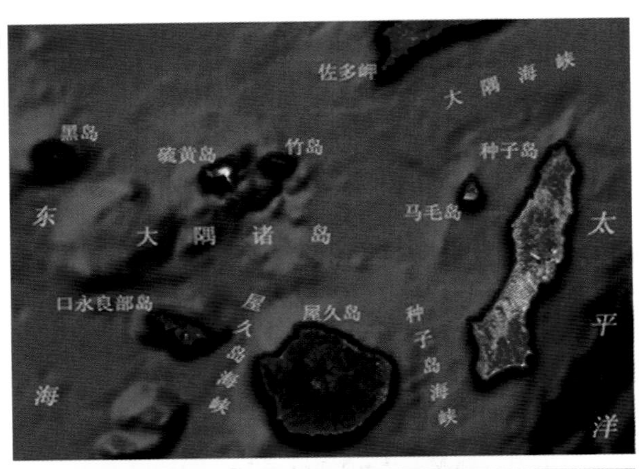

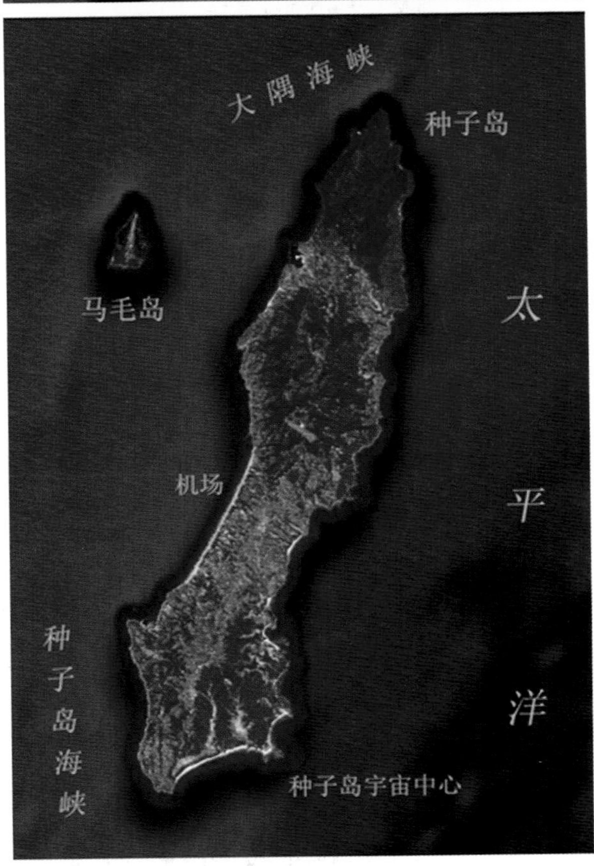

图 4.14　大隅诸岛及其岛间海峡水道卫星遥感信息处理图像

200 km，为琉球群岛第四大岛。其北部相隔 22.5 n mile 水域与九州的佐多岬相望，它与西部的屋久岛等岛屿构成了九州南岸的天然屏障。

岛上地势较平坦，北部略高，南部稍低，中央地区为低矮丘陵，周边有海蚀台地。岛的主峰为高 302 m 的高峰尾山。除岛南部的长谷野台地外，岛上树木茂盛。岛岸较平直，缺乏良

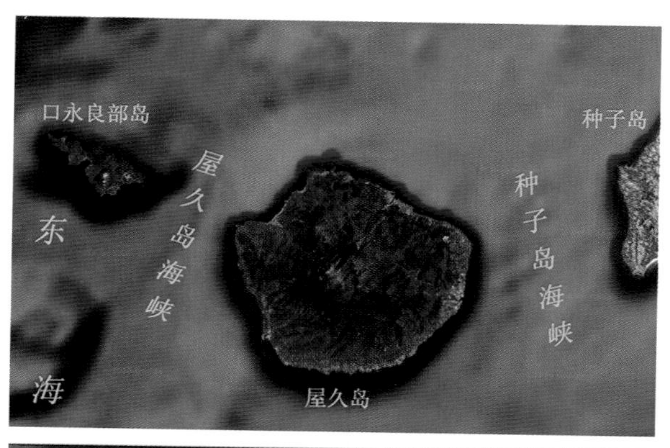

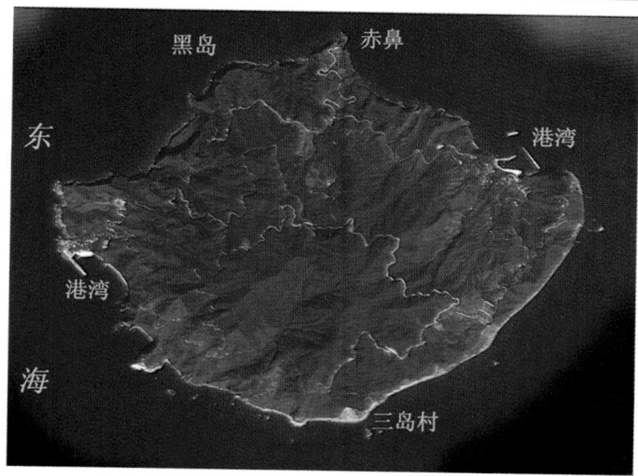

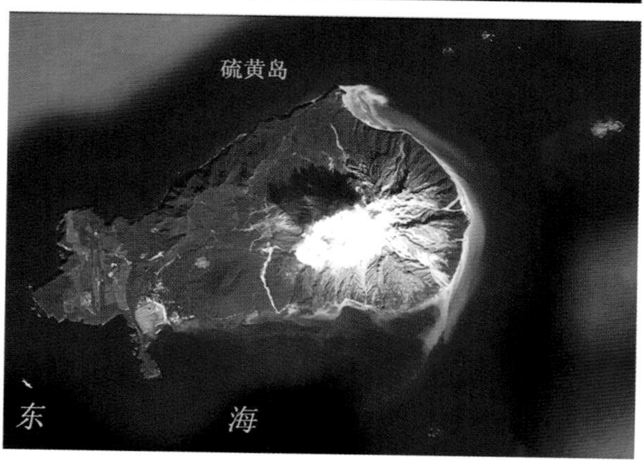

图 4.15　大隅诸岛西南部及其岛间海峡水道卫星遥感信息处理图像

好港湾。岛上交通方便，各村镇均有公路相通，在中种子町附近有一机场。在岛南端的大崎附近设有为宇宙开发事业服务的种子岛宇宙飞行试验中心。

该岛沿岸有几处港湾渔港，在西岸有西之表港、岛间港，在东岸有大浦湾内的熊野港。

种子岛经济以农业为主，出产甘薯、甘蔗、花生、大米、百合等，以甘薯为主食；是日本红糖的主要产地。此外畜牧业也很发达。

该岛周边水下地形较为复杂，到处有岩礁分布。兹分述于下。

礁脉从该岛北部岬角向北延伸，且在岬角西南离岸550 m处出露形成明礁。

位于喜志埼以北1.4 n mile，水深达7.3 m孤立礁的东南侧近0.5 n mile处，有一水深浅于20 m名为濑浅滩的礁盘，这里常发生激潮。而位于西之表湾湾口南角箱埼南南西方近1.8 n mile处，距岸0.43 n mile有3块干出礁石，称之为三岩。其南北0.54 n mile，东西0.16 n mile内系浅滩。

住吉岬周围0.1 n mile内分布有干出礁，该岬以北0.27 n mile，距岸0.1 n mile处有一干出3.1 m的礁石。住吉岬以南3.7 n mile处的海角称为荒埼。

岛间埼周边距岸0.21 n mile内有危险的岩礁，该岬角以西附近常发生激潮。

岛间埼至城埼为砾石海岸。城埼北北西方2 n mile，距岸0.22 n mile处有干出岩礁。而其西北方约1.5 n mile处，距岸近0.5 n mile内也有水深3 m的暗礁。

从大竹埼向南约9 n mile内，有一列群礁。

如表4.12所示，另有诸多类型的小礁石散布在该岛的周边。

表4.12　种子岛周边小岩礁空间分布特征

名　称	位　置	特　征
一　礁	大竹埼东南方1 n mile处	高18 m黑色孤立岩
横　礁	一礁东南方0.5 n mile处	水深5.4 m暗礁，周边水深35 m
中元礁	横礁西南方约1 n mile处	最浅3.6 m暗礁，面积0.13 km^2，周围水深27～36 m
折　礁	中元礁南南东方0.5 n mile处	水深1.8的暗礁，常有浪花，周围水深27～36 m
源三郎礁	折礁西南方约2 n mile处	最小水深4.5 m，南北长600 m，宽达400 m暗礁
钓　礁	源三郎礁以南0.8 n mile处	水深7.3 m孤立礁，其周围水深27～36 m
锅　割	中央偏北在钓礁以西1.1 n mile处	最小水深4.5 m礁脉，南北长1.3 n mile，宽0.2～0.7 n mile
七寻礁	锅割最浅处以南3 n mile处	水深12.8 m礁脉，水深浅于20 m西北—东南走向0.5 n mile长，其周围水深32～42 m
大浦湾口	滨田鼻北北西方1 n mile处	湾口有一列呈南北排列的小岛与礁石
马毛礁	折礁东北东方约1.5 n mile处	距岸0.8 n mile，面积0.5 km^2浅礁，东侧水深12.8～23 m
山　礁	马毛礁以北1 n mile处	距岸约200 m，高达30 m的赤土色尖岩
黑　礁	山礁以东约0.2 n mile处	该礁呈平顶型，高16 m，其外缘为适淹礁，外侧陡深
中　礁	山礁北北东1 n mile，距岸0.5 n mile处	水深0.9 m暗礁
大黑礁	休鼻以北0.6 n mile处，小岩岬附近	高达15 m的干出礁，并向东南延伸约300 m
白　岩	凑浦湾口东北0.5 n mile处	水深达5.9 m暗礁

潮汐、潮流　为不规则半日潮。西之表湾的平均高潮间隙为6 h 41 min，大潮升2.2 m，小潮升1.6 m，平均海面1.3 m。岛的西侧涨潮流向西南，流速约1 kn，落潮流向东北，流速约2 kn；岛的东侧涨潮流向北，流速约1 kn，落潮流向南，流速1～2 kn。

气象　全年气候温和，无霜雪期，年平均气温约19.4℃，月平均气温，一月份最低约为11.4℃，八月份最高，约27.7℃。湿度较大，年平均为76%。年平均降雨量2 563 mm，全年降雨日约179天。冬春季多西北风，夏季多西风，秋季多东北风，夏季多台风。

②屋久岛

该岛最东端位于30°22′36.24″N,130°40′10.14″E;吐噶喇海峡东北岸,西隔屋久岛海峡与口永良部岛相望,东距种子岛约10 n mile。

该岛呈圆形,直径28 km,面积达500 km²,系琉球群岛第三大岛。岛上山峰高耸,1 935 m高的宫之浦岳为琉球群岛最高峰,其周围千米以上高峰达30余个,构成八重山岳。海岸平直多险崖,这里水力与林业资源丰富。港湾较小而开阔。岛上交通不便,对外交通主要依靠水路,岛东岸的小濑田附近有一机场。村落多分布沿岸河口附近,居民多从事农、渔业。出口物资以木材、砂糖为主。

表4.13 屋久岛周边岩礁空间分布特征

名 称	位 置	特 征
卡马泽诺鼻	永田岬南南东方7.8 n mile处	为一低岩岬,向南突出3 n mile,再向海域延伸0.3 n mile
鸣 礁	卡马泽诺鼻南1 n mile处	距岸0.7 n mile一列岩石,最高点3.5 m,其附近有强潮流
黑埼-克莫利埼	两埼之间	岸边礁脉向外延伸达700 m
黑埼-小森鼻	两岬角之间海岸	向外突出岩石岸,岸边有礁脉,距岸0.2 n mile外水陡深
小森鼻-早埼	两岬角之间海岸	岩石岸间数处小石滨,岸边礁脉与浅滩向海延伸600 m
七 礁	早埼与楠川岸段之间	处在低岩海岸之间,距岸约0.2 n mile处,礁石高28 m
吞达岩	辛纳辛鼻以东600 m处	暗礁,水深7.3m,其以西0.14 n mile有水深5.9 m暗礁
塚埼-岬埼	两岬角之间海岸	岩石岸,距岸0.22 n mile水陡深达20 m以上
玉贝礁	塚埼西北西方3.5 n mile处	礁顶干出0.3 m,距岸0.1 n mile,水深浅于5 m并向东北延伸近百米
萨嘎利暗礁	屋久岛与竹岛之间水域处	水深38 m暗礁浅水区,底质为珊瑚
无名点礁	萨嘎利暗礁以东约6 n mile处	水深45 m暗礁;萨嘎利暗礁以东4.5 n mile水深122 m

潮汐、潮流 该岛周边潮汐属不规则半日潮。该岛附近潮流沿海岸流动,每一方向6h。低潮后0~1.5 h至高潮后0~1.5 h为涨潮流,高潮后0~1.5 h至低潮后0~1.5 h为落潮流。如南岸与北岸的涨潮流向西,流速1.5~2.3 kn,落潮流向东,流速1.5~2 kn。西岸流速较东岸稍弱。

气候特点是气温高,雨量多。气候变化多端,特别是梅雨季节和冬季这种特点尤为明显。年平均气温为19.5℃,八月份最高,达27.7℃,一月份最低,约11.4℃,山地垂直气温相差很大。年降雨日达210天,为世界上雨量最多的一个岛屿。冬、春季多西北风,秋季多东北风,夏季风向多变,且台风活动频繁。全年少雾。

③口永良部岛

该岛西北端位于30°29′22.29″N,130°08′37.47″E;系一火山岛,位于屋久岛以西偏北6.5 n mile处。

该岛与屋久岛之间相隔屋久岛海峡遥遥相对。其长13 km,最宽处达6 km,面积约36 km²。中央狭长低地的南、北侧分别是口永良部湾与西浦;两湾所夹的陆地,成了宽仅900 m的低峡地,把岛分成东、西两部分。东部多高山,西部较低缓。该岛东、西两端地形差异较大,东部高山主峰657 m,600 m以上的活火山新岳最为典型。岛上多竹林,并有一些耕地。岛岸陡峭,周边水深较大,200 m等深线距岸0.4~25 n mile。

表 4.14　口永良部岛周边岩礁空间分布特征

名　称	位　置	特　征
海老根鼻	野埼南南东方约 2.3 n mile 处	系一陡崖,周围礁脉向外延伸,距岸达 0.27 n mile
屋久礁	海老根鼻西南西 0.22 n mile	水深 3.2 m 暗礁,其外侧水陡深至 36 m 以上
海老根礁	海老根鼻南 0.16 ~ 0.27 n mile	礁顶三处较高:北顶高 1.9 m,中央干出 2.1 m,南顶为低低潮适淹礁。该礁外侧水深 36m,礁与岛岸间为浅滩
长　礁	御岛埼南南东方 1.3 n mile 处	有干出礁和暗礁礁脉,由高 7m 礁石外延 0.08 n mile,最外端水深 4.1 m
立　神	梅嘎埼以北约 0.6 n mile	为距岸 0.07 n mile 3 个高度较大岩石以东的 40 m 高度的岩石
鳄　礁	北龟鼻以西约 700 m 处	距岸近 0.14 n mile 的干出礁石
东新滩	口永良部岛西端,野埼以西约 25 n mile	为一孤立险滩礁脉,最小水深 117 m,200 m 等深线所围,西北—东南走向,长达 2 n mile,最小水深 86 m
西新滩	东新滩以西约 7.5 km 处	系一礁脉,200 m 等深线所围,南北长达 3 n mile,东西宽 2 n mile,最小水深 71 m
蓋　滩	新西滩南南西方 12 n mile 处	为一礁脉,200 m 等深线所围,南北长达 3.5 n mile,东西宽 3 n mile,最小水深 142 m
盲　滩	蓋滩以西约 15 n mile 处	系一礁脉,200 m 等深线所围,南北长达 3.5 n mile,东西宽 2.5 n mile,最小水深 118 m

潮汐、潮流　该岛附近为不规则半日潮。平均高潮间隙 6 h 53 min。大潮升 2.2 m,小潮升 1.7 m,平均海面 1.3 m。该岛西端附近潮流特征是,从低潮后约 3 h 到高潮后约 3 h 流向北,从高潮后约 3 h 到低潮后约 3 h 流向南;而该岛西南岸附近潮流特征则是,从低潮后 0 ~ 1.5 h 到高潮后的 0 ~ 1.5 h 流沿着岛岸向西北方,其他时间反之。

④草垣岛

该岛位于大隅群岛最西部,系由 17 个岛岸绝壁的小岛组成的列岛。东北—西南走向,长达 5.55 km,宽约 370 m, 列岛周围水相对深。其典型小岛有两个。其一为草垣下岛,该岛位于小列岛南半部,高达 175 m;其二为草垣上岛,该小岛位于列岛的东北端,高 147 m,西北西方 31 n mile 处,有一最小水深仅 10 m 的浅水区。

⑤黑岛

该岛西端位于 30°50′18.55″N,129°54′17.15″E;草垣上岛以东约 23 n mile 处。

该岛似盛米饭饭碗状,东—西长 5.68 km,南—北宽 4.06 km,岛顶高 621 m,面积为 11 km^2。岛上大部分地区为竹林,耕地很少,岛上多地震。岛上的村庄位于岛的东西两侧。岛岸绝大部分为绝壁,在其岬角处距岸 0.2 n mile 内多礁石。

表 4.15　黑岛周边岩礁空间分布特征

名　称	位　置	特　征
长　礁	该岛东端以东 0.2 n mile 处	高 49 m 的小岛
汤　礁	黑岛顶东南方 10 n mile 处	由 3 个高 50 余米小岛和 1 个高 31 m 礁石组成。其周围水较深,200 m 等深线距该礁东、北两侧近 930 m,距其南侧较远
梅吉浅滩	汤礁西南方 11.5 n mile 处	水深 148 m 的浅滩
无名暗礁	汤礁以南 7.5 n mile 处	实有一水深 8.2 m 的浅水区

⑥硫黄岛

该岛西端位于30°46′57.74″N,130°15′43.07″E;黑岛以东16 n mile处。

该岛呈不规则状,东—西走向,长5.81 km,中间南—北宽2.48 km,系一活火山,主峰硫黄岳高达706 m。在北岸的略中央处有一座山峰很尖的山,高349 m。很显著。该岛盛产硫黄,岛上居民多从事硫黄开采。该岛附近鱼类很多。该岛东侧距岸0.5 n mile以内,因硫黄进入海水致使海水呈以黄色。同时,也因沿岸海底温泉水与海水混合,造成海水变色,并在风与潮流作用下扩散很远。该岛周围多岩礁与浅滩,200 m等深线分别距岛岸1.5 ~7 n mile。

表4.16 硫黄岛周边岩礁空间分布特征

名 称	位 置	特 征
浅 礁	硫黄岳以南2.5 n mile处	系距岸1 n mile的岩群,其中最高14 m,周围有暗礁
役驴礁	浅礁以南约2.5 n mile处	该礁呈北北西—南南东走向,长达560 m,多半出露水面,中间最高达5.4 m,其西侧水较浅,东、北两侧水陡深
锡塔基浅滩	役驴礁东北方2 n mile处	系一岩石浅滩,其上最小水深13.1 m
中浅滩	浅礁以东1.5 n mile处	为一分立暗礁,东西长0.8 n mile,最小水深中间3.9 m、东侧2.7 m、西侧9.6 m
新 岛	硫黄岛以东约1 n mile处	为一熔岩小岛,呈褐色,高达26 m
北浅滩	新岛以北约6 n mile处	系一群浅滩,最小水深3.4 m,附近海水变色
竹岛鹈礁	硫黄岛北端枕鼻东北东方0.7 n mile处	因礁脉延伸形成的高达22 m的尖顶岩石

⑦竹岛

该岛西端位于30°48′28.79″N,130°23′46.43″E;硫黄岛以东5 n mile,距九州南岸的佐多岬仅15 n mile,在大隅海峡最窄处。

该岛呈不规则长条形,东—西长4.66 km,中间南—北宽1.33 km,面积4.2 km^2,岛顶高达221 m。全岛竹林密布。岛西端的奥恩博埼是一个高69 m的圆锥形山。该岛沿岸陡直水深,200 m等深线分别距岸0.5 ~3 n mile。岛岸岬角大多有礁脉延伸的暗礁,除岛的东南角距岸0.22 n mile的暗礁外,余之均在离岸200 m以内。

距陡峭的东南角0.15 n mile处,有一水深3.8 m,名叫大礁的暗礁。再向外延伸0.2 n mile,也有一水深6.8 m的暗礁。

⑧马毛岛

该岛位于竹岛以东21 n mile处,宽达5 ~9 n mile的水道将它与其以西的种子岛相隔,岛大致呈南北走向,岛顶高达71 m,岛上植被茂盛。临近岛岸,特别是600 m以内多礁石,其中岛岸北端礁脉延伸达0.5 n mile。

位于该岛的西南端的南南西方约4.5 n mile处,最浅水深21 m,有一水深21 ~23 m的礁脉,从这个浅点向南南西方延伸1.7 n mile,周围水陡深。

(3)大隅诸岛中海峡

①大隅海峡及其附近

该海峡位于九州岛以南,界于大隅半岛与大隅诸岛之中,其最窄处在佐多岬与竹岛之间，宽达 15 n mile。海峡北岸陡峭，南部小岛岸段不仅陡峭，并多礁石。海峡水深多为 90 ~ 120 m，底质多种多样，海峡中水色透明度较大，透明度一般达 16 ~ 30 m，夏季更大。底质为珊瑚、沙、泥，除沿岸附近有礁石外，适于各种类型的船舶昼夜通航

该海峡北岸的陆地为 300 ~ 600 m 的丘陵地，有些山脉直逼海岸，海岸陡峻。海峡南岸为一列小岛，岛岸险峻，岛岸附近有礁石。

该海峡为由东海到日本东南沿岸各港的海上捷径，目前不但是美国第七舰队的常用航道，而且大型商船也来往频繁。

诸如上述，该海峡的西北方有男女群岛与甑岛列岛。其中，甑岛列岛位于九州岛以西，之间相隔甑岛海峡。该列岛一字排列，呈东北—西南走向，长达 20 n mile 以上，由上甑岛、中甑岛、下甑岛和许多小岛组成。列岛的南半部周围陡深，200 m 以上水深距岸最大不过 2 n mile，而列岛的北半部则相对较浅。从该列岛东北端向东有断续的岩石小岛。

男女群岛位于九州岛正西约 90 n mile 处，由男岛与女岛 2 个主岛以及苦路歧岛、寄岛、花栗岛 3 个较小岛与更小的岛礁组成。从东北向西南呈一弓形排列，长达 7 n mile。该列岛基本由火成岩构成，岛岸陡深，并多暗礁。

潮流 该海峡的潮流较为复杂，除大隅半岛与种子岛之间的沿岸外，因受 1.1 ~ 1.8 kn 的东流影响，终日向东流，西流向很少，即使有持续时间也不过 1 ~ 2 h；高潮前约 1 h 40 min 东流最弱（或西流最强），低潮前约 1 h 40 min 东流最强。

海流 这里海流也较为复杂。流幅达 30 n mile，流速 1.5 ~ 3 kn，夏季比冬季较强的黑潮主流，在屋久岛与诹访濑岛之间流向东南，而在种子岛以南转为东北流向，并在九州岛东岸外海北上，流向四国岛海域。

在该区黑潮季节性差异，表现在冬季黑潮常在都井岬东南方离开海岸；西北季风期，黑潮主流稍压向南方，穿过屋久岛与诹访濑岛之间流向东南，在种子岛南方 30 n mile 以上处转为东东北流向，流向四国海域，这时种子岛东岸常出现南流。

当黑潮支流向东流经草垣群岛、黑岛、硫黄岛和竹岛一线的南北海域，以 1 ~ 2.5 kn 的流速进入大隅海峡，穿过该海峡后在都井岬海面与黑潮主流汇合，但也有部分经过种子海峡南下。夏季大隅海峡的东向流有时可达 3 kn。

气象 春、夏有雾且多雨，秋、冬季多晴天。7—10 月为台风季节，其中 9 月台风最多。春季多东风，夏季多南风，秋、冬两季多西北风，冬季风力较强。自 6 月上旬进入雨季，连续达 30 ~ 60 天。雨季结束时有较强的西南风。

②种子岛海峡

该海峡位于屋久岛东岸，与种子岛西岸南端之间，长达 18 n mile，最窄处约 10 n mile，水深 40 ~ 80 m，航道顺直无碍航物，适于各种类型船舶通航。

潮流、海流 海峡两侧涨潮流向北，低潮后 0.5 ~ 1.5 h 之间为涨潮流；落潮流向南，高潮后 0.5 ~ 1.5 h 之间为落潮流，流速 2 ~ 4.5 kn。夏季海峡中部海流始终向南，到达种子岛西岸的黑潮在住吉岬附近分为南北两支，其中南支流穿过该海峡向南流，但当潮流也流向南时，流速大到 3 ~ 4.5 kn，反之，潮流流向北时，流速则减弱。

③屋久岛海峡

该海峡位于屋久岛与口永良部岛之间，宽达 6.5 n mile，水较深。海峡两侧涨潮流向南，落潮流向北，高低潮 30 min 后转流，海峡中央潮流较弱且不规则。

第七节　吐噶喇列岛与海峡水道

1. 岛礁及其周边水文气象特征

(1)概述

该群岛位于奄美群岛与大隅群岛之间,呈东北—西南向排列,长达 95 n mile,总面积约 90 km^2,为雾岛火山带中一列火山岛,其包括中之岛、口之岛、卧蛇岛、小卧蛇岛、平岛、诹访濑岛、恶石岛、宝岛、小宝岛与横当岛等小岛组成。其中诹访濑岛与中之岛火山仍在活动。

这里的水下暗礁与火山岛列走向基本一致。除宝岛与小宝岛位于水下 100 m 的台地上,其他火山岛与水下暗礁皆没有共同岛架,均系独立的由水深近 800 m 的海底耸立而起的。

各岛共同特点是岛岸多峭壁,岸外多珊瑚,礁外多深水,海流与潮流较强,同时岛上多丛林与竹林。

中之岛、口之岛、卧蛇岛、平岛、诹访濑岛、恶石岛和宝岛,在日本俗称"吐噶喇七岛"或"冲岛七岛",附近海域称为"七岛滩",过去曾把这七岛再加上大隅群岛中的硫黄岛、黑岛、竹岛称为"川边十岛"。

该群岛总的水文气象特征:

潮汐、海流　这里属不规则半日潮。中之岛和宝岛的平均高潮间隙分别为 6 h 46 min、7 h 08 min,大潮升 2.0 m,小潮升 1.5 m,平均海面 1.2 m。各岛沿岸涨潮流向北或西北方,落潮流向南或东南方,岛岸附近常发生回流。

海流　吐噶喇海峡黑潮主轴核心流速变化剧烈,在 41.5 ~ 146.2 cm/s 之间变化,按季节排列由大到小依次为:夏季、春季、秋季、冬季,平均核心流速为 92.0 cm/s;其主轴主要位于屋久岛以南 30 n mile 海域,南北方向最大摆动幅度达 82 n mile;吐噶喇海峡黑潮平均流量为 24.1×10^6 m^3/s,而流速结构呈多核结构与多股流动,具体表现为黑潮流向该群岛西侧后,分出多条南北分支,致使各岛南、北侧出现急流;往往上述分支在岛屿东南附近又出现汇合,在岛屿南端却发生湍急。当风向与流向一致时,有大浪出现。

气象　夏季西南季风期海上平静;8 月中旬后,开始多北风,9 月风力增大,风的作用下波浪也大。山顶上常常有云和雾霾覆盖。

①平礁

该群礁位于吐噶喇群岛最北端,呈东北—西南走向,断续分布长达 1.5 n mile。其最高部位 28 m 在该群礁南部,而北部则有一高 15 m 的礁体,再往北 3.5 n mile 处,有一浅水区。该礁周围 200 m 等深线以内,呈以长条形,南北长 5.5 n mile,东西宽 3.5 n mile,并向北伸入到吐噶喇海峡南部。平礁最高岩的北方 3.5 n mile 处,有一水深 76 m 的浅水区,该浅水区在 200 m 等深线以内。各礁体之间水浅,且海流很强。

②口之岛

该岛西端位于 29°58′35.20″N,129°54′17.64″E;平礁以南约 7.5 n mile 处。

图 4.16　吐噶喇列岛卫星遥感信息处理图像

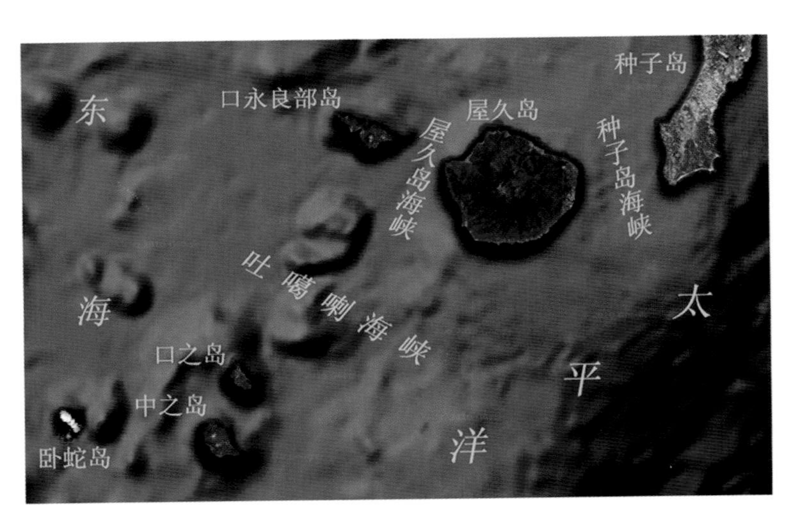

图 4.17　吐噶喇海峡卫星遥感信息处理图像

该岛形似菜刀，呈西北—东南走向，长 6.54 km，中间东—西宽 2.60 km，系一火山岛，面积达 13.3 km^2。其自然特点是南部为高山，岛峰高 675 m，位于中央偏南，岛岸多悬崖，周围环有珊瑚与孤立岩石，10 m 等深线距岸最远 0.6 n mile，岛上有茂盛的林木。

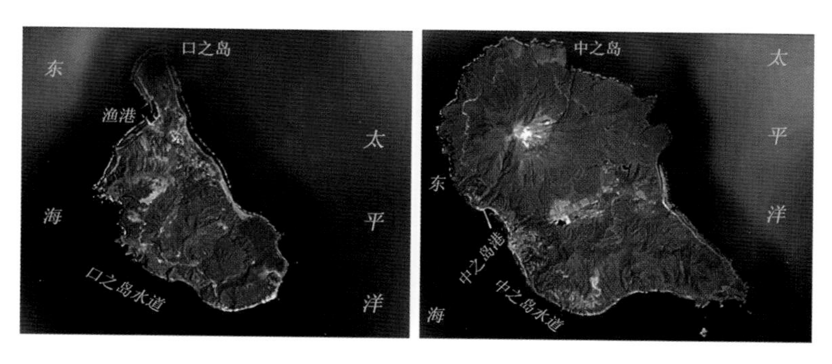

图 4.18　口之岛、中之岛卫星遥感信息处理图像

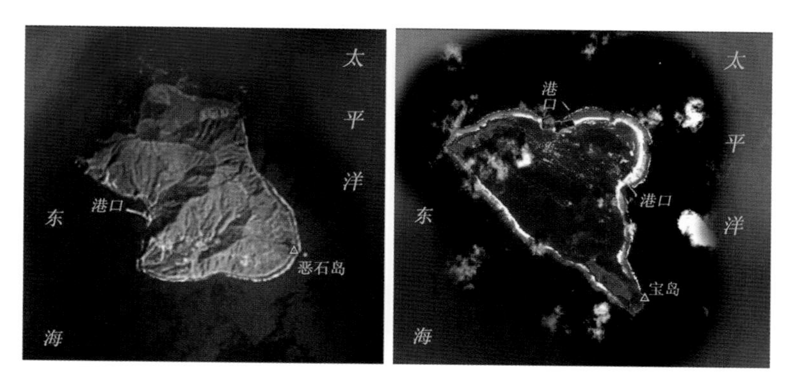

图 4.19　吐噶喇列岛中恶石岛、宝岛卫星遥感信息处理图像

表 4.17　口之岛周边岬角、岩礁空间分布特征

名　称	方　位	特　征
赛利伊角	口之岛北端	其赛利伊岳高 236 m,该角以东 100 m 有一叫赤礁的岩岛
平　礁	赛利伊角以西,距岸 50 m	系一高 8.3 m 岩岛,再往西又有名叫丸礁,高 6.7 m。平礁西北方 0.14 n mile 处有水深 5.9 m 的暗礁
古诺梅礁	西之滨湾口南南西方 0.6 n mile	为一高 94 m,形如犀牛角的尖石海角
水垂礁	赛利伊角北北西方 1.5 n mile 处	系一珊瑚礁,最小水深 10.3 m
芽　礁	赛利伊角西北方约 4 n mile 处	为一礁滩,地形起伏较大,最小水深 3.2 m,附近海流强,有急潮,海水变色
珊瑚滩	赛利伊角西北方约 14 n mile 处	浅于 200 m 水深范围直径达 2 n mile,靠近 200 m 水深处最小水深为 20 m

③中之岛

该岛南端位于 29°49′20.35″N,129°55′16.98″E;口之岛西南约 5 n mile 处,为吐噶喇群岛中最大岛屿。

该岛系一火山岛,呈不规则形状,西北—东南走向,长 9.57 km,中间东北—西南宽

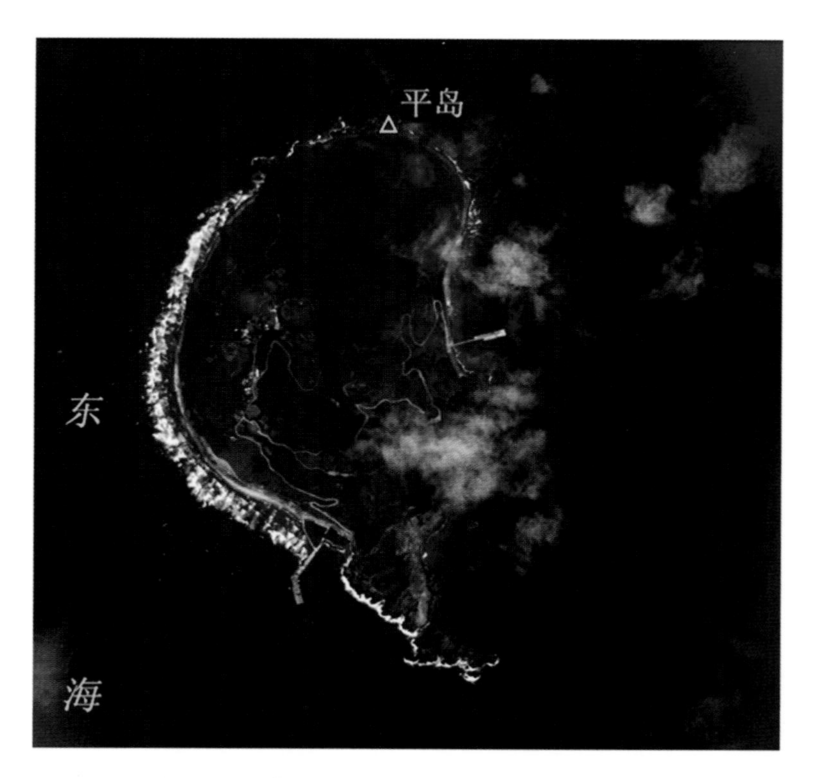

图 4.20　吐噶喇列岛中平岛卫星遥感信息处理图像

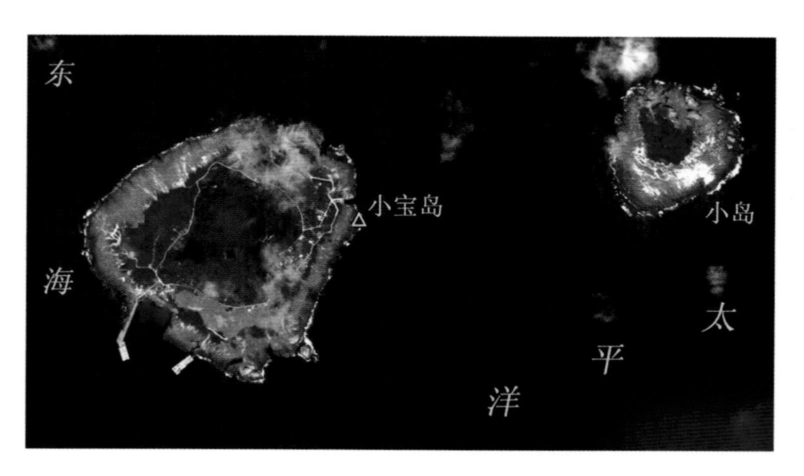

图 4.21　吐噶喇列岛中小宝岛、小岛卫星遥感信息处理图像

5. 17 km,面积达 35 km^2。高达 976 m 的最高峰御岳位于该岛的西北部,而东南部为高丘陵区。岛岸均系悬崖峭壁,200 m 等深线距岸最远 1. 8 n mile。

表 4.18　中之岛周边岛礁与岬角空间分布特征

名　称	方　位	特　征
鲣　埼	中之岛西北端	该埼的外端有一高 23 m 的大岩石
小卧蛇岛	鲣琦的西方约 11.3 n mile 处	系一无人岛，岛岸从海面竖直呈悬崖绝壁，岛顶有稀疏的树木。岛南端附近有一孤立岩，高 4.6 m，其附近常有急流
雄神礁	小卧蛇岛北方约 1 n mile 处	是一孤立的珊瑚礁，水深 4.5 m，附近即使海面平静时也有急潮
卧蛇岛	中之岛西方约 15 n mile 处	该岛略成椭圆形，面积 4.5 km^2，顶高 515 m，岛上岩石重叠，沿岸多为断岩，南端是灰色的高悬崖角，岛北侧有高 60 m 的悬崖。该岛的西侧和西北侧常有急流，而且有强的东北流。卧蛇岛与小卧蛇岛间有西流
平　岛	卧蛇岛南方 12 n mile 处	岛上低平，位于岛的北部岛峰高 246 m，岛的西侧有村庄与耕地。岛西岸一个沙岸小湾，沿岸有干出滩外伸，在湾北角附近有暗礁，水深 1.3 m
权　滩	平岛北方约 7 n mile 处	系一珊瑚礁，其上最小水深 80 m，200 m 等深线所围成的海域，南北长 3.5 n mile，东西宽约 3 n mile
单　礁	中之岛南端以东 1.6 n mile 处	系一距岸 0.5 n mile，高达 28 m 的小岩礁，其北部有植被
赛利岬	中之岛南东端	为一高达 38 m 的台形岬，该岬外端有一近 38 m 高的柱状岩
高元埼	中之岛东北端	系一高达 49 m 的岬角，外端有大岩礁与礁石

④诹访濑岛

该岛也为一火山岛，系吐噶喇列岛中第二大岛，隔中之岛水道与中之岛相对，面积达 266 km^2。位于岛屿中部的岛峰高 825 m，满山是烧热的石头与熔岩，山顶光秃，山顶的西北部有显著的岩石，其西南方约 500m 处有一旧火山口，山的东北侧是悬崖。岛上山脉以岛顶为中心，向东北和南南西方延伸，其东北侧的山脉高 541 m。岛北部沿岸密生着各种树木，南部一带是小高山，竹类很多。

另在诹访濑岛西北方，从北向南分布的是有小卧蛇岛、卧蛇岛与平岛等。

表 4.19　诹访濑岛周边岬角、岩礁空间分布特征

名　称	方　位	特　征
富立鼻	诹访濑岛东北端	为有光岩与高达 9.1 m 的孤岩的岬角。附近海面常有急流
古里埼	富立鼻以西约 2.5 n mile 处	为一突出海角，东北侧有一叫胁山滨的沙质海湾
须　埼	古里埼西南 0.7 n mile 处	海岸呈红色
长　埼	诹访濑岛南端	为一悬崖角，其西北西方 1.5 n mile 处有一水深 86 m 暗礁。西侧有一小湾，湾岸有礁脉外延，沙底、水较深，且附近海面常有急流
海底火山	诹访濑岛以东 5 n mile 处	1955 年 7 月 17 日有人曾看到从海底喷发出褐色烟雾

⑤恶石岛

该岛东南端位于 29°27′1.85″N，129°37′16.40″E；诹访濑岛西南方约 9 n mile 处。

该岛呈不规则状，西北—东南走向，长 3.54 km，中间东北—西南宽 1.83 km，面积达 7.4 km^2。其西部最高点御岳高达 584 m，高地向东南伸展至低平地，岛岸有高的悬崖。岛上多林木，东南部多竹林。

⑥小宝岛

该岛东端位于29°13′28.55″N,129°19′53.19″E;恶石岛西南方20 n mile处。

该岛近似圆形,东—西长1.18 km,南—北宽1.11 km,岛屿中部的岛峰高达102 m,岛岸外有较平的,并多孤立尖岩的干出滩,干出礁上有许多孤立尖岩。岛岸以南水陡深,而以北有几个排列的尖顶岩石,在西侧有一山丘。岛上有茂密的竹林。

表4.20　小宝岛周边岬角、岩礁空间分布特征

名　称	方　位	特　征
小　岛	小宝岛以东1 n mile处	岛顶呈圆形,高59 m,岛上有树木,其西北岛岸附近有干出礁,而东北岸有柱形岩石,该岛以东1.5 n mile内系险恶水域,它与小宝岛之间由浅水区相连
中　礁	小岛以东0.6 n mile处	系高28 m的孤立岩礁,它与其以东600 m处的,高达26 m的冲礁目标显著,两礁体四周有礁脉发育,且附近有急流
弥勘次礁	中礁东北0.38 n mile处	系一干出0.9 m礁体,离其西北0.22 n mile有一水深4.1 m暗礁,另在其西南方0.27 n mile也有一干出0.9 m的岩礁
道中礁	冲礁东南0.22 n mile处	为干出0.9 m礁体,其东、西两侧分别有水深2.7 m与3.2 m暗礁
冲暗礁	小宝岛东北4.4 n mile	系一最小水深21 m的暗礁,其周围水深达110~180 m
浅水区	小宝岛周边5个方向	该岛北北西方7.7 n mile处、西北方19 n mile处、西北西方15 n mile处、以西9.5 n mile与23 n mile处等均有深达65 m以上相对浅水区

⑦宝岛

该岛东南端位于29°07′45.87″N,129°13′18.90″E;小宝岛西南约7 n mile处。

该岛形似三角形,底边在西南部,长4.32 km,东北—西南最宽2.55 km,处在岛屿中央的岛峰高260 m,岛顶地形起伏大,岛岸陆部地形平缓,岛上矮竹丛生。环岛有岸礁发育,并呈高反射率信息特征。西北与东南岸分别有小港湾。

表4.21　宝岛周边岬角、岩礁空间分布特征

名　称	方　位	特　征
赤木埼	宝岛东北端	该岬角系一低平礁盘,其后有沙滨和沙丘,附近海面有急流
草　礁	女神山以北岛岸上	为一小岩丘
鹭　埼	宝岛西端	系一海角,它与赤木埼之间海岸为低平礁盘的岩石岸。该海角以北为高达26 m的岩石岛,该岛与宝岛之间礁脉相连
前立神	鹭埼东南东方1.2 n mile处	为一距岛岸0.21 n mile的孤立岩礁,并与岛岸由礁脉相连
荒木埼	宝岛南端	系一悬崖岬角,其外附近有岩滩。而该岬角与鹭埼之间为砂滨或小石滨
黑山礁	荒木埼以东约1 n mile处	水深达6.8 m的孤立珊瑚滩,其周围水深18~38 m

⑧横当岛

该岛西北端位于28°48′13.57″N,128°58′31.37″E;宝岛西南方23 n mile处,吐噶喇群岛最南端。

该岛系一死火山，面积达 3.7 km^2。东、西两个岛顶中，前者高 495 m，顶上为大的旧火山口；后者高 259 m，宽约 200 m 的地颈将两岛顶相连。岛岸多为断崖，距岸 0.11 n mile 以外无障碍礁石等。该岛的南南西方 25 n mile 处，有一最小水深 98 m 的浅水区，200 m 等深线围成的区域，南—北宽 3 n mile，东—西长 5.5 n mile。在横当岛西南方 22 n mile 处和 24 n mile 处，分别有水深 51 m 及 64 m 的浅水区。

（2）吐噶喇群岛中海峡

①吐噶喇海峡

该海峡位于屋久岛与口之岛之间，宽达 23 n mile，水深为 400 ~ 600 m，但海峡中的平礁、上滩和中滩水深却浅于 200 m。该海峡无纵深，海域开阔且陡深，东去的船舶常通过该海峡。

表 4.22　吐噶喇海峡水深与岩礁空间分布特征

名　称	方　位	特　征
平　礁	吐噶喇列岛东北端	系呈东北—西南走向，长达 1.5 n mile 礁滩，上有十余个岩礁出露水面，其最南部的高达 28 m。礁体之间浅水区海流强烈。该礁周围 200 m 等深线所围区域，南北长 5.5 n mile，东西宽 3.5 n mile。该礁附近常出现强烈东南流，有时也出现西北流
上　滩	平礁以北 8 n mile 处	系一珊瑚暗滩，滩上常有急湍流。200 m 等深线将其所围区域，东西长 2.5 n mile，南北宽约 2 n mile
中　滩	上滩东北约 5 n mile 附近	系最浅水深 151 m 的珊瑚滩，200 m 等深线将其所围区域，东西长 3.5 n mile，南北宽约 2.5 n mile。滩上有浪花

潮流、海流　涨潮流向西，落潮流向东，流速 1.5 ~ 2 kn。西风与西南西风时，通过海峡 4 ~ 5 kn 海流向东。

雾、风　在这里雾日出现 2—3 月，5—6 月这期间雾日最多，10 月与 12 月偶有出现。这里有明显的季风，冬季以北风为主，西北风次之；夏季南风为主。

②口之岛水道

该水道位于口之岛与中之岛之间，宽约 5 n mile，水深近 500 m。有流向东的浅海流，水道内多有急流。

③中之岛水道

该水道位于中之岛及其西南方诹访濑岛之间，宽达 11 n mile，水深约 600 m。水道中有流向东的强海流，并有急流。

④诹访濑水道

该水道位于诹访濑岛与恶石岛之间，600 ~ 900 m 的深水区位于中央水道，而靠近诹访濑岛一侧水较浅。水道中有强烈的东向海流，这里有时发生激潮。

⑤恶石岛至小宝岛之间水道

该水道宽达 19 n mile，恶石岛西南方 500 m 等深线所围的狭长水域中，最浅水深 188 m。而小宝岛东北方 500 m 等深线范围内有小的岛屿、干出 0.9 m 的礁石与暗礁。

⑥宝岛至上根屿之间水道

该水道宽达21 n mile,水深400～800 m,500 m等深线距岸2 n mile。上根屿周边500 m等深线呈以向东北延伸的狭长形,这里最小水深130 m左右。两岛屿之间500 m等深线相距达8 n mile内,水深为500～800 m。

第八节　奄美群岛与海峡水道

1. 岛礁及其周边水文气象特征

该群岛位于吐噶喇海峡与冲绳群岛之间,其由奄美大岛、喜界岛、加计吕麻岛、与路岛、请岛、德之岛、冲永良部岛、与论岛和鸟岛等岛屿组成的岛群,呈东北—西南走向排列,形似一个岛屿,但彼此之间相离较远。其中奄美大岛系琉球群岛中第二大岛。

该群岛气象特点主要表现在西南部雨量相对最多,向东北逐渐减少,雾少,晴朗天气多。

(1)奄美大岛

该岛东北端位于28°31′43.35″N,129°41′22.68″E;奄美群岛最北端,系奄美群岛中第一大岛,俗称大岛。

该岛与其附近岛屿位于同一狭窄岛架上,并呈东北—西南走向,长57 km,最宽约30 km,面积达718 km^2。岛上山脉相连,第一岛峰汤湾岳高达694 m,岛岸各处不尽相同,西南部较陡峭,西北部多悬崖,东北部则低平;东南岸平直,海湾少,从仲干濑埼至笠利埼岸段为沙质岸,并有珊瑚礁向外延伸达0.5 n mile,并有一些险礁。而该岛中部以北岛岸有礁脉向海延伸200～1 000 m,其中有的礁脉时有干出。

该岛东南隔大岛海峡与加计吕麻岛、与路岛、请岛相对。其东部有喜界岛。

表4.23　奄美大岛周边岬角、岩礁空间分布特征

名　称	方　位	特　征
三钝岩	大岛笠利埼东北14.5 n mile处	高10 m的黑圆锥形,向南有礁脉延伸至低岩处,诸叫礁附近水深达20～30 m
暗　礁	笠利埼以北1.7 n mile处	水深达12.8 m,20 m等深线将其所围成南北长0.54 n mile,东西宽0.27 n mile,再往外水深21～42 m
顿原岩	笠利埼以东2 n mile处	高25 m黑色岩礁,周边陡峭,水深达70 m。附近有激潮
平　岩	笠利埼以东1.4 n mile处	高3 m岩礁,在其东侧0.2 km内有适淹礁,礁外围陡深
珊瑚礁	笠利埼至浦生埼	海岸珊瑚礁向海延伸200～400 m处,低潮干出
德　高	武运埼西南西方约1.1 n mile处	高5.8 m,距岸0.3 n mile的岩礁
卡埃纳埼	濑埼南南西方约0.7 n mile处	系一群距岸0.2 n mile的岩礁
宫户埼	折子埼西南西方4 n mile处	该岬角上有植被,周边有礁脉向外延伸
大山埼	亲子鼻以西2.5 n mile处	其周边500 m范围内分布有礁石与暗礁,礁石外水陡深
阿山埼	大山埼西南约2 n mile处	位于小半岛外端,其北侧有孤立礁石,再往外水陡深,且该大山埼的两侧有珊瑚礁外延

续表

名　称	方　位	特　征
大浅滩	阿山埼西南约 1.2 n mile 处	该滩距岸 0.5 n mile，两者间水深 9 m，系一水深仅 1.8 m 暗礁，外侧水更陡深
御　礁	市埼东南东方 0.8 n mile 处	由三个岩礁组成，最高达 2.1 m，南北排列，周边有暗礁，暗礁外水陡深
方　礁	仲干濑埼以东 2.5 n mile 处	系两个东西相距 200 m 的礁体，该礁周边水陡深，东方岩东侧有一适淹礁
明神埼	仲干濑埼北东 8.3 n mile 处	其周围分布珊瑚礁，该岬西南 0.4 n mile 处有水深 0.9 m 暗礁
须野埼	笠利埼南南东方约 3.5 n mile 处	为一较低的地峡突出部，往外有数个礁石分布
赛丹岩	须野埼以东 1 n mile 处	系一浪花礁，低潮适淹，周边水陡深，其东部约 0.4 n mile 处有最浅水深 9.1 m 珊瑚礁

潮汐、潮流　这里属不规则半日潮。笠利湾附近涨潮流向西北，最大流速约 3 kn；落潮流向东，最大流速达 4 kn。

气象　这里温暖多雨，全年雨量均匀，平均降雨量 3 000 mm/y，夏季多南风，冬季多北风。

(2)喜界岛

该岛临近东北端位于 28°21′35.18″N，130°01′56.79″E；奄美大岛以东约 13 n mile 处。

该岛形似花生，呈东北—西南走向，处在一个独立的岛架上，深达 200 m 的海槽将其岛架与奄美大岛岛架分隔。该岛长 14 km，宽 3.7 ~ 6.5 km，面积 56 km^2。岛中央为台地，其中最高点 224 m 在中南部。台地东南侧是悬崖，东北与西侧地势低平。其东北部为 80 m 左右的台地，西部为高 30 ~ 60 m 的沙丘，岛上多原野。

该岛周边为低平的珊瑚礁脉，低潮干出，构成了岛架的较浅部分。另有两个礁体：其一为奥嘎梅礁，位于该岛南端锡兹鲁埼西南 3.5 n mile 处，该礁上水变色；其二为莫利礁，位于该岛南端锡兹鲁埼东南 3.2 n mile 处，最小水深 29 m。

潮汐、潮流　这里属不规则半日潮。该岛以西与东北方，约距岸 2 n mile，涨潮流向西南，落潮流向东北，高低潮时转流，最大流速约 2 kn。

(3)加计吕麻岛

该岛隔大岛海峡与奄美大岛相对，长 20 km，最宽 12 km，似一长条形，面积 82 km^2。该岛突出特点为岛岸曲折、多悬崖与礁滩，但湾顶海底平坦，周边多处有岬角与礁石。

(4)请岛

该岛位于加计吕麻岛以南，岛长 6.5 km，最宽达 3.7 km，面积 13.5 km^2。位其西部的岛峰高达 398 m，南岸多断崖。岛上多林木。

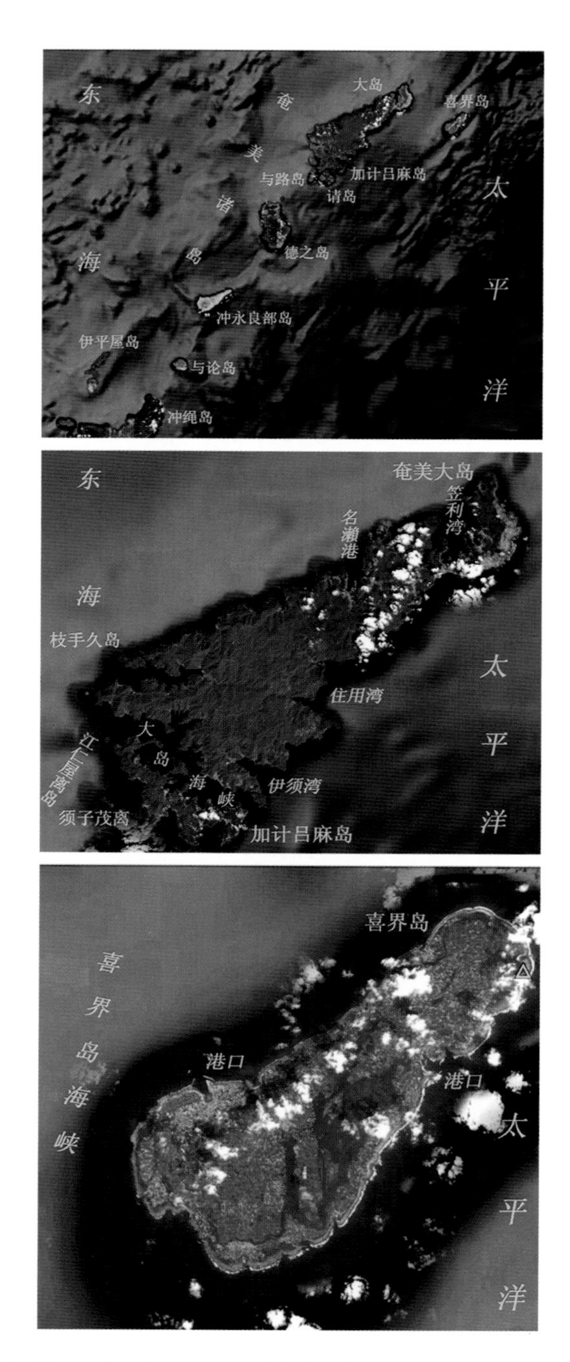

图 4.22　奄美诸岛及其奄美大岛、喜界岛与岛间海峡水道卫星遥感信息处理图像

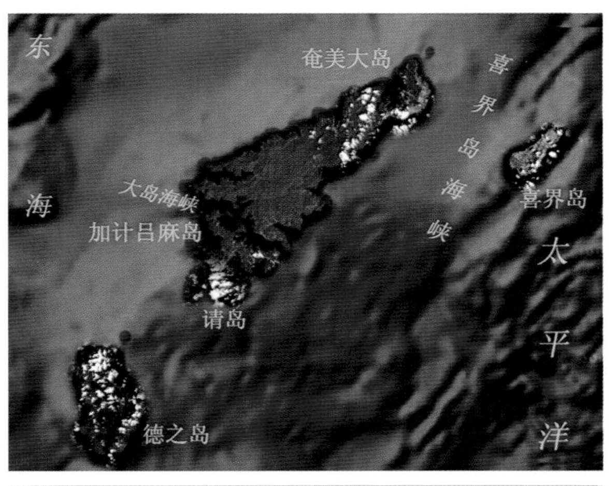

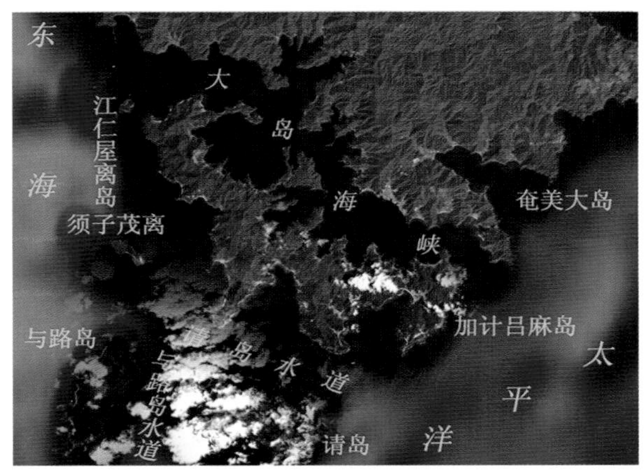

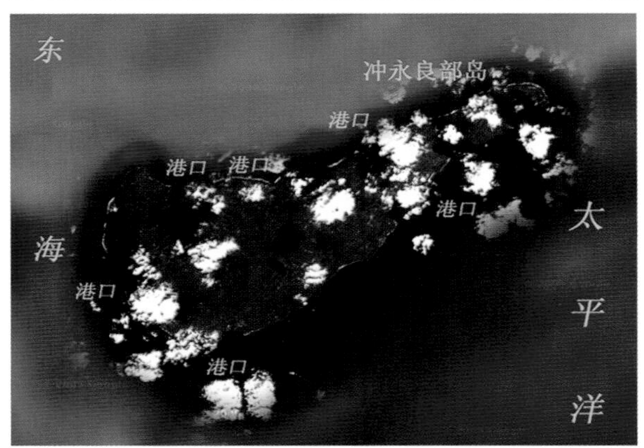

图 4. 23　奄美大岛及其附近喜界岛海峡、大岛海峡、请岛水道、加计吕麻岛与冲永良部岛等卫星遥感信息处理图像

表 4.24　请岛周边岬角、岩礁空间分布特征

名　称	方　位	特　征
担马礁	请岛南岸中部外方	系距岸 0.32 n mile,高 73 m 岩礁,岛顶有植被,附近有礁石
加纳雷岛	请岛南端南侧	高达 67 m,南侧还有顶尖显著的岩礁
木山岛	请岛东岸中央外侧	系距岸 0.22 n mile,高 80m,岩脉从其向东北延伸 0.38 n mile。又该岛岛顶以东 0.6 n mile 处有一水深 2.5 m 暗礁
永　礁	木山子以北 0.6 n mile 处	水深 3.2 m 暗礁,且周边有激潮
丹手岛	请岛北岸中央外侧	系 2 个小岛组成,距岸 0.6 n mile,周边多礁石。又该岛以北 0.4 n mile 处有一高 11 m 的黑色小岛,该小岛北侧水深浅于 9.1 m,附近有激潮
与路岛	请岛以西偏北	其隔 1.7 n mile 的与路水道与请岛相对,岛长 6.5 km,最宽约 2.8 km,面积 8.9 km^2。岛峰最高 297 m,岛岸多悬崖
培卡礁	请岛以南	该岛南端向南延伸 0.4 n mile 一群礁最外端,高达 11 m 的岩礁
阿布吉利埼	请岛北端	系一红色陡峭的海岬

(5)德之岛

该岛东端位于 27°46′21.09″N,129°02′8.69″E;奄美大岛西南部,喜界岛西南 55.77 n mile处,为琉球群岛中第七大岛。

该岛与其西南方的冲永良布岛和与论岛相间排列,其岛架与奄美大岛岛架几乎连续。该岛南北长达 26 km,东西宽 14 km,面积 253.4 km^2,系多山的岛屿,北部的天城岳高达 533 m,中部为花岗岩的,全岛最高峰的井之川岳高 644.8 m,而南部犬田布岳也高达 417.4 m,西南部地势则变为低平,岛上林木茂盛,并有较多的毒蛇。

表 4.25　德之岛周边岬角、岩礁空间分布特征

名　称	方　位	特　征
金见埼	德之岛东北端	该岛以东 0.11 n mile 处有一高潮适淹礁
顿原岩	金见埼北北东方 2 n mile	系 4 个小岛,最高的 50 m,周边陡深,与金见埼之间有激潮
黑　礁	金见埼以西约 3.1 n mile	两个岩礁组成,高达 4.7 m
犬田布岬	与名间埼以南 10 n mile	东北侧系悬崖,岬外侧陡深达 29 m 以上,其南方 1 n mile 附近有激潮
伊仙埼	德之岛西南端	系一低平海岬,距岛岸 0.11 n mile 以外,为陡深 36 m 以上海域
喜念埼	德之岛东南端	低平海角,在其南南东、南方有数处浅水区,有变色海水
喜念埼 - 混岸埼	两埼之间海岸	呈白色沙质岸,岛岸边有珊瑚礁,个别处有悬崖

潮汐、潮流　这里属不规则半日潮。沿岛岸涨潮流向北,落潮流向南,高、低潮后 3 h 转流,岛岸各侧局部涨、落潮流及其流速均有所不同。

(6)鸟岛

该岛系一时有活动的火山岛,位于德之岛以西 35.1 n mile 处,别称硫黄鸟岛。呈西北—东南走向,长达 2.8 km,宽 1.3 km,岛峰高 212 m,岛岸多为悬崖,向外有珊瑚礁延伸达 0.11 n mile,岛岸南侧有一海滩。

(7) 冲永良部岛

该岛东北端位于 27°26′20.23″N, 128°42′44.58″E；奄美群岛西南部，德之岛西南方 18 n mile处。

该岛形似棒槌，东北—西南走向，长 20 km，最宽约 9.3 km，面积 97 km^2。西南部岛峰高达 246 m，岛上各处地形差异较大，西南侧宽阔而高拔，东北部狭窄而低平。东、西岛岸为低平的珊瑚崖，北岛岸则是悬崖，大部岛岸边均有干出珊瑚礁向海延伸，长达 0.22 n mile。

潮汐、潮流 这里属不规则半日潮。该岛北侧涨潮流向西，落潮流向东，流速达 1.8 kn，在远离岛岸情况下流向则不规则。

(8) 与论岛

该岛北端位于 27°04′3.97″N, 128°25′57.99″E；系奄美群岛最南端高度不超过百米的低平岛屿，位于冲绳岛东北方，长、宽约 6 km，面积达 22 km^2。岛岸多珊瑚悬崖与沙质岸，周边被干出的珊瑚礁所围绕。

2. 奄美群岛中海峡与水道

(1) 大岛海峡

该海峡位于奄美大岛与加计吕麻岛之间，长达 13 n mile，宽 0.5 ~ 2 n mile，水深 30 ~ 100 m，底质为沙或岩，沿海峡有多个岬角，附近又有多处港湾。

潮汐、潮流 多处潮汐不尽相同，兹列于表 4.26 中。涨潮流自低潮后 1.5 h 到高潮后 1.5 h，为西北流；落潮流自高潮后 1.5 h 到低潮后 1.5 h，为东南流，流较强。

表 4.26 大岛海峡中潮汐

地 名	平均高潮间隙	大潮升(m)	小潮升(m)	平均海面(m)
西古见	6 h 50 min	2.0	1.5	1.2
久慈湾	6 h 50 min	2.0	1.5	1.2
古仁屋港	6 h 48 min	1.9	1.4	1.1

(2) 喜界岛海峡

该海峡位于奄美大岛与喜界岛之间，其走向与奄美群岛排列方向一致，各处水深不尽相同，多在 100 ~ 200 m 之间，海峡中轴处水深相对两侧深，200 m 等深线之间相距达 1 n mile。海峡东南部喜界岛西侧地形坡度较大，海峡西北部奄美大岛东侧地形较平缓，最深处靠近喜界岛。

喜界岛一侧涨潮流向南南西，最大流速 1.8 kn，落潮流向东北，最大流速 1.5 kn。

(3) 冲奄海峡

将冲绳岛与奄美大岛之间的各岛相隔的水道总称为冲奄海峡，对其细分如表 4.27 所示。这里冬季以北风为主，东北风次之，夏季南风为主，东南与西南风次之，海峡出现雾日集中在 1 月、2 月，夏季也时有出现。

表 4.27　冲奄海峡中水道

位　置	主　要　特　点
与路岛与德之岛之间	水道宽达 12 n mile,水深大部近 200 m,200 m 等深线之间相距近 1.5 n mile。涨潮流向北北西,最大流速 1.3 kn,落潮流向东,最大流速 3 kn
德之岛与冲永良部岛之间	水道宽约 18 n mile,水深多为 600 m,靠近德之岛附近 200 m 等深线所围水域中,最浅 98 m
冲永良部岛和与论岛之间	水道宽近 18 n mile,远离岛岸水深多在 500 m 以上,500 m 等深线之间相距达 9 n mile

(4)与路岛水道

该水道位于与路岛及其东侧请岛之间,宽约 1.5 n mile,水道中岩礁甚多,如位其中央的,由 4 个岩礁所组成的哈亚米岛列岩高达 74 m。

该水道内涨潮流向北,最大流速 2.8 kn,落潮流向南,最大流速 3.7 kn,同时有激潮。

(5)请岛水道

该水道位于请岛、与路岛和加计吕麻岛之间,该水道虽深,但有礁脉延伸到水道中,潮流也较强。这里涨潮流向西,流速可达 4 kn,落潮流向东,流速有时达 3.3 kn,高、低潮后 1.5 h 转流。

第九节　战略要地冲绳群岛与海峡

1. 岛礁及其周边水文气象特征

该群岛位于奄美群岛与先岛群岛之间,系由冲绳岛、伊平屋列岛、伊江岛、庆良间列岛、粟国岛、渡名喜岛、久米岛等岛屿组成的岛群,呈东北—西南走向排列,绵延达 90 n mile,总面积 1 500 km^2。在此,对该群岛从北向南依次分述。

(1)冲绳岛

该岛北端位于 26°52′29.83″N,128°15′36.34″E;琉球群岛正中间,系琉球岛屿锁链中最重要的一环和其中最大的一个岛屿,其东北端位于与论岛西南 12.5 n mile 处。

该岛呈狭细的不规则形状,东北—西南走向,长 105 km,宽 4 ~ 32 km,面积达 1 185 km^2,约占整个琉球群岛的 1/10,其南、北地形有所差异,前者多丘陵和台地,林木较少,后者地形险峻,林木茂盛。到处分布有珊瑚海岸,特别是备濑埼经岛南端至东南部岛岸的知念岬,珊瑚礁发育最好,素有日本“南大门”之称,是群岛的基干和最有力的支撑点,具有十分重要的战略地位。

该岛东南岸多海湾,如中城湾与金武湾中水深,多岛、礁,而从两湾之间与中城湾口南侧,珊瑚礁向海延伸的很远。金武岬到川田湾之间岸段众多的珊瑚礁,从岛岸向海断续延伸 0.2 ~0.9 n mile。而从川田湾至该岛北端边户埼的岛岸,也被珊瑚礁所围。汉那港口到大浦口之间岸段,距岛岸 0.7 n mile 内为断续的岸礁,而岸礁外侧有孤立礁石。

冲绳是日本九州南部的一个县,位于台湾岛基隆的東北方,冲绳本岛位于琉球群岛中心,北部为山地,占全岛 2/3。由冲绳诸岛、宫古列岛、八重山列岛等一百多個岛屿,总面积約 2 250 km^2,人口約 100 万以上,主要分布在其中 46 个岛屿上。首府那霸市为本島政治,经济，文化和交通中心，有深水港口和国际机场。

表4.28　冲绳那霸全年各月平均气温

单位：℃

1月	2月	3月	4月	5月	6月	7月	8月	9月	10月	11月	12月
16.0	16.4	18.0	21.0	23.7	26.1	28.1	27.8	27.1	24.3	21.3	18.1

冲绳岛的西南有天然良港——那霸，可供万吨级大型舰船锚泊。此外，全岛还有多个机场，可容纳多种机型的大机群；这都使冲绳具备了成为重要军事基地的自然条件。冲绳与台湾岛之间仅有346 n mile，到东京、汉城和马尼拉的距离也基本相等，从朝鲜半岛到冲绳，舰船也只需30多个小时即可到达。由于冲绳岛所处位置的重要性，第二次世界大战结束后，美军更加重视冲绳岛的建设，它被称为美国的“太平洋枢纽”。

冲绳美军基地设施完备，与横须贺、佐世保等重要基地相呼应，构成了完整的军事基地群。坐落在冲绳西南的嘉手纳机场是美国在本土以外最大的空军基地，先后合并、重建数个大型综合军事基地。

冲绳岛中部东侧的胜连半岛，正好将金武中城港一分为二，北为金武湾，南为中城湾。其顶端中城湾一侧就是白滩基地，总面积达1 560 000 m^2，因基地西南边的一片洁白沙滩而得名。

美国著名的咨询机构兰德公司曾发表一份题为《美国和亚洲：走向新世纪的美国战略和军事部署》的战略研究报告。文中称，“美军在亚太地区的部署重点应该更加靠近台湾”，建议美国应将其在日本冲绳的驻军进一步向前部署在日本的下地岛，与此同时，日本防卫厅也对下地岛表现出异乎寻常的兴趣，认为该岛具有极高的战略价值。下地岛，这个在普通地图上根本无法标出的小岛，几乎就在一夜之间成为了引人关注的热点。

潮汐、潮流　这里属不规则半日潮。该岛北部与伊平屋列岛之间，涨潮流向西南，落潮流向东北，流速0.8 kn；而南部西岸附近，涨潮流向东，落潮流向西，流速1.8 kn；在南部东岸附近，涨潮流向西，落潮流向东，流速1 kn。

海流　该岛附近海流流向与流速不定，由西南方接近该岛，常被流压西方或者东方。

气象　该岛属亚热带气候，终年温暖湿润，年平均气温22℃，夏季最高32.2℃，冬季最低4.4℃。夏季多东与东南风，冬季多东北风，风力较强。常有台风过境。年平均降雨量2 000mm以上，多阴雨天，5—8月湿度最大。

表4.29　冲绳岛周边岬角、岩礁空间分布特征

名　称	方　位	特　征
伊江岛	备濑埼西部附近	冲绳岛近岸最大岛屿，其东岸向东有珊瑚礁向海延伸
冲绳岛西北角	边户埼—谢名湾	岛岸10 n mile范围，为向外延伸的礁脉0.4~1.5 n mile浅水礁滩
谢名湾	赤北埼南偏西5 n mile处	封闭小海湾，湾口有岩礁，向外延深0.5 n mile为浅水区
水下浅滩	宫城岛西偏南1.2 n mile处	向西南延伸1.3 n mile，宽1.5 n mile，水深1.8~8.2 m浅滩
水下浅滩	宫城岛以西1.5 n mile处	有向西延伸1.5 n mile，宽0.7 n mile，水深1.8~5.4 m浅滩，其中有两个大的干出或适淹珊瑚礁，由此南端以南0.27 n mile范围内，为水深8.6 m的浅水区

续表

名　称	方　位	特　征
伊　礁	古宇利岛北端以北 3.7 n mile	该礁周边陡峭，最小水深 14.6 m
岸　礁	运天港至备濑埼海岸	该岸段距岛岸 0.2 ~ 1 n mile 范围内有岸礁
水下浅滩	伊科斯科山东南 2.3 n mile	有水深 19.5 m 的浅滩
孤立浅滩	残波岬南偏西距岸 0.5 n mile	系最小水深 5.4 m 的孤立浅滩
干出珊瑚礁	残波岬以南 4.1 n mile 处	该珊瑚礁呈圆形，直径约 800 m，距岛岸约 1 n mile
浅水礁滩	牧港周边距岛岸 1.6 n mile	多浅滩与礁石
珊瑚礁滩	大岭埼附近	该礁滩从大岭埼向南偏西延伸距岸达 1.3 n mile。外缘北侧有干出 0.9 m 的孤立礁大濑
沙质岸	大岭埼至喜屋武埼岸段	长达 7 n mile，而干出珊瑚礁从该岸段延伸到距岸 1 ~ 2 n mile，礁上有数个小岛，礁外缘附近有多个险滩
乌瓦姆基险滩	濑长岛西偏南方 1.5 n mile 处	周围陡峭，最小水深 3.2 m，由此有呈南北延伸的礁脉长 0.8 n mile，上有浅水礁头，最浅水深 3.2 m，礁头之间水深 10 ~ 20 m
姆基险滩	乌瓦姆基险滩以南 1.2 n mile	该险滩呈南北长 500 m，最小水深 0.2 m，上有浪花
伊保岛	濑长岛南偏东方 1.7 n mile 处	该岛系距岛岸 0.8 n mile，高 2.4 m 的小岛
冈波岛	伊保岛以西 0.9 n mile 附近	该岛为高 4.3 m 的小岩岛
鲁坎礁	喜屋武埼西偏北方 6.5 n mile	系南北长 1 n mile，最宽达 0.7 n mile 的圆形孤立礁，上有数个干出岩礁，该礁外缘有数个浅滩，而其外侧陡峭
安田小岛	安波泊地南角东北方 2.8 n mile，距岸 0.3 n mile 处	位于从岛岸向东南延伸 1 n mile 的珊瑚礁上，该岛呈西北—东南走向，向海边缘陡峭，并邻近 1 n mile 内时有激潮

(2)伊平屋列岛

该列岛系冲绳群岛最北的列岛，位于与论岛以西 21 n mile 处。它由伊平屋岛、野甫岛、具志川岛、伊是名岛、屋那坝岛以及若干小岛组成。

伊平屋岛　该岛系伊平屋列岛最北端的岛屿，呈东北—西南走向，长达 14 km，最宽处 2.8 km，岛峰贺阳岳高达 294 m。岛岸多被珊瑚所环绕，岛岸以外多处有岩礁。

野甫岛　为一直径 1.5 km 的平坦岛，位于米埼以西 0.5 n mile 处，并与伊平屋岛之间有礁脉相连，岛高 46 m。其被礁体所环绕，岛岸西、南两侧礁脉外延达 0.38 n mile，礁上发育有小岩岛，礁脉上水深 1 ~ 10 m 各处不同，但礁脉附近往往有激潮。

具志川岛　该岛位于伊平屋岛以南，系一东西细长而低平的小岛，被珊瑚礁所围绕，其最高处 28 m。从岛的东端向西北方延伸达 0.9 n mile 的珊瑚礁上，有数个小岩岛。该岛南、北有两个水道。

具志川北水道，其位于米埼与具志川岛之间，最小水深约 11 m。这里涨潮流向西，落潮流向东，约在高、低潮时转流，潮流很强，流速有时达 2.5 ~ 3 kn，并发生激潮。

具志川南水道，其位于具志川岛与其以南伊是名岛之间，水深 21 ~ 29 m，但水道两侧有珊瑚礁延伸。这里涨潮流也向西，落潮流向东，约在高、低潮时转流，潮流同样强，流速有时达 2.5 ~ 3 kn，并发生激潮。

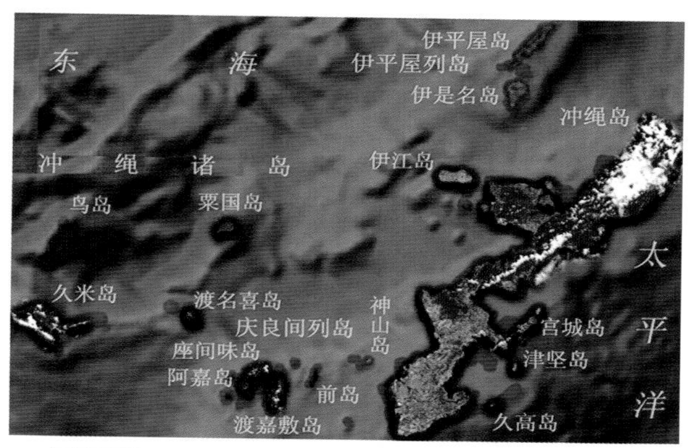

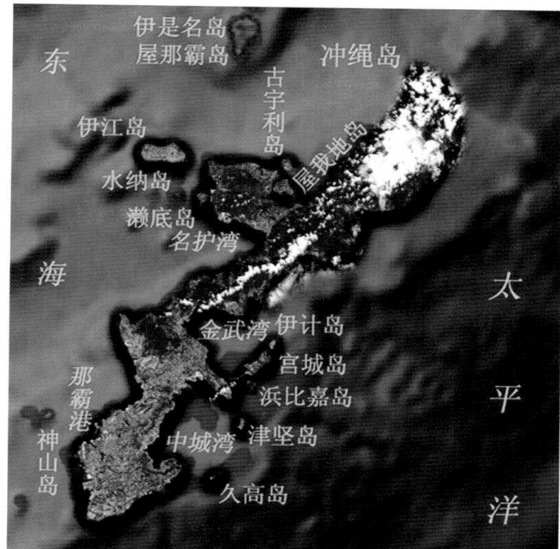

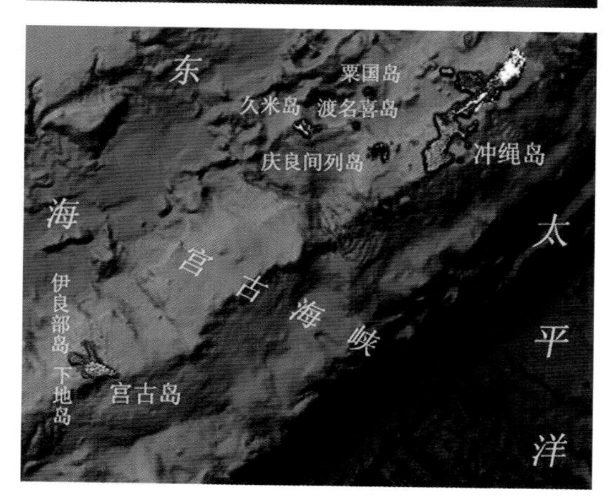

图 4.24　冲绳岛、伊平屋列岛、庆良间列岛等及其岛间海峡水道卫星遥感信息处理图像

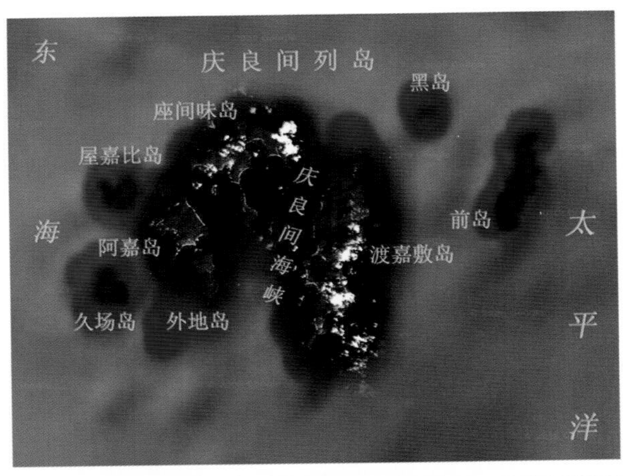

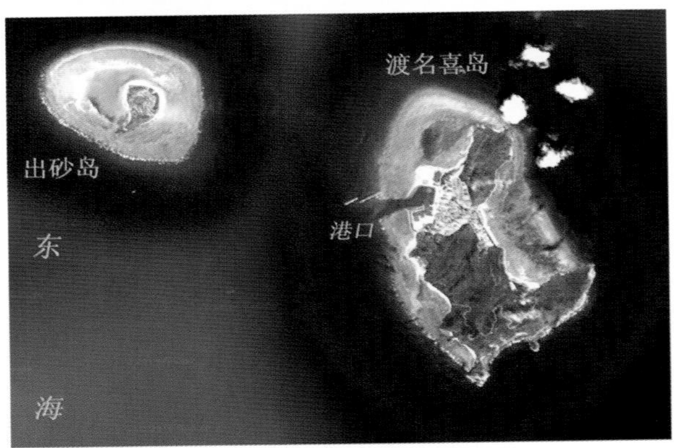

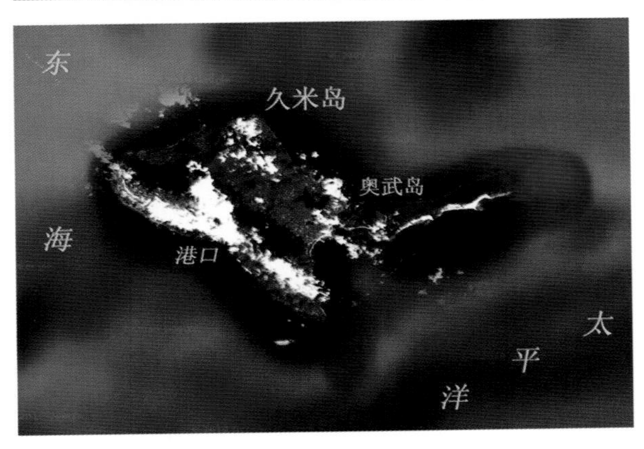

图 4.25　庆良间列岛、渡名喜岛、久米岛等及其岛间海峡水道卫星遥感信息处理图像

伊是名岛　该岛位于具志川岛以南，呈以直径达 4 km 的圆形岛屿，岛峰在其西南部，高 129 m，岛上林木茂盛。珊瑚礁环绕该岛，上发育有几个小岛和岩礁，岛岸除东南外，余之倾斜度小。另有高达 22 m 的愚龟岛位于城埼东北方近 700 m 处，它系伊是名岛岸边珊瑚礁延伸的顶端。

屋那坝岛 该岛系伊平屋列岛中最南端,高16 m的低平岛,它也被珊瑚礁所环绕,其中东南侧到距岸0.38 n mile为干出滩,而其西侧向北延伸的珊瑚礁滩上则有数个岩礁。

(3)庆良间列岛

该岛位于冲绳岛以西,由前岛、渡嘉敷岛、座间味岛、阿嘉岛、庆留间岛、外地岛、屋嘉比岛、久场岛与其他一些小岛组成。其中,渡嘉敷岛最大。该列岛上多陡峭山地,林木茂盛,并多山溪。在其以东几个岛屿称为前庆良间。岛西侧水道称叫庆良间海峡。

该列岛间潮汐属不规则半日潮。

前岛 该岛位于庆良间列岛最东部,系长3 km,宽0.8 km,面积达2 km^2狭长小岛。处于中部的圆锥形岛峰,高132.8 m,岛上低矮林木茂盛。岛岸多为沙砾质海岸,并有珊瑚礁所环绕。

黑岛 该岛位于前岛西北约3 n mile处,岛峰高达126 m,林木茂盛,岛岸陡峻。其南北附近分布有几个小岩岛。但在该岛与前岛之间的水道中央,有一名叫乌奇赞屿岩的高达6.1 m岩礁。

渡嘉敷岛 该岛为庆良间列岛主岛,位于列岛中部,系长9.2 km,宽2.8 km的狭长小岛。岛上山脉呈南北走向,北高南低,岛峰阿嘉真山高达240 m。其附近分布有若干小岛如自志布岛、自律留岛、地自律留岛等

座间味岛 该岛位于庆良间列岛北部,系长5.3 km,宽2.9 km,面积达8.48 km^2的长形小岛。岛上地势陡峭,其中间由一低地峡将该岛东西部分相连,位于东部岛峰高达160.7 m,岛上林木苍郁。

该岛岸曲折,北岸多断崖,南岸则多沙质岸,沿岛岸由珊瑚礁所环绕。该岛附近也有一些小的岛礁,如嘉比岛、安庆名敷岛、安室岛、牛礁与平礁等。

阿嘉岛 该岛位于座间味岛西南方,长3.8 km,宽2.8 km,面积近5.6 km^2,地势也呈北高南低,其西北部的岛峰高193 m,这里林木茂密。岛岸多为沙质岸,也多突出岬角,其周围被珊瑚礁所环绕。附近有伊释迦释岛、庆留间岛等。

外地岛 该岛位于庆留间岛南侧,并与庆留间岛由礁脉所连,岛高76.2 m,在其南端向南延伸0.5 n mile礁脉上,有若干小岛与岩礁,而该岛周边有一些小的岛礁,如奥武岛与下岩等。

屋嘉比岛 该岛位于阿嘉岛西北方,岛峰高达214.4 m,岛岸多系陡峭的,其周边被珊瑚礁或浅滩所包围。礁脉从岛的北端向西—北方延伸0.11 n mile,由此向外有几个干出礁石,再往外水变的陡深。

久场岛 该岛位于庆良间列岛最西部,屋嘉比岛以南约2 n mile,岛峰高270 m,其北岸与东岸系珊瑚礁所环绕,而其周边0.3 n mile以内多有明礁分布,但其宽达300 m的沙质岸,则分布在西岛岸中部,木濑埼南侧,沿岸水较深。

(4)庆良间列岛西北诸岛

该诸岛包括粟国岛、渡名喜岛、久米岛与鸟岛等。

粟国岛 该岛位于冲绳岛的残波岬西北西方28 n mile处,呈东北—西南走向,长达4.2 km,最宽3 km,面积为6.69 km^2。其略呈三角形,地形东高西低,在西南端的岛峰高95.8 m。岛岸多珊瑚礁,其中东岸有礁脉向海延伸达0.5 n mile,而西岸却是陡峭多岩壁。

渡名喜岛 该岛南端位于26°20′59.03″N,127°08′44.22″E;粟国岛南南西方13 n mile

处，呈南—北走向，形似驼峰，其南端附近岛峰高181m，面积达3.2 km^2。岛的北岸与西岸系沙质岸，并有珊瑚礁向海延伸达0.5 n mile。周边岛岸多岬角。

其周边也有许多小岛礁，如位于渡名喜岛北端以西2.3 n mile的出沙岛，高28 m，并被延伸距岸0.5 n mile珊瑚礁所包围，并且该小岛北岸为低平沙质岸，它与渡名喜岛之间有一宽达1 n mile的，水流湍急的狭长水道。

该岛西北附近涨潮流向北，落潮流向南，约在高、低潮时转流，流速2～2.5 kn。

久米岛 该岛东南端位于26°17′34.25″N，126°48′42.90″E；系冲绳群岛最西边的一个岛屿，东—西或南—北皆长达12 km，面积近55 km^2，岛顶呈马鞍形，南、北高中间低，在北部的岛峰高326 m。岛岸南、北为悬崖，东、西岸相对低，几乎由珊瑚礁所环绕，且该岛多处岬湾相间。

该岛东部御神埼附近潮流，由低潮后约3 h到高潮后约3 h为涨潮流，流向北北西，流速2.8 kn；由高潮后约3 h到低潮后约3 h为落潮流，流向东南，流速3.3 kn。

鸟岛 该岛系久米岛北北东方约14 n mile，高25 m，平顶的孤立小岩石岛。

2. 冲绳群岛中海峡与水道

(1)宫古海峡

该海峡属琉球群岛中最宽的海峡，其位于冲绳岛与宫古群岛之间，呈西北—东南走向，长达145 n mile，一般水深100～500 m，最大水深千米以上，其大部分水域被500 m等深线所包围，但等深线却呈东北—西南走向，深达1 800 m以上的冲绳海槽与琉球海沟分别位其西北侧和东南侧。

海峡中的浅滩，特别是3个较大的浅滩分隔成诸多水道，如位于海峡中央略偏西南，长达41 n mile，东西最宽29 n mile，一般水深100 m以上，而其西侧最浅为30 m，底质系珊瑚与贝壳的这一浅滩，与宫古岛之间形成一宽约14 n mile，水深350 m以上的深水道；另位于上述浅滩东北约6 n mile的一个圆形浅滩，则呈东北—西南走向，最宽达10 n mile，水深110 m以上，同时有数据表明这里最浅水深18 m，底质为珊瑚和贝壳，与其相邻的东北方24 n mile处有一南北长达13 n mile，东西最窄约1 n mile的海参形浅滩，它与圆形浅滩之间最大水深为350 m以上。

该海参形浅滩与冲绳岛之间的深水道水深通常为500 m以上，最大水深则大于1 800 m，500 m等深线彼此相距达19 n mile之宽。

潮流 涨潮流向东北，落潮流向西南。

透明度 海峡中透明度达15～26 m不等。

气象 这里雾日以3—4月份较多，频率近0.8%；冬季以北风为主，东北风次之，夏季以南风为主，西南风与东南风次之。(详情参见本书第129页)

(2)庆良间海峡

该海峡位于渡嘉敷岛与其西侧诸岛之间的水道，长6 n mile，宽达0.8 n mile以上，水深60 m左右，险礁分布主要在其西侧，如南北长400 m，最小水深1.8 m，西侧水深14.6～20 m，东侧水深25～31 m的麻茶武礁；又如北平礁、平礁与托姆莫亚礁等也系该海峡西侧的险礁，对此前已祥列，就不在此赘述了。

潮流 海峡内涨潮流向北，落潮流向南，沿岸附近流速1.5 kn。

（3）阿嘉海峡

该海峡位于嘉比岛、安庆名敷岛、安室岛、名礁与阿嘉岛、庆留间岛之间，其中，嘉比岛与阿嘉岛北端之间最狭窄，可航宽度小于 350 m。

第十节　先岛群岛、大东群岛与海峡

1. 岛礁及其周边水文气象特征

该群岛位于琉球群岛最西南部，它由宫古列岛与八重山列岛组成。其周围的岩礁被海草覆盖难以辨认。

该群岛周围涨潮流向北，落潮流向南。

这里东北季风多偏北风，冬季风强；西南季风多偏南风，夏季，尤其是 5—7 月风力弱。同时该群岛附近常有台风发生。

（1）宫古列岛

该列岛位于先岛群岛东部，水深超过千米的深海将其与冲绳岛分隔。但其被水深 200 m 以上的海槽分隔成东、西两部分，并各自位于一个独立的岛架上。其中东部包括宫古岛、伊良部岛、下地岛、来间岛、池间岛与大神岛等；西部包括水纳岛、多良间岛等。

宫古岛　该岛东南端位于 24°43′7.62″N，125°28′9.08″E；宫古海峡南侧，为琉球群岛第八大岛。

该岛系宫古列岛主岛，呈三角形，长 31 km，宽约 10 km，面积达 148 km^2，全岛地势较平坦，由石灰岩形成。东北部为高度通常 100 m 的丘陵地，西部为珊瑚礁台地，中部有全岛最高达 109 m 的山岳。岛岸弯曲不大，港湾少。其中东岛岸的世渡埼至东平安名埼多为沙质岸，间有砾石岸段，南半段内侧多陡崖，沿岸有干出的珊瑚礁；南岸东半段系岩石陡岸，岸外陡深，西半段多砾石岸，这里珊瑚滩宽达 0.59 n mile；西岸多沙质岸滩。同时，在该岛周围，尤其是西部，有许多小岛、浅滩与礁石。

这里潮汐属不规则半日潮。气候温和，年平均气温 23℃，1 月、2 月平均气温 18℃，7 月最高达 28℃，年平均湿度 80%，年降雨量 2 200 mm，年降雨日达 210 天；春秋为雨季，多东北风，夏季多西南风。

伊良部岛　该岛位于宫古岛西方，长 8.5 km，宽 5 km，面积达 28 km^2，其地势从东北向西南逐渐变低，在其东南端悬崖上的岛峰，高达 89 m，环岛被珊瑚礁所包围。同时该岛与下地岛以及来间岛之间有大片险恶礁滩。

下地岛　该岛西北端位于 24°50′5.17″N，125°08′8.84″E；宫古岛正西处，紧挨着伊良部岛。

该岛是呈西北—东南走向的小岛。作为琉球群岛的组成部分，下地岛可以被看做第一岛链的一环，视其为可起到监视和封锁宫古水道作用。

在自身强度上，下地岛长约 5 500 m，宽约 2 700 m，面积不足 15 km^2，地势平坦。从自然条件看，下地岛地辐非常有限，甚至没有充足的淡水供应，更缺乏必要的防护方面的自然条件。

在军事上，一个有效的战略立足点，通常是由一组相关的基地群组成，一个有力的基地也必须考虑攻防兼备，下地岛远离日本本土，并不具备不可取代的战略地理优势。

下地岛具有明显的战术价值，若从下地岛机场出战，到钓鱼岛的航程仅有 97 n mile，作战反应时间可缩短一半以上，并可增加在该战区上空的滞留时间，其军事意义是显而易见的。

下地岛对于日本海运航线可以起到屏护作用。其 3 条主要外贸航线中，东南和西南航线是其与东南亚、大洋洲、波斯湾、印度洋、地中海和欧洲等地保持贸易联系的航线，特别是从东南亚进口原材料、从中东地区进口石油是日本最大宗的外贸运输，是日本国民经济的大动脉。

诚然，日本将下地岛改为军事基地，其目的并不仅仅限于一般的战术用途，而有更大的战略含义。

水纳岛 该岛位于宫古岛以西 30 n mile 处，呈西北—东南走向，长约 2. 7 km，高达 7 m，低平的白沙岛。它被珊瑚礁所环绕，珊瑚礁从其西北端向外海延伸达 1. 3 n mile，东北端向外海延伸也近 0. 8 n mile，东北部的 10 m 等深线距岛岸 0. 8 n mile，另一些岛岸外珊瑚礁外缘地形较陡峭。在该岛的东北方约 5 n mile 左右，有一水深 8. 6 m，名为亚比浅滩的珊瑚礁滩。该外边则是水深 20 m 内，最浅水深 11m，西北—东南方向长 3. 6 n mile，最宽 2. 6 n mile的浅水区。该浅水区与水纳岛之间有一深水道。

多良间岛 该岛系一高 6 ~ 10 m 的低平小岛，它位于水纳岛东南方以南 4 n mile 处，东西长 5. 6 km，宽 4. 4 km，陡峭的岛岸外被珊瑚礁所环绕，珊瑚礁向外海延伸可达 0. 5 n mile。

该岛与水纳岛之间水道的潮流，从低潮后约 3h 到高潮后约 3h 流向西，流速 1. 5 kn；从高潮后约 3 h 到低潮后约 3h 流向东，流速为 3 kn。

另有，来间岛、池间岛与大神岛等，就不在此一一赘述了。

(2)八重山列岛

该列岛位于先岛群岛西部，为琉球群岛最西边的一列岛屿。水深 400 m 的海盆将其与宫古列岛分隔，它包括石垣岛、竹富岛、小滨岛、西表岛、波照间岛、仲神岛以及与那国岛等组成。其中石垣岛与西表岛之间的数个小岛由珊瑚礁所连接。

石垣岛 该岛北端位于 24°36′37. 71″N，124°18′54. 21″E；八重山群岛最东部，为八重山群岛的主岛。

该岛形状不规则，形似螺丝扳子，呈东北—西南走向，长 35 km，宽约 19 km，面积达 258 km^2，为琉球群岛中第六大岛。岛上南北地形有所差异，北部多山，南部为平坦地，中部的岛峰高 526 m。

该岛海岸类型较多，如东北岸为陡峭的石质岸，西南岸既低缓，并有沙质与卵石海滩，东南岸多沙质岸与珊瑚滩，西、北两岸多砾石与沙质岸。而该岛曲折多湾，湾内多暗礁，陡峭的岛岸多为石灰岩、火山岩或变质岩等，并被珊瑚礁所包围。

这里潮汐属不规则半日潮。平久保埼附近涨潮流向东北，落潮流向西南。

气候温和，年平均气温 23℃，1 月、2 月平均气温 19℃，7 月、8 月最高达 28℃，年平均湿度 80%，年降雨量近 2 200 mm，年降雨日达 208 天；夏季多南风，余之各季多东北风。

竹富岛 该岛系一低平小岛，位于石垣岛西南方，岛顶高 21m，除南岸为沙质岸外，均被珊瑚礁所环绕，在其东南与西北有向海延伸的珊瑚礁，而北端和东北端分布有数个孤立的

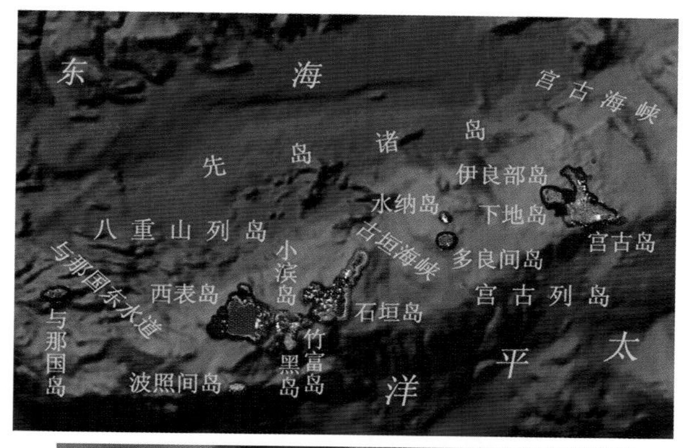

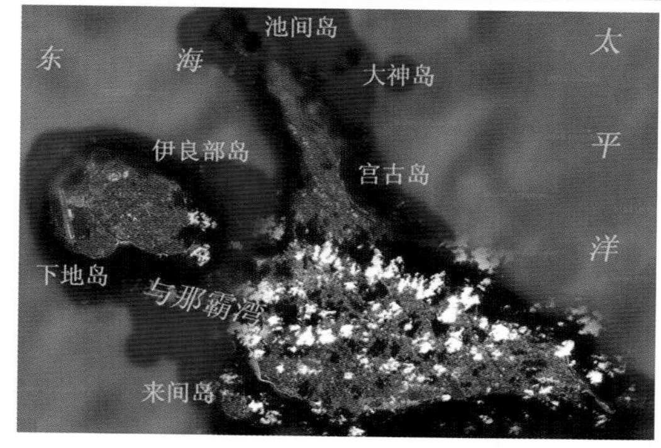

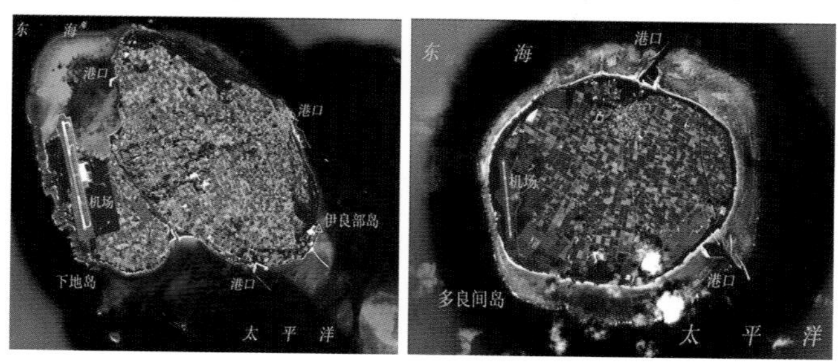

图 4.26　先岛群岛中宫古岛、伊良部岛、多良间岛等及其岛间海峡水道卫星遥感信息处理图像

岩礁。

西表岛　该岛西北端位于24°25′50.48″N,123°45′52.82″E;琉球群岛西南部,石垣岛正西,为八重山群岛中第一大岛,位居琉球群岛中第五大岛。

该岛呈不规则形状,形似长方形,长29 km,宽达19 km,面积322 km^2,岛上地势起伏高度在300~450 m,东部的岛峰高达469.7 m。

岛岸曲折多湾,除南岸西部外,多被珊瑚礁所包围,其中有的礁脉向海延伸1 n mile以上。各方位岛岸类型不同,如海湾与河口多沙质岸滩;东岸多宽度为1~2.5 km的沙质岸与珊瑚滩,滩外水浅;南岸为砾石岸,多系悬崖和珊瑚滩,其中东段较西段宽达1.5 km,滩外水深;西岸多为曲折的沙质岸滩,间有砾石岸与珊瑚滩;北岸则多为沙质岸滩,而其突出部多为砾石岸。

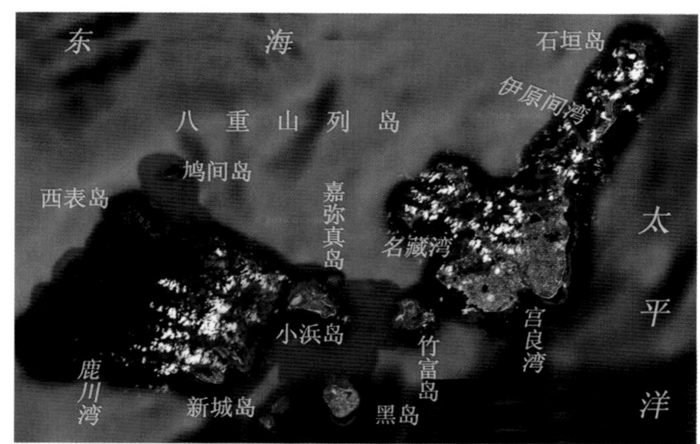

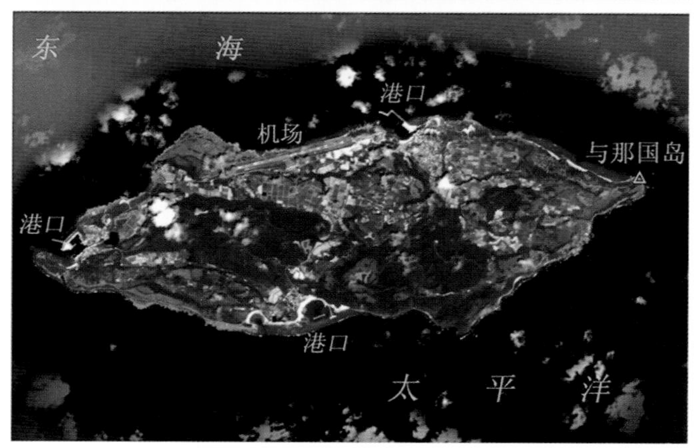

图 4.27　八重山列岛、波照间岛、与那国岛及其岛间海峡水道
卫星遥感信息处理图像

这里潮汐属不规则半日潮。从西埼到浦内湾口附近之间,涨潮流向西南,落潮流向东北。

气候温暖湿润,年平均气温 23℃,2 月平均气温 17℃,7 月最高达 29℃,年降雨量近 2 470 mm,7 月最少,9 月最多;夏季多南风,余之各季多东北风。

波照间岛 该岛位于西表岛以南 12 n mile 处，东西长 6 km，最宽处 3 km，岛中央的岛峰高 63 m，岛岸几乎系珊瑚礁所形成的边缘，该岛西—西北侧的珊瑚礁与浅水区向海延伸较远，即使距岸 0.5 n mile 处也有水深 2.7 m 的孤立暗礁。

与那国岛 该岛东端位于 24°27′44.91″N，123°02′33.58″E；系琉球群岛最西南部的岛屿。

该岛呈不规则形状，很窄的岛架被深为 400 m 的海台所垠砌。它隔台东海峡与我国台湾岛相望。其东—西长 11 km，最宽约 4 km，东部的宇良部山高达 231.3 m。珊瑚礁环绕着该岛，周边分布有多处岩礁，如靠近西埼、东埼和新川鼻附近海域有高出海面的岩礁。

还有小滨岛、黑岛、新城岛、鸠间岛与仲神岛等，也不在此赘述了。

2. 先岛群岛中的海峡和水道

(1) *石垣海峡*

该海峡系指宫古岛以西至石垣岛之间水域，其又分为东峡和西峡。

东峡为宫古岛西侧的下地岛与多良间岛、水纳岛之间的水域，宽达 25 n mile，200 m 等深线包围整个海峡，一般水深在 100 m 以上，纵贯海峡中央水较深，靠近两侧岛屿水较浅，海峡西部较东部略深，海峡北口亚比浅滩最浅水深 8.6 m。

西峡为多良间岛、水纳岛以西与石垣岛之间水域。宽仅 19 n mile，200 m 等深线之间相距约 12 n mile，一般水深 300 m 以上，海峡北侧较南侧深。

石垣海峡的雾日除 9—11 月外，余之各月均出现 1 ~ 2 次，其中以 6 月出现较多，频率 0.5%。

这里冬季以北风和东北风为主，夏季以南风为主，3—5 月南风逐渐增多，东南风与西南风次之。

(2) *水纳岛至多良间岛水道*

该水道系指以两岛岸珊瑚礁外缘之间，宽 3.4 n mile，30m 等深线所包围的水域，水深一般 20 m 以上，最浅的 18 m，底质为珊瑚。

该水道潮流特点，从低潮后约 3 h 到高潮后约 3 h 流向西，流速 1.5 kn；从高潮后约 3 h 到低潮后约 3 h 流向东，流速达 3 kn。

(3) *那良海峡*

该海峡位于小滨岛与西表岛之间，它系石垣岛和西表岛之间通过珊瑚礁的唯一水道。其南北长 3 n mile，水道曲折，水深 10 m 以上水域最窄处仅 200 m 左右。

该水道潮流很强，北流系从低潮后 3 h 到高潮后 3 h，流速 2.3 kn；南流则系从高潮后 3 h 到低潮后 3 h，流速 1.3 kn。

(4) *鸠间水道*

该水道系指鸠间岛延伸的珊瑚礁与西表岛海岸之间的水道，其最小宽度 0.7 n mile，主水道中央附近水深 31 ~ 47 m，水道两侧有许多孤立暗礁，而其中央南侧，即西表岛北端西埼以东约 2 n mile 处的白色珊瑚沙滩高达 3.4 m。

3. 大东群岛及其特征

该群岛位于琉球群岛最东部，它由北大东岛、南大东岛和冲大东岛组成。

(1)北大东岛

该岛系冲绳岛南端以东约 195 n mile,呈一半圆形隆起的珊瑚岛,东西长 5 km,最宽达 3. 4 km,环绕岛岸内为丘陵地带,中间为盆地,位于岛西北部的岛峰大神宫山高达 72 m。岛岸陡峭,从此外延 0. 11 n mile 处,水深达 20 m 以上,200 m 等深线距岸 0. 22 ~0. 49 n mile。

海流 该岛近岸海流向西,流速达 1 kn。

(2)南大东岛

该岛系一珊瑚岛,位于北大东岛南南西方,周边由珊瑚礁所环绕,中部低平,南北长达 7 km,东西宽约 5 km,岛岸为高 10 ~15 m 的石灰石崖,向陆纵深 1 km 内形成有高 36 ~60 m 的礁环,其内为潟湖。该岛礁环外陡峭,并无险礁,距岸 0. 1 n mile 水深达 20 m 以上,当距岸 0. 5 n mile 时,水深加大至 400 m。岛西南部浅水礁脉向海延伸达 0. 04 n mile。

潮流、海流 该岛沿岸附近有弱潮流。该岛附近海流向西,流速 1 kn 左右。

(3)冲大东岛

该岛为形似半圆台地,位于南大东岛以南 80 n mile 处,东西长约 1. 6 km,最宽 1. 1 km,其西北部的岛峰高 33 m。珊瑚礁环绕该岛,周边水深,距岸 0. 22 n mile 的水深就达 32 ~107 m。

潮流、海流 岛岸附近有弱潮流,而其西北端近处常出现激潮。岛岸附近常有海流流向西北,流速约 0. 4 kn。

气象 这里属亚热带气候,并属于琉球群岛中最温暖的岛屿。

第五章　东北亚边缘海空间融合信息特点

第一节　日本海基本自然条件

1. 概述

日本海系太平洋西部的边缘海,坐标:40°N,135°E。其位于日本列岛和亚洲大陆之间,南经朝鲜海峡与东海相通,北经宗谷海峡与鄂霍次克海相连,东经关门海峡与濑户内海相接,经本州与北海道之间的津轻海峡与太平洋相连。海域略呈椭圆形,南北长2 300 km,东西宽1 300 km,平均水深1 752 m,最大深度4 049 m,海岸长度约7 600 km,其中属于俄罗斯的岸段达3 240 km,面积约为97.8×10^4 km^2,容积为171.3×10^4 km^3。日本海海底以海盆和峡谷为主,海中没有大的岛屿与海湾。

日本海的水域有鞑靼海峡、宗谷海峡、津轻海峡、关门海峡、对马海峡与釜山海峡等6个海峡与外水域相通。

日本海的主要海流是往北流的对马暖流。它是从黑潮分离出来,经过朝鲜海峡流入日本海的。对马暖流的分支东朝鲜暖流,沿朝鲜半岛近岸北上,然后转向东,再与对马暖流相汇合,最后经津轻海峡流入太平洋,经宗谷海峡流入鄂霍次克海。另有由北往南的北朝鲜寒流、近海地区寒流和日本海中部寒流,在日本海中部与暖流相混合。

日本海的潮汐极小。日本沿岸潮差仅0.2 m,西伯利亚沿岸为0.4~0.5 m。朝鲜海峡,因与黄海及东海相邻,潮差约为2 m。

海域的水平衡主要取决于通过将它连接到邻近海域和太平洋两岸的流入和流出。几条河流排放入海,水体交换的总贡献在1%以内。

日本海北部,尤其在西伯利亚沿岸,11月开始结冰至翌年2月中旬冰区扩展到海的中部,5月各水域海冰消融。

日本海海水的特点是高浓度的溶解氧,呈现高生物生产力。因此,渔业是主要经济活动的区域。海域北部和东南部是丰富的渔场,为了海域的渔获引发不少领土纠纷。日、韩两国各自声称拥有独岛(日本称"竹岛")主权。海底带有磁性的海沙与油气资源,都是各国欲得到的重要矿物。为此,日本海的重要性就日益显著。

关于海域的名称争议,对于"日本海"之名的采用,韩国和朝鲜一直深表不满。韩国方面则一直宣称,"东海"之名已有几个世纪。韩国想使用"东海"、"韩国海"(Sea of Korea)等名称,而朝鲜则要使用"朝鲜东海"之称。

2. 日本海地质地貌特征

日本海位于日本列岛与亚洲大陆的朝鲜半岛与西伯利亚之间，四周被大陆架所围，日本海面积 $100 \times 10^4\ km^2$，是西北太平洋一个广阔的边缘海。如图 5.1 所示，从其东北至西南依次为日本海盆、大和海脊、大和盆地及对马海盆。大和海脊由陆壳物质组成。日本海与日本海沟、日本列岛组成一个完整的海沟 - 岛弧 - 盆地系统，是一个独特的地球物理、地质构造和地貌单元。盆地中心则以洋壳为底。热流值高而变率小，说明日本海是一个成熟的弧后盆地，扩张停止于中新世。

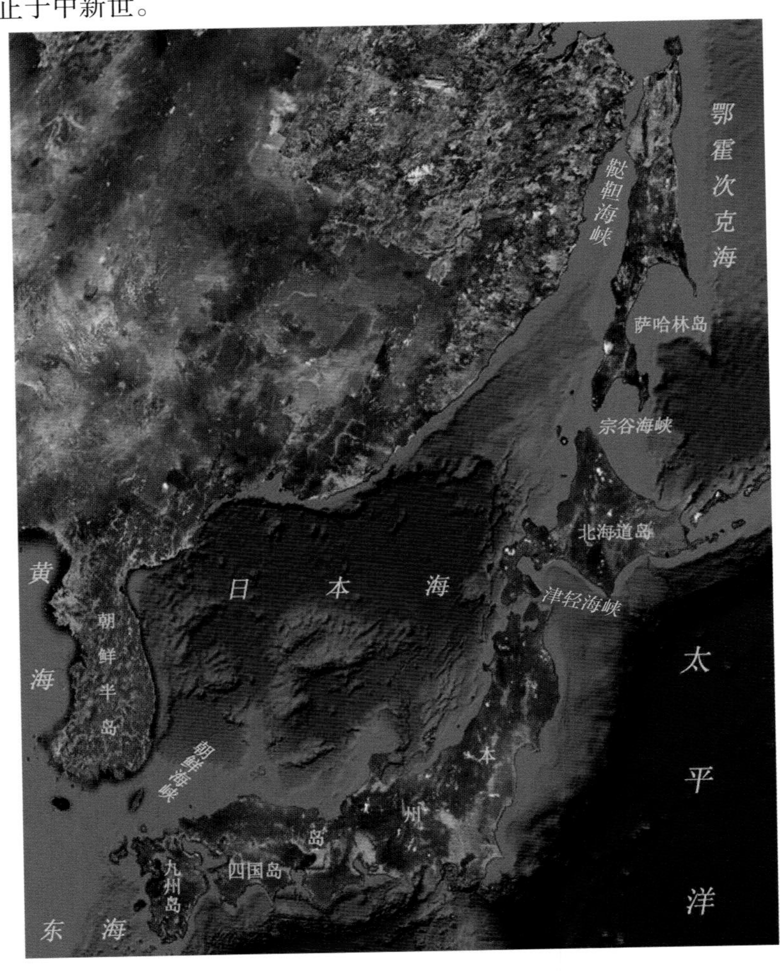

图 5.1　日本海卫星遥感信息处理图示

日本海深海盆最明显的特征是在北部和西北部这半个海域，水深均大于 3 000 m，无甚特色的海盆，称为日本海盆。从该海盆往南就较复杂，海底被大和堆和修普浅滩隔开，两浅滩之间又隔着一条深海槽。南部的海底还局部地分布着一些岛屿，如对马岛，本州岛南部西岸有隐岐群岛，韩国近岸有郁陵岛。

日本海海底以海盆和峡谷为主。日本海海底有一条日本海沟，系一深邃的海底洼地。

该海沟深度很大,其北部的塔斯卡罗拉海渊最深处达 8 513 m。

日本海仅有几处很浅的海峡与大洋联通，本州与北海道之间水深 130 m 的津轻海峡，北海道岛与萨哈林岛之间水深仅 55 m 的宗谷海峡；朝鲜半岛与本州岛之间最深可达 250 m 的朝鲜海峡;萨哈林岛与亚洲大陆间的鞑靼海峡水深仅 12 m 。日本海包括 3 个深海盆:北边是日本海盆,最深达 3 780 m ,该盆地被大和海脊一分为二;大和海脊与本州北海岸之间为大和盆地,其深度达 3 000 m;对马海盆位于朝鲜半岛与大和海脊之间,深度 2 000 m。

日本海海底主要是深水海盆,大体 40°E 以北为日本海盆,面积约占日本海的一半,大部分水深 3 000 m 以上,海底比较平坦。40°E 以南海底地形比较复杂,有海盆、海岭、海槽等,如东部的大和海盆、西南的对马海盆。海底沉积物除近岸带为泥、砂、砾、岩石碎屑等陆相物质外,主要是海相软泥沉积物。位于日本海的北部和西北部有日本海盆,是最主要的海盆,另外东南部是大和海盆,还有西南部的津轻海盆。日本海的东岸水深较浅,大陆架较宽;海的西岸,特别是朝鲜半岛附近的水域,大陆架的延伸约 30 km 左右。

日本海大陆架面积 28.4×10^4 km^2,约占海域面积 1/4,大陆坡分 500 ~ 1 000 m 和 2 000 ~3 000 m 两个海底斜面。大陆架宽度不一，陆架较短而窄,且发育得很不好。沿日本西岸,大陆架到 200 m 水深止,朝鲜半岛和俄罗斯东岸,大陆架到 140 m 水深止,这些大陆架被许多海底峡谷所切割。西部边缘,峡谷口端伸到 2 000 m 深度附近;东部边缘,峡谷口端伸到 800 m 深度附近。沿着朝鲜半岛东海岸向北延伸的陆架狭窄，一般小于 25 km,本州岛以西陆架直至隐岐群岛，为一连串的海脊继续向北伸展到大和海脊。44°E 以北地区海水较浅,有一条南北向狭长的鞑靼海槽。40°—44°E 之间,海底平坦,水深 3 000 m 以上,为日本海盆。北纬 40°以南,海底地形复杂,有海岭、海盆、海槽、海台和海底谷等。海峡一般都狭而浅,其最窄处和最浅处的宽度和深度分别为:鞑靼海峡 7.3 km 和 7 m;对马海峡 41.6 km 和 50 m。

证据表明,末次冰期(11000 ~8000 年前)海平面低水位时期,朝鲜海峡和宗谷海峡都被干露,在日本南部的岛屿曾发现印度大象的化石遗骸,北部也曾发现长毛猛犸的化石遗骸。

(1)日本海地质构造特征

一些学者通过对日本海地球物理场与地层的分析指出,日本海被南西向大和海脊一分为二，海脊距海平面 50 m。在海脊和本州岛北海岸之间是大和海盆,深度 3 000 m,海脊与朝鲜半岛之间是对马海盆,深度 200 m。而本州岛西北岸外陆架延伸越过隐岐群岛,一连串的海脊断断续续向北伸展,直到大和海脊。在日本海南端，大陆架延绵不断，然后沿朝鲜半岛东海向北，其陆架变窄,一般在 25 km 之内。

日本海海底年代不同的花岗岩类和火山岩类广泛发育，前者在以陆壳为特征的海底结构中占主要地位,在海隆陆架、陆坡和岛坡范围内形成巨大地块。玄武岩发育于海隆,也分布在大洋型地壳的深海盆范围。据地震资料，大和海盆是由陆缘物质组成，而日本盆地中心却以洋壳为底,地壳厚度约 10 km。基底上覆盖着 2 km 厚的沉积物，但多数埋藏在陆缘处。大和盆地洋底地形起伏不平,上覆薄薄的沉积层，向陆架方向逐渐变厚。

综上所述,可知日本海是西太平洋最典型的边缘海之一，不论在成因还是作为“微型”大洋都具有重要意义。同时,日本海具有特殊的海洋特征,上更新世沉积物有机碳比较丰富、陆架宽阔、沉积层厚,尤其是东部边缘陆架盆地富有远景油气储集。

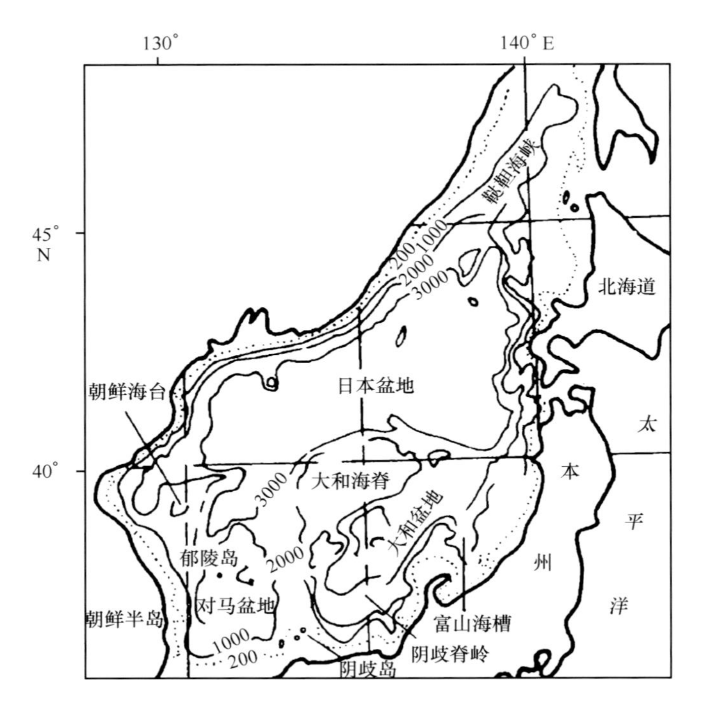

图 5.2　日本海水深与海盆空间分布图示(刘福寿,1995)

(2)气象水文与生态特征

气象　日本海属温带海洋性季风气候,蒸发强烈,西北季风带来了寒冷干燥的大陆性气流。每年 12 月至翌年 3 月盛行东北季风,有干冷空气流入日本海,形成降温和降雪天气。最冷月(1 月)平均气温北部为 -19℃,南部为 5℃。北部特别是西伯利亚近岸海域形成大量海冰,结冰期通常自 11 月中旬到翌年 2 月中旬,冰区扩展到海的中部,使航海受到严重障碍,5 月各水域都已无冰。6 月以后盛行偏南季风,暖湿气流使气温升高,形成充沛降水和雾(尤其北部)。8 月平均气温北部为 16℃,南部达 24℃。表层水温 18 ~27℃,在过去 50 年间,日本海北部的平均气温上升了 1.5 ~3℃。海域年降水量北部 600 mm,南部 1 200 ~1 500 mm。

水文　日本海表层水温最暖的 8 月达 18 ~27℃,最冷的 1 月为 -2 ~13℃,自北向南递增。由于海域东部有对马暖流以 926 ~1 852 m/h 的流速沿东岸北上,并从津轻海峡流入太平洋,从宗谷海峡流入鄂霍次克海。西部有利曼寒流以 370 m/h 的流速沿西岸南下,东部水温高于西部,如 2 月,本州岛附近海岸水温 5 ~10℃,而大陆一侧为 0℃;盐度东部高于西部,如本州岛沿海为 34.7,大陆沿海 32.8 ~34.1。日本海海流由沿东岸北流的对马暖流和沿西岸南流的利曼寒流组成,形成反时针型的环流系统。海流增大了海区表层水温的南、北间和东、西间的差异。

日本海海区因被陆地和岛屿包围,海域的封闭性,水域形成明显分层。在春、夏季以及热带季风气候,增加了海温深度梯度。北部海表层下降至 15 m,可能会升高到 18 ~20℃。及至 50 m 层海温急剧下降到 4℃,在 250 m 层慢慢地降低到 1℃,并保持如此下降到海床。与此相反,在南部 200 m 层的海温可以逐渐减小至 6℃,在 260 m 层到 2℃,在 1 000 ~

1 500 m 层到 0.04～0.14℃，而后底部附近上升至约 0.3℃。海域从北到南，盐度的深度分布相对恒定，盐度 33.7～34.3，属稍微低矿化度的海洋。海表往往是更多的海冰融化水和降雨。日本海的潮汐较为复杂，如朝鲜海峡和鞑靼海峡为半日潮。混合型潮汐发生在彼得大帝湾等地。潮差较小，一般为 0.2～0.4 m。沿日本海岸只有 0.2 m，西伯利亚近岸为 0.4～0.6 m，靠近朝鲜海峡处潮差可达 2 m。最大的波高为 8～10 m，台风的最大波高达 12 m。

海水呈现蓝色、绿色，透明度约 10 m。

生态资源　科学家指出，每年冬天，阵阵猛烈刺骨的寒流都会自俄罗斯东北吹来。连续几个月的冷风吹拂导致日本海水面形成一股稳定的下潜寒流。正如此，日本海表层的氧气需要这种海流的传输到达深层海域，深层海水中的微生物靠这些氧气把从表层沉落下来的有机物分解成氮和磷等无机物，无机物再随深层海水上升到海表层，成为藻类的营养来源。但鉴于日本海的深海流变弱，导致海洋表层物质与深层物质的循环越来越难以得到保证，导致日本海藻类浮游生物没有足够的养分，以浮游生物为食物的鱼类也随之减少。

鉴于日本海因有寒、暖流交汇，富浮游生物，水产资源丰富。相应的海洋生物种类较多，仅鱼类就约有 600 种左右，其中贵重的鱼类有：太平洋沙丁鱼、鲱鱼、比目鱼、鳕等。哺乳类中有白鲸、抹香鲸、蓝鲸等。此外，还有海驴、蟹类、海带等。

矿产资源有石油、天然气、磁矿砂等，如在秋田一带、萨哈林岛沿岸和南部对马海盆均有石油、天然气储藏。

另，据报，由于日本海特殊的水文特性造成了其对污染物处理能力有限。大量来自韩国的漂浮物及生活垃圾随对马暖流进入日本海，对日本海海岸环境及水中生态造成了难以恢复的破坏。俄罗斯废弃的放射性物质对深海环境造成极大的影响，又俄罗斯在日本海海域进行过量的石油开采，其石油泄漏问题也为日本海海域环境埋下隐患。

第二节　典型地段地理背景与现实

1. 符拉迪沃斯托克市(海参崴)

该市位于俄罗斯、中国和朝鲜三国交界处，距中国珲春市 180 km。是俄罗斯滨海边疆区的首府，俄罗斯远东太平洋沿岸最大的港城，天然的不冻港，扮演着军港、渔港、商港三种不同的角色。濒临日本海，控制鄂霍茨克海，是重要的军事要地。城市海岸线达 100 km。西伯利亚大铁道的终点。城市人口 591 800 人(2002)，总面积约 600 km^2，交通要塞，海陆空运输都很发达，为俄罗斯太平洋舰队司令部所在地，以及俄罗斯科学院西伯利亚分院远东分部、太平洋渔业与海洋学研究所及多所高等学校所在地。

该市北部为高地，东、南、西分别濒乌苏里湾、大彼得湾和阿穆尔湾。城市及港区位于阿穆尔半岛顶端的金角湾沿岸。金角湾自西南向东北伸入内地，长约 7 km。入口处湾宽约 2 km，水深 20～30 m，湾内宽不足 1 km，水深 10～20 m。金角湾南侧隔东博斯普鲁斯海峡，海湾四周为低山、丘陵环抱，形势险要。

该市海洋商港位于金角湾不冻海湾的西北岸上，码头总线包括 16 个深水码头。全长

4 200 m,深度 100 m 至 130 m。工业种类有修船、机车车辆、采矿设备、电子仪器、建筑材料、食品加工等。主要输出石油、煤、谷物,输入石油制品、鱼等。

该市是俄罗斯远东地区交通的枢纽,是联系滨海地区、鄂霍次克海、太平洋和北极各海的交通和过境运输站。远东区近海运输的中心和北冰洋航线的终点。该市是一个风景秀丽的疗养胜地,已成为仅次于黑海、波罗的海沿岸的第三旅游疗养胜地。

该市系温带海洋性气候特征。冬季受偏北风和东北风影响,寒冷湿润,降雪较多;春季到来较早;夏季受海洋气团影响,盛行东和东南风,雨量适中,有时有雾;秋季持续时间较长,时有台风。全年四季分明。冬季结冰期从 12 月上旬至翌年 3 月中下旬,夏秋两季多雾,其中 6—8 月平均有雾日一个半月。有时大雾影响航船进入港湾。

在对马暖流前缘和西部利曼寒流前缘沿岸河口附近,富有浮游生物,水产资源丰富,盛产沙丁鱼。鲭鱼、墨鱼和鲱鱼等。这里是俄罗斯远东区的海洋渔业基地。

该市在 1860 年前属中国领土,中国传统名为“海参崴”,因盛产海参而得名。清朝为吉林珲春协领所辖。1860 年《中俄北京条约》签订后被沙俄占领,改今名。斯大林统治期间,城内的几十万满族、汉族几乎全被杀或强制迁移,朝鲜人也被全部迁走。

金角湾 系一呈现喇叭状的海湾,被半岛与岬角所围,海湾长 7 km,宽约 2 km,水深 20 ~ 27 m,港口位于海湾尽头。

俄罗斯岛 彼得大帝湾内的一个俄罗斯岛屿,隔东博斯普鲁斯海峡与穆拉维约夫 - 阿穆尔斯基半岛所分开。

2008 年 9 月 3 日,俄罗斯总统梅德韦杰夫签署了一项命令,建设俄罗斯岛大桥,连接俄罗斯岛和海参崴。当它完成,将是世界跨径 1 104 m 最长的斜拉桥。

东博斯普鲁斯海峡 它将穆拉维约夫 - 阿穆尔斯基半岛与俄罗斯岛分开。连接阿穆尔湾和乌苏里湾。该海峡深达 50 m,长约 9 km,最窄处宽仅 800 m。

阿穆尔湾 彼得大帝湾西北部的海湾,长度 65 km,宽约 10 ~ 20 km,水深约 20 m。海参崴位于该海湾东岸,安巴河与绥芬河注入该湾。

彼得大帝湾 该湾系日本海最大的海湾,位于日本海西北部,面积约 6 000 km^2,位于俄罗斯滨海边疆区沿岸。

2. 鞑靼海峡

该海峡位于日本海北部,该名称因鞑靼族而得名,日称间宫海峡。其将东侧的萨哈林岛与西侧的亚洲大陆分开,并将北部的鄂霍次克海与日本海连接起来,军事战略地位十分重要。该海峡南—北长约 633 km,南北宽度不等,北部较窄,仅 7. 3 km,向南逐渐增宽,东西宽 7 ~ 342 km,水深一般在 210 m,230 m。鞑靼海峡的峡底地形崎岖,水深相差悬殊,最窄处 7. 3 km,浅处只 7. 2 m,黑龙江在此入海,结冰期从 11 月中旬至翌年 5 月中旬。

该海峡系暖流的天然通道,北部的鄂霍次克海寒流通过海峡南下,南部对马暖流越过日本海沿海峡北上,两支海流在该海峡中相遇,形成浓雾,尤其春、夏之交,浓雾弥漫。这里冬季气候严寒,出现两个半月左右的冰封现象,冰封前和冰消后海峡中还有浮冰。

该海峡中重要港口有苏维埃港、瓦尼诺港、亚历山德罗夫斯克港及霍尔姆斯克港等。沿岸有一些城市与适合建港的海湾。如奇哈切夫湾、瓦尼诺湾等。港区结冰期从 11 月中旬至翌年 5 月中旬。

鞑靼海峡产鲱、鲽、那瓦格鱼等。

3. 萨哈林岛

该岛最南端位于45°58′25″N，142°03′29″E；南隔宗谷海峡与日本北海道岛宗谷岬相对，黑龙江（阿穆尔河）出海口的东部，东面和北面临鄂霍次克海，西隔鞑靼海峡与大陆相望。系俄罗斯最大的岛屿。

该岛形似不规则鱼叉，呈南—北走向，地形狭长达944.86 km，东西宽6～156.74 km，面积约72 492 km^2。北部地势较低，中南部多山，最高点奥诺尔山高达1 330 m的西萨哈林山脉与最高点洛帕京山高1 609 m的东萨哈林山脉横穿萨哈林岛，将岛上两大平原分开。该岛由于地处环太平洋地震带，地震频繁。

岛上众多的河流达6 000条。其中，波罗奈河长达350 km、特米河长约330 km、维阿赫图河和柳托加河也各长130 km。并拥有湖泊约1 600个，以及众多的沼泽地。

岛上多在中南部设有港口、机场。森林资源有萨哈林冷杉、鱼鳞松、阔叶藤本松等，高山上有石桦灌木丛和偃松。并有石油、天然气、煤等丰富资源。渔业资源发达，水产大部分为蟹、鲱鱼、鳕鱼和鲑鱼等。

该岛属于大陆性气候，气候寒冷，夏季短暂且凉爽多雾，冬季长达6个月，冬天的平均气温在－24～－19℃之间。北部封冻达8个月之久。年降雨量平原地区500 mm，山地1 200 mm。

居住在该岛上的民族有俄罗斯人、乌克兰人、日本人、朝鲜人、鞑靼人、鄂温克人与雅库特人等，其中俄罗斯人占人口总数的80%以上。最大城市为南萨哈林斯克。

该岛历史上曾为中国领土，沙皇俄国通过1860年的《中俄北京条约》逼迫清政府割让该岛。此后年间，日本曾二次统治萨哈林岛全境。1945年，苏联夺得该岛全境至今。

4. 独岛（竹岛）

该岛的东岛东端位于37°14′24″N，131°52′19″E；西岛东端位于37°14′28″N，131°52′00″E。并在郁陵岛东南偏北48.12 n mile，隐岐诸岛中岛后岛西北部83.64 n mile处。韩国与日本均主张拥有该岛群的主权，韩国称之为独岛，日本则称之为竹岛，该岛实际由韩国占据。

该岛由东、西两个小岛及周围数十块礁石构成，西岛上最高点达169 m。其中，东岛面积为64 779 m^2，西岛面积达95 444.5 m^2。两岛附近尚有37个小岛，合计面积有15 907.5 m^2。所有岛屿的面积合共为186 121 m^2。虽然因其险峻多石，面积狭小，但周围广大的专属经济区的渔业和海底资源却十分丰富。

5. 图们江出海口

该河口位于42°17′41″N，130°41′55″E；日本海西北侧，图们江是中国、朝鲜和俄罗斯三国的国际性河流，至中国图们市折向东南，出中、俄边境之土字牌，经俄、朝之间注入日本海。

图们江口河段，因其所在地理位置及政治原因，至今仍是天然河流。中国于1990年和1991年，两次有一定规模的调查研究，获取了图们江有史以来的比较全面的基础资料和成果。

河口右岸为朝鲜丘陵平原地，没有高峻的高山，山势浑圆，植物茂密。河口左岸为俄罗

图 5.3　符拉迪沃斯托克市及其附近与鞑靼海峡、萨哈林岛卫星遥感信息处理图像

斯的湖泊沼泽地，湿地上遗留不少废弃河道和漓湖。中国吉林省延边朝鲜族自治州的珲春市紧临河口。图们江口外是窄陆架海区，水深 100 m 以外即为大陆坡，陆架宽仅 2.5 ~ 3.5 km，平均坡度为 1°39′40″ ~ 2°10′34″。

鉴于该河口区位于中、俄、朝三国交界处，东北亚的中心地带，具有明显的区位优势，该地区的开发能带动东北亚及附近国家的合作和发展。优势河口区河道具有较大的水深和足够的宽度；河口近岸海域水深较大，通向深水区航道短；河道稳定，河势良好，河口比较稳定；河口段及口外沿岸有建港的条件，河口区环境条件优良，森林覆盖率较高，基本没有污染。河口邻近区域自然资源丰富，如森林、石油、煤、铁、黄金等，淡水资源也相当丰富。

图们江口地区属中温带大陆性半湿润季风气候区，冬季寒冷、夏季温暖，冬季多西北风、夏季多东南风。气候温和，无霜期长，雨量丰富。多年平均气温 5.6℃，最低气温出现在 1 月份，平均达 -11.9℃；多年平均降水量为 742.7 mm，冬季降水量最少；多年平均风速 3.6 m/s，5—9 月以东南风为主。年平均径流量为 69.97×10^{8} m^{3}。

河口属不正规半日潮类型。河口海区基本属无潮海区，实测最大潮差 0.51 m，平均潮差 0.16 m。受日本海总环流的控制，河口附近海域余流主要是受里门海流的支配。

江口海域盐度 32.94～34.51，河口外有一淡水舌存在。5 月末至 6 月初水温基本一致，表层平均水温为 11.28～12.27℃。近岸水温较高，远岸水温较低。

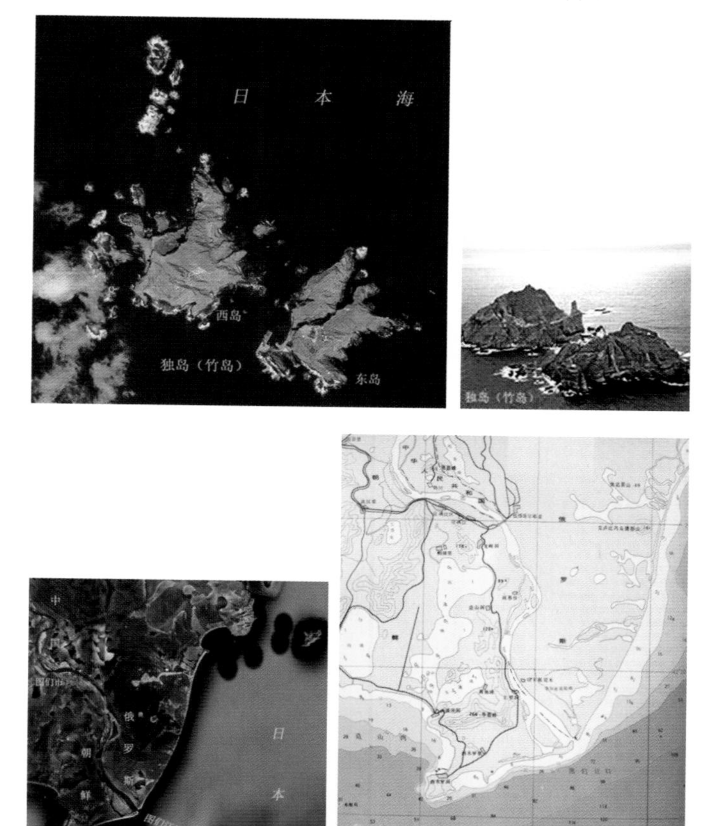

图 5.4　日本海独岛（竹岛）、图们江口卫星遥感信息处理图像与图们江口地图图示（朱鉴秋，1996）

河口区资源以珲春市及河口水域为主。矿产资源有煤矿、金矿，还有铅、锌等矿。经济植物有木材、人参、松耳、薇菜等，经济动物有梅花鹿、紫貂等。河口区有著名的大马哈鱼、梭鱼、滩头鱼、海豹等。

图们江河口区历史上隶属关系比较复杂，1991 年 5 月 16 日《中华人民共和国和苏维埃社会主义共和国联盟关于中苏国界东段的协定》中的第九条，苏方同意中国船只（悬挂中国国旗）可沿协定有关界点以下的图们江（苏联地图为图曼纳亚河）通海往指定航线航行。

2009 年 11 月《中国图们江区域合作开发规划纲要——以长吉图为开发开放先导区》经中国国务院发布,国内首个沿边区域经济发展进入国家战略规划。在联合国开发组织(VNIDO)的协调与促进下,图们江多国合作开发工程虽已启动,但举步维艰。

第三节 鄂霍次克海基本自然条件

1. 概述

鄂霍次克海为西北太平洋的一个边缘海,其西濒西伯利亚海岸,南起黑龙江河口湾,北至品仁纳河口,东以堪察加半岛和千岛群岛为界,南抵北海道岛,西南至萨哈林岛,在鞑靼海峡与宗谷海峡与日本海相连。该海域覆盖面积 1 583 000 km^2,平均水深 821 m。大陆沿岸大部分为高峻岩石岸,其间分布有注入该海的大河河口,如黑龙江、乌第河、鄂霍塔河等。海底由北向南和西南倾斜。北部和西北部为深达 200 m 的大陆架,约占总面积的 70% 的其余地区是深 200 ~1 500 m 不等的大陆坡。冬季海面出现浮冰。

图 5.5 鄂霍次克海卫星遥感信息处理图像

2. 地质地貌背景

已有研究表明,鄂霍次克海形成于 250 万年至 1 万年前的第四纪,经历多次冰川的进退。研究报导认为,它应是一个独立的板块,其北界与北美洲板块相接,东界以千岛-堪察加海沟与日本海沟、太平洋板块相接,南界以本州南海槽与菲律宾板块相接,西界与欧亚板块相接,西南界则可能和阿穆尔板块相接。

该海域北浅南深,北部近岸是大陆架,中央是大陆坡,南部萨哈林岛东侧和千岛群岛内侧是两个深水海盆。海盆边缘的千岛群岛位于地壳活动带。深水海盆主要有两个:在萨哈林岛东面为地形崎岖不平的捷留金海盆;千岛群岛内侧的千岛海盆为全海区最深的深海平原,东南部有著名的千岛海盆,最深处达 3 521 m。

海底坡度由北往西南下倾。按其地貌特征大致可分为陆架、陆坡和深水海盆。其中,近岸陆架占海区总面积约 42%,约宽 400 km,分布在北部和西部;中部是带状大陆坡,交替分布有海底洼地、海底高原与海槽,约占总面积 48% 以上。千岛群岛南部深海盆地占总面积约 9% 以上;海底沉积物,近岸带为粗砾、细砾和砂;陆架和岛架区主要为砂;深水海域沉积物则为粉砂质泥、粉砂黏土和泥质;千岛群岛地区的底质,一般多含火山碎屑物质,许多地方已形成各种粒度的凝灰岩沉积层。

千岛群岛周围海底常发生地震,并形成破坏力巨大的地震海啸,瞬间浪高高达 20 m,波长为数千米,传播速度为 400 ~ 800 km/h,尤其是给千岛群岛造成巨大的破坏。该海域有近 30 个活火山和 70 个死火山。

地形特点 岸线较平直,南北最长 2 460 km,东西最宽 1 480 km,总长 10 460 km,面积约 152.8×10^4 km^2,平均水深 838 m。北部有宽阔的大陆架,往南水深增加。中部水深 1 000 ~ 1 600 m,东部最深处达 3 658 m。沿岸大部高峻陡峭;堪察加半岛西岸、萨哈林岛和北海道岛北岸低平,多潟湖,岸线较平直。大海湾有舍列霍夫湾、萨哈林湾和捷尔佩尼耶湾等。水容量达 136.5 万 km^3,盐度 32.8 ~ 33.8。

气象 该海区南—北气候差异明显,北部处于高纬度,具有副极地大陆性气候,冬季严寒而漫长,从 10 月至翌年 4 月,海域气温非常低,夏季温暖而短促。1 月北部平均气温 -24℃,南部 -10℃;8 月北部平均气温 11℃,南部则为 17℃。在同一纬度上,东部又比西部高 10℃。年降水量 400 ~ 700 mm;南部为温带海洋性气候,年降水量 1 000 mm 以上。季风气候十分显著,冬季风从陆地吹向海洋,风力较大,持续时间也较长;夏季则多海风。秋季多强暴风,风速达 20 ~ 30 m/s,波高达 8 ~ 12 m。冬季海面出现大浪,大范围降温,大部分海区结冰。北部一般 11 月开始结冰,冰期持续到翌年 6 月,南部堪察加和千岛群岛为少冰区,冰期大多不超过 3 个月。

水文 海域冬季表层水温在 0℃ 以下,夏季 8 ~ 12℃。表层盐度 25.00 ~ 35.00,其中,海水表层盐度在萨哈林岛附近为 25.00 ~ 27.00,堪察加附近 32.00 ~ 33.00 中央部分 33.00;潮波由太平洋传入,潮汐以不正规全日潮为主。仅北部、西北部沿岸及珊塔尔群岛附近为不正规半日潮。潮差北大南小。品仁湾潮差可达 13m,珊塔尔群岛也可达 7 m,南部海区则仅 0.8 ~ 2.5 m。潮流则分半日潮和全日潮,流速因地而异,外海仅 5 ~ 10 cm/s,海峡和海湾口潮流可达 2 ~ 4 m/s。海区内呈现有不规则日潮、半日潮,最大潮差 12.9 m(品仁纳湾),流速约 7.5 kn;海流从该海域东北经中部、千岛群岛流向太平洋,与白令海来的海流汇合形成气旋式环流,形成千岛寒流(亲潮),南部局部地区有暖流经过。寒流和暖流交汇区形成浓雾;海域有表层水、中层水和太平洋深层水。0 ~ 150 m 或 200 m 层的表层水是冬季由海水垂直对流形成,温、盐特征值分别为 -1.7 ~ 0.6℃ 和 32.0 ~ 33.5。200 ~ 800 m 层中层水是由太平洋流入的上层水混合变性而成,其温、盐特征值分别为 0.1 ~ 2℃和 33.3 ~ 33.8。800 m 以深太平洋深层水由太平洋流入的深层水变性而成,特征为 2.4℃左右、低氧小于 1 ml/L,盐度范围为 34.3 ~ 34.4。

3. 生物资源

本海区海水中营养盐类较多,有利于海洋生物的繁殖。浮游植物量达 20 g/m^3,底栖生物全海区的总生物量达 2 亿吨。各种动物群中,以软体动物为最多,其次为棘皮动物和多毛类环节动物。大陆架海域渔业资源丰富,多寒带鱼类,较有经济价值的是堪察加蟹、蓝蟹和某些软体动物。鱼类约有 300 种,其中鲑鱼、鲱鱼、普鳕、鲽鱼等 30 种鱼类,均有重要经济价值。此外,还有抹香鲸、海狮和海豹等哺乳动物。

4. 沿岸港口

沿岸主要港口有纳加耶夫湾的马加丹港和鄂霍次克港。萨哈林岛的科尔萨科夫港以及千岛群岛的北库里尔斯克港和南库里尔斯克港等。

第六章　东北亚海峡通道要地

第一节　概　　述

海洋,广泛分布着纵横交错、形态各异、区位有别的海峡、水道及其两侧的海岛与海岬等,其地理位置具有最大的不可变性,其空间地理价值,往往凸显对海洋国家的军事活动、经贸往来具有持久、稳定和最直接的影响。为此,瞭望东北亚海域中,海峡水道多为边缘海－大洋连通型、岛间海峡,达数十个之多。其中,宗谷海峡、津轻海峡、朝鲜海峡、大隅海峡、宫古海峡等极为重要。在此,以其地理区位,顺序予以阐述。

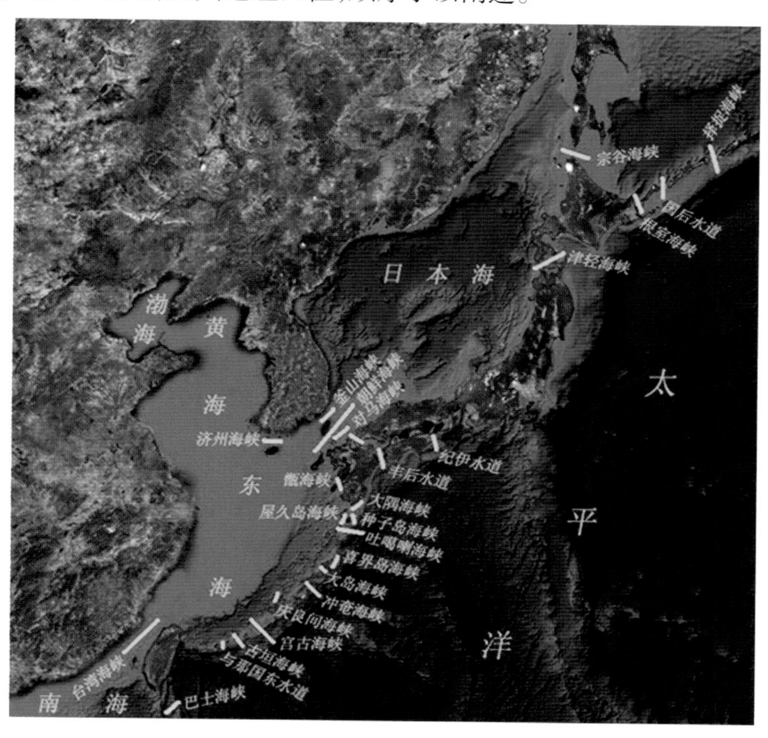

图 6.1　日本列岛与琉球群岛岛间海峡水道卫星遥感信息处理图示

已如所知,海峡地理因素所涉及的国际政治斗争内容是多方面的,如一个岛间水域会成为国际关系的中介物、纽带,抑或成为敌对国家势力之间的缓冲地带,乃至斗争的空间。诚然,海峡与其周围海域的浪、潮、流、海冰,以及气象要素等,既可成为军事活动的便利条件,也可成为一种阻碍。因此,海峡及其周边海域的地理特征,其影响可产生巨大的战略效应。但是,战略性事物的发展具有很强的时-空性及其较大的跨度,乃至不同的可控性,所以海峡的战略效应和影响大小有直接关联性。

第二节 宗谷海峡

宗谷海峡,又称拉彼鲁兹海峡,位于日本北海道岛和俄罗斯的萨哈林岛之间,扼日本海和鄂霍次克海的要冲,俄罗斯与日本之间的国际水道。是日本通向太平洋的北方出口,也是俄罗斯太平洋舰队出入太平洋的重要通道。

位置:地处鄂霍次克海西南侧与日本海东北部,界于俄罗斯萨哈林岛南端与日本北海道岛西北端之间。

归属类型:岛间海峡;边缘海-边缘海连通型;国际水道。

海峡特征:该海峡是第四纪初由岛架沉降而成。萨哈林岛南端克里利昂角到北海道最北端宗谷岬之间为海峡的最窄处,达23.24 n mile,海峡长54.59 n mile,公海部分仅3.2 n mile,海峡内水深为30~74 m,最深处118 m。海峡海底地形很不对称,50 m以上的深水区,偏向海峡北部,最大水深达74 m,深水区呈东北—西南走向。在海洋动力条件下,底质主要为砾贝、岩与粗沙等。海峡北侧的卡缅奥帕斯季岛的可航宽度为8 n mile,而北侧则为18 n mile。

海峡中的雾多出现在每年6—8月份,并且靠近克里利昂角的海峡北侧相对海峡南侧浓,影响通航。观测经验具体表现特征为:

- 多发生在6—8月,通常海峡北侧浓,南侧淡薄;
- 偏北风时雾少,偏南风时南侧少北侧多;
- 偏东南风时海峡狭窄部与偏西南风时海峡东部雾很淡薄;
- 宗谷海岬附近,3月不出现雾,4月稀少,日出前后至8 h左右发生,短时间内消散;5月份多发生在日出前后至8 h左右或降雨后时辰,4~5 h消散,多系淡雾;6月多发生在日出前后到正午,7月、8月多发生在半夜至翌日6 h;
- 雾发生时风向多为南东、东、北东,多系浓雾或淡雾,有时持续40~50 h。

气象 如图6.3与图6.4所示,宗谷海峡多年平均天气日数、风特征统计与暴风雪特征、多年气象要素平均值等。

水文 该海峡水文气象条件较为复杂,有2股海流,已有的认知为宗谷暖流源自对马暖流,暖流经北海道北部沿岸向东流向知床岬方向,继之分成几个支流,分别流向根室海峡、国后水道与北转至鄂霍次克海;另一是从鄂霍次克海南下的寒流沿海峡北岸流入日本海。

宗谷暖流流速呈明显的季节性差异,夏季可达3 kn,春、秋季转小为1.5 kn,冬季更是减弱。海峡中的流有海流与潮流合成,日周潮流较半日周潮流强,但其变化并非与潮流一致。最大潮差达1.5 m。南侧的海峡沿岸流入日本海,流速达1.5~3 kn;已如前述,鄂霍次克海南下的寒流,沿海峡北侧转向西流入日本海。导致了海峡南、北侧表层水温相差1倍之多,如每年8月份,南部为18℃左右,而北部则为7℃左右;在最冷月份,南部近2℃,北部则接近-2℃。

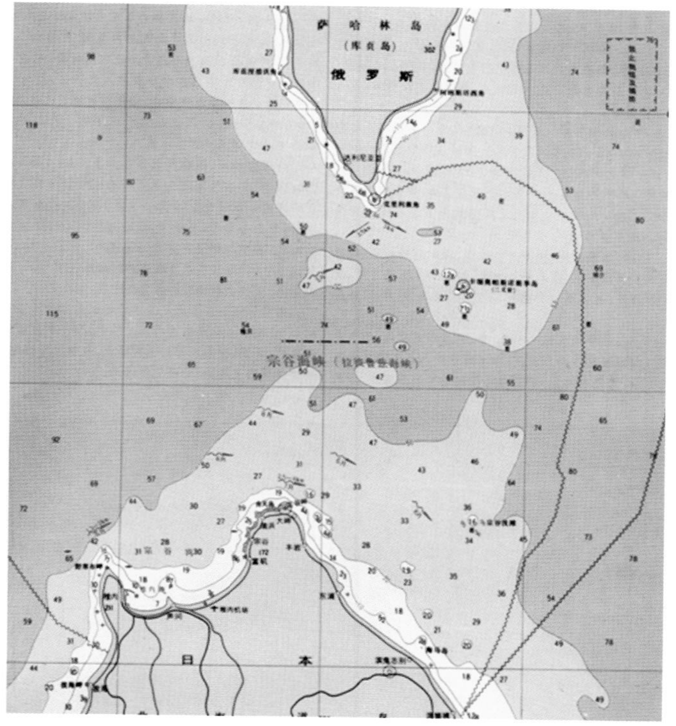

图 6.2 宗谷海峡的卫星遥感信息处理图像与海图图示(朱鉴秋,1996)

海峡内流冰多出现在 1—3 月,4 月、5 月初也时能见到,鄂霍次克海的流冰,常随东北季风漂移穿过海峡进入日本海,也时而封住海峡东口,6—8 月多雾,北侧较南侧大,向东逐渐减少,海峡南部的岸冰常年冰情严重。

海峡中的寒、暖流使海峡中北部海水的温度和盐度低于南部。6 月份北部水温为 5.5℃,盐度为 32.5;南部水温为 10~11℃,盐度为 34.1。8 月份北部水温为 5~8℃,南部为 15~20℃。最冷月平均水温北部克里利昂角为 -1.7℃,南侧宗谷岬为 2.1℃。海峡冬季多流冰,冬春多大风,夏季有浓雾,航行条件较差,但海峡西宗谷湾内的稚内为不冻港。北部的科尔萨科夫是俄罗斯远东良港之一。

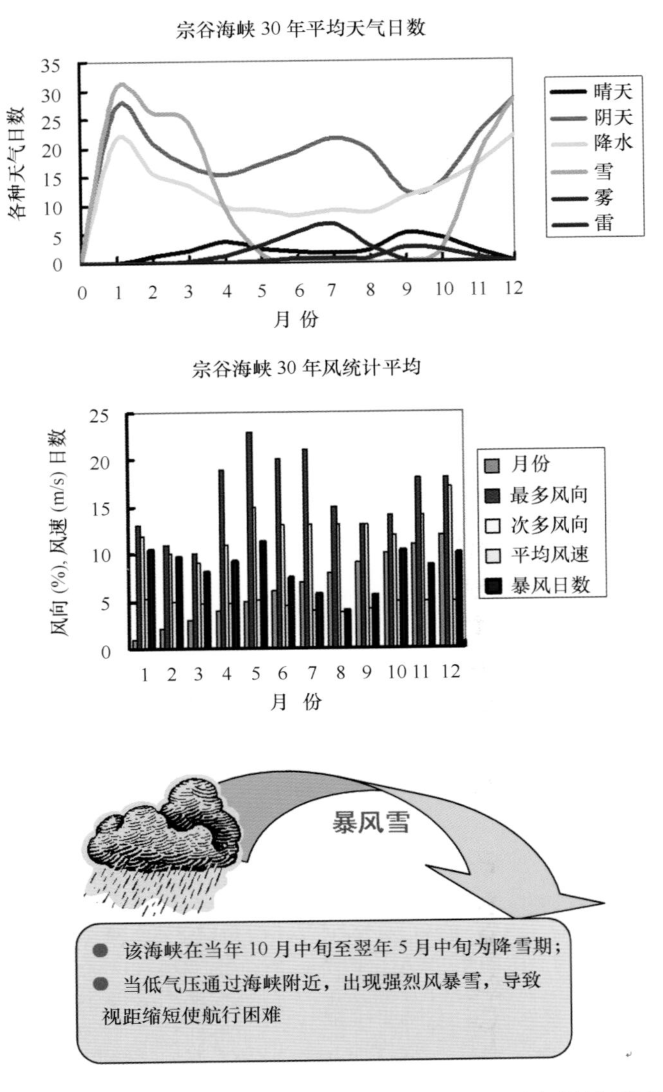

图 6.3　宗谷海峡多年平均天气日数、风特征统计平均与暴风雪图示

海峡附近主要水产有鲱鱼、海带等。

海峡两岸　北部有阿尼瓦湾内的科尔萨科夫港，南部有宗谷湾中的雅内港。

南侧的宗谷岬位于呈南北走向的半岛台地状丘陵的北端，沿岸低平，属沙质岸。近岸有礁脉延伸，向东水中散布有险礁。

北侧为萨哈林岛，中国传统名称为"库页岛"，战略地位极为重要。在此，有必要多述二笔，该岛系太平洋沿岸俄罗斯最大岛屿，西隔鞑靼海峡同大陆相望。南北长 948 km，东西宽 6～160 km，面积约 7.64 万 km^2，1985 年人口达 69.3 万。陆上北部地势低平，沿岸多潟湖，中、南部绵亘着东、西萨哈林山脉。温和的季风气候。冬季寒冷，1 月平均气温南部为 -6℃，北部为 -24℃；夏季凉爽多雾，8 月平均气温相应为 19℃。降水较丰富，平原地区约 600 mm，山地可达 1 200 mm。

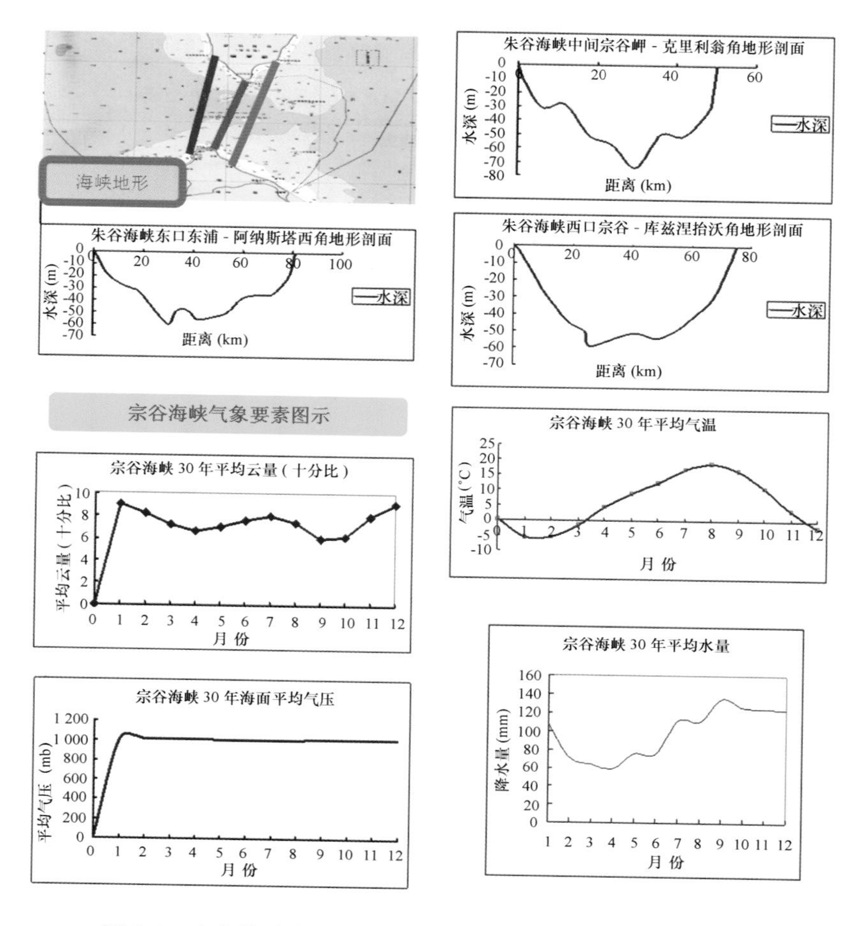

图 6.4　宗谷海峡海底地形剖面特征与多年气象要素平均图示

第三节　津轻海峡

津轻海峡为连接日本海与太平洋的通道,系日本列岛重要的海上门户之一,具有十分重要的战略意义。对俄罗斯来说,该海峡亦是其太平洋舰队由日本海出入太平洋的咽喉要道。

位置:北海道岛与本州岛之间。

归属类型:岛间海峡,边缘海 - 大洋连通型。

海峡特征:由轻津海峡北上,直通鄂霍次克海及阿留申群岛,东出太平洋,其交通和战略地位十分重要。海峡全年不封冻,是日本海北部唯一不冻的海峡。北海道的函馆及本州的青森是海峡内的主要港口。南岸陆奥湾内有大凑合青森军港,附近则有三泽空军基地。从符拉迪沃斯托克(海参崴)经津轻海峡到太平洋只有 800 km。因此,对俄罗斯来说,津轻海峡也是其太平洋舰队由日本海出入太平洋的重要咽喉要道。

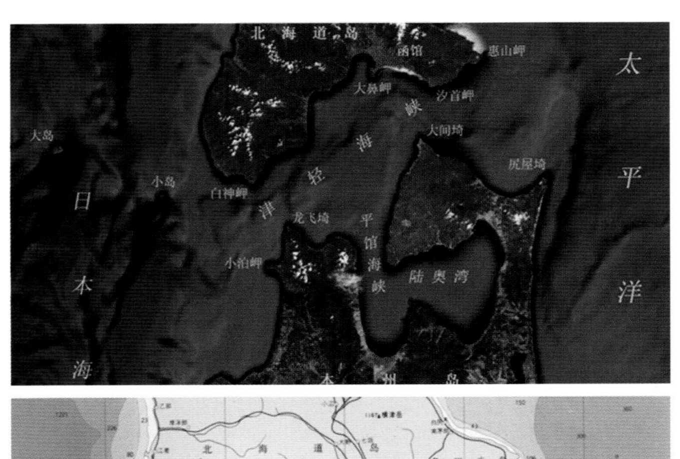

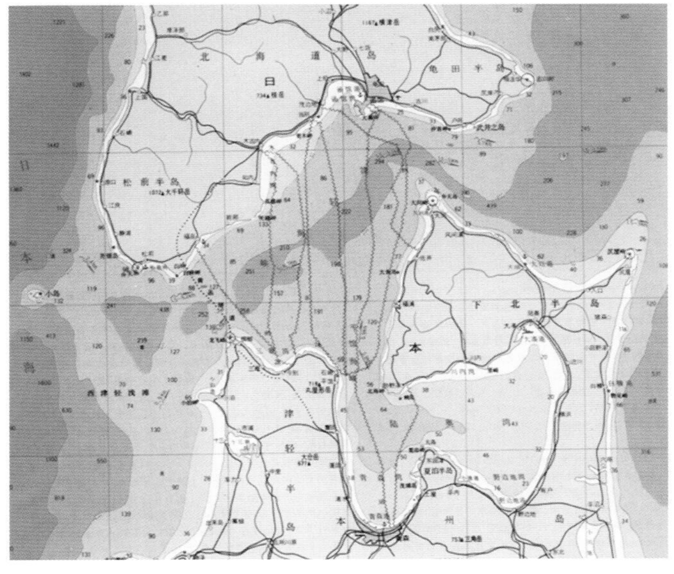

图 6.5　津轻海峡卫星遥感信息处理图像与海图图示（朱鉴秋，1996）

该海峡基本呈东北—西南走向，长达 72 n mile，宽窄各处不尽相同，范围在 10 ~ 40.54 n mile。两端狭窄，东端宽约 24.48 n mile，西端宽只有 10 n mile。海峡地形崎岖不平，东深西浅，西部最浅处 133 m，东部最深处 449 m。中央水道一般水深 200 m，最深处 521 m。海峡横向海底也是高低悬殊，如从龙飞崎到白神岬间，延伸着两个突起部分，其间为深度 280 m、350 m、450 m 的 3 个海底洼地。其中东端，南岸位于本州岛的尻屋崎与北岸位于北海道的惠山岬，之间为海峡东口，宽度达 26 n mile；而西端，南岸位于本州岛的龙飞崎与北岸位于北海道的白神岬，之间为海峡西口，海峡宽度东口是西口的 2.5 倍之多。已修建连接海峡两侧青森和函馆的海底隧道，全长 53.85 km，为世界上较长的海底隧道。提高日本南北交通运输能力，增强日本北部国防有重要意义。位于日本本州与北海道之间，是日本重要的海峡之一。沿岸大部为丘陵地，岸线曲折，多岬角和港湾。峡口两岸设有侦测监视网。南岸有大凑军港和青森港；北岸有函馆港。两岸交通主要靠龙飞崎与白神岬间的轮渡。

海峡海底地形极为复杂，海峡内浅于 20 m 的水深紧靠岸边，200 m 等深线大致平行于海峡两岸。峡底地形复杂，多海盆和海谷。北侧距北海道海岸 4.3 ~ 10.3 n mile，南侧距本州岛海岸 2.7～12.1 n mile。200 m 等深线范围内呈以狭长的、纵贯海峡的深水通道，水深多限于 200～250 m 之间，个别的水深超过 449 m 以上，最深达 521 m。由海峡东口－海峡中央清晰的呈现为海谷地貌，而海峡西口则分布有水深达 300 m 左右的海盆。

气象 年平均气温约 9℃。年降水量 1 200～1 500 mm。春夏多东南风，冬季多西风和风暴。该海峡强风以西—西北风最多，东—东南风与西南风次之。海峡附近有从东北方进入日本海的低气压引起的伴有雨、雪的，且各季节持续时间不尽相同的暖湿强风，称之为“山脊风”与船舶航行有着密切关系。

海峡中的海雾全年出现季节性差异较大，规律是 11 月至翌年 2 月基本无雾，6 月、7 月最多，7 月、8 月局部出现，海峡东口比西口多，北部比南部多。同时，伴随山脊风的侵袭海雾更浓。

水文 对马暖流从西向东流经海峡，流速 2～4 kn，在尻屋崎以东海面与千岛寒流相汇。表层水温夏季 20℃，冬季 7℃，为日本北部唯一不冻海峡。日潮潮差较小，自西而东大潮升 0.6～1.3 m，小潮升 0.5～0.7 m。津轻海峡的潮汐特点是日潮不等比面向太平洋北海道南岸稍小，海峡北岸高、低潮呈现潮时大致相同，而潮高却出现不等现象，高高潮后为低低潮。平均高潮间隙 4～4.5 h。

接近该海峡西口，来自对马暖流的主要分支进入津轻海峡称之为津轻暖流。该暖流处在冬季时，流出海峡东口时有南下趋势；处在夏季时，则抵达襟裳岬西南部约 40 n mile 处转流南下，此时流速可达 3 kn，远大于冬季流速。

由于海峡东、西口所处的太平洋与日本海潮汐差别大，海峡中出现显著的潮流。但由于海流强于潮流，东向的主流路径大致在海峡中央，流势呈夏强冬弱，沿岸则出现逆流区域。海峡中的流为海流与潮流的合成流。

海峡两岸 海峡北岸系北海道岛的南岸，呈东北—西南走向。沿岸多低、中山与岬角，如惠山岬、汐首岬、立待岬、大鼻岬、更木岬、矢越岬与白神岬等。而南岸则系本州岛北岸，海岸线走向呈似折线形，接近中段偏西，津轻半岛的东侧为平馆海峡及其内侧的陆奥湾，海岸山地连绵。由东向西岬角有尻屋埼、大间埼、福浦埼、烧山埼、大埼、明神埼、高野埼与飞龙埼等。

附近港口 函馆港、福岛港、松前港、小泊港、平馆港、大畑港、大凑港与青森港等。在此应予提到的是津轻海峡下面建有自青森到函馆的海底铁路隧道，全长 53.85 km，海底部分长 23.3 km，隧道高 9 m，宽 11 m，顶部至水面垂直距离 240 m，系目前世界上海底隧道之最。

第四节　朝鲜海峡

朝鲜海峡是对马海峡和朝鲜海峡的统称，沟通日本海与东海，中部踞有岛屿，使海峡的形势复杂、显要，是日本海进出东海和太平洋的咽喉。

位置：位于朝鲜半岛南部海岸与日本九州岛西北海岸及本州岛西南端海岸之间。

归属类型：岛弧－大陆之间的海峡；纺锤型；边缘海－边缘海连通型；两国领属型。

海峡特征：

朝鲜海峡其广义指日本九州西北部对马岛与壹岐岛间的东水道及对马岛与朝鲜半岛南

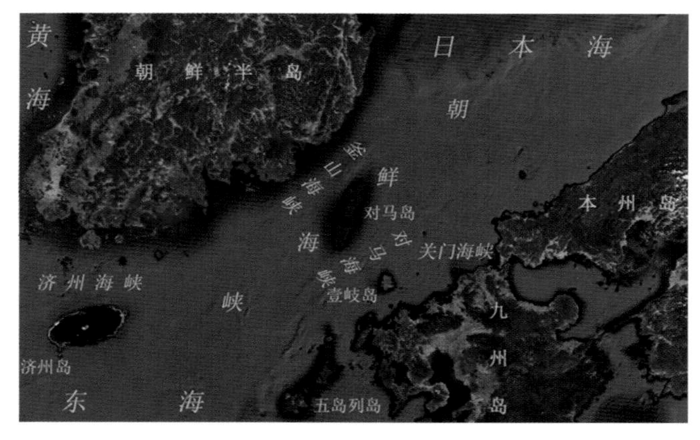

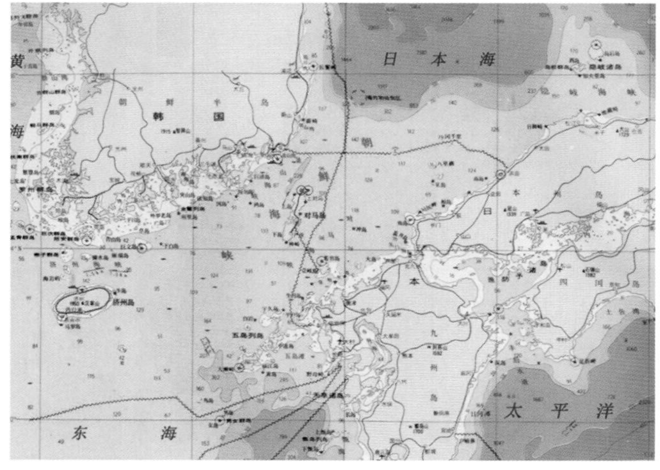

图 6.6　朝鲜海峡卫星遥感信息处理图像与海图图示（朱鉴秋，1996）

岸间的西水道。狭义指东水道，水域长 120 n mile，宽约 27 n mile，最窄处 25 n mile，深度 92 ~ 129 m，中部水深 100 m 以上。狭义的朝鲜海峡指朝鲜半岛与对马岛之间的水道，宽 36.22 n mile，平均水深 95 m。朝鲜和韩国均称为釜山海峡，日本则称为朝鲜海峡或对马海峡西水道。

位于东水道中部的壹岐岛又将该水道分为两部分：对马岛与壹岐岛之间的水域称对马海峡；壹岐岛与九州岛之间的水域称壹岐水道。海峡两端开阔，航路畅通。正如上述，朝鲜海峡地处东北亚地区海上交通的要冲，战略地位十分重要，历史上朝鲜海峡曾是重要的海上战场。最为著名的是 1905 年日俄之间在对马海峡进行的对马大海战。

该海峡中间较窄、两头较宽的海峡，呈东北—西南走向，长达 164.84 n mile，宽 97.30 ~ 151 n mile，水深大部为 50 ~ 150 m，平均水深约 90 m，最大水深 228 m。对马岛与壹岐岛将海峡分隔成东、西水道，其中的东水道系指对马岛与九州岛之间的水域，该水道又细分为界于对马岛至壹岐岛之间称对马海峡，宽约 98 km，平均水深约 50 m，最深 131 m。两水道最窄处各宽 46 km。海峡两岸陡峭，岸线曲折，岬湾交错，近岸多岛屿。海峡中有巨济岛、对马岛、壹岐岛等，是控制海峡的要地。海底起伏平缓，为泥、沙、贝底质。

对马岛 该岛北端位于34°40′27.79″N,129°28′29.99″E;对马海峡西侧。该岛呈近南—北走向,稍为向右偏,长条形,南—北长约73 km,最大宽度约为18 km,由上岛和下岛组成。全岛为山地,平地少,地势险峻。全岛信息反射率表征了岛上植被茂盛。岛岸非常曲折,并有很多小港湾,例如,严原港、博多港、比田胜港与仁田港等。多为小吨位船舶避泊地,位于东岸的避泊地不适宜避偏东风,位于西岸的避泊地不适宜避偏西风,在下岛东岸的中部有严原港,为主要港湾。水产业为主要产业。

在岛的南、北两端附近距岸约1.5 n mile以内分布有礁石,其他部分离开1 n mile就没有危险。

壹岐岛与九州岛之间则称壹岐水道;而西水道亦称釜山海峡,系指对马岛与朝鲜半岛东南部之间水域,宽约67 km,平均水深95 m。人们对其称之为狭义的“朝鲜海峡”。

该海峡系连接日本海与黄海、东海的东北亚海上交通的重要枢纽,从朝鲜海峡向西南直达东海,向西通过朝鲜海峡与黄海相连,向东通过关门海峡、濑户内海可达太平洋,向北通过日本海出鞑靼海峡抵鄂霍次克海。诚然,朝鲜海峡成为诸多国家潜艇争夺最激烈的水域,因其具有如此重要的战略意义,美国海军也视其为控制全球的16个海上咽喉要道之一。

海峡海底地形从沿岸向中央由复杂多样演变到简单。沿岸岸线蜿蜒曲折,并多岩礁与浅滩,沟槽纵横,展现出多种地貌类型。临近朝鲜半岛釜山与本州沿岸,以及济州岛、对马岛近岸30 m等深线以外,海底地形无大的起伏,水深界于60～120 m,个别达到130～140 m左右。

釜山海峡靠近并平行于对马岛的西北一侧,有一长90 km,宽约10～15 km,外缘水深150 m左右,最深达228 m的海槽。而进入海峡北侧的日本海与九州岛以西水域陡深至200 m以上。

海峡及其周边底质类型有明显的分区,海峡中以沙为主,沿岸则多岩礁。

该海峡两岸属沉降式海岸,岸线曲折,岬湾交错,近岸多岛屿。主要港口有韩国的釜山、镇海、马山、丽水,日本的北九州、下关、福冈、佐世保、长崎。正在施工的“日韩海底隧道”东起日本佐贺县的镇西,经壹岐岛、对马岛,西至韩国釜山,全长250 km。西岸有韩国海、空军基地镇海、釜山,东岸有日本海军基地佐世保。对马岛驻有日本防备队。

第四纪冰期时,因冰川发育引起海退,使日本列岛与朝鲜半岛相连。冰期后,海水入侵,形成海峡。

朝鲜海峡所处海区属日本海大陆架区,海底地形较平坦,但有少量的舟状盆地和洼地(对马岛西北)。第三系沉积物厚达千米。现代沉积物呈西南—东北带状分布;东、南部为砂质,并有贝壳和珊瑚;九州北岸及岛屿附近出现岩石底;西北部朝鲜半岛近岸为泥底,向外为砂质泥。

气象 该海峡位于亚洲东部的季风区内,属付热带气候,季风显著,四季分明,其间有对马暖流经过,对海峡天气有较大影响。冬季多西北风,夏季多西南风,6—9月为台风季节。冬、夏季气温差异很大,平均气温1月为6℃,8月则为26℃;冬季盛行北—西北风,夏季盛行南—西南风;海雾多出现在3—7月,平均雾日达20天。

表 6.1　朝鲜海峡气象特点

季节/类别	内　容
春季	大陆冷高压显著减弱,暖空气活动加强,季风转换,风力较弱,风向不定,气旋和锋面活动比冬季增加,天气多变,多雾,能见度低。尤其是朝鲜半岛南岸,济州海峡,常出现浓雾,能见度低
夏季	受大陆低压影响,南—西南风,风力最小,平均 3 ~4 级,海雾较多,多微风细雨,能见度很低,经常有台风北上,台风来临时风速达 45 m/s 以上,大风可持续 4 天之久,8 月海风弱,平均气温 26℃
秋季	风向由西转为北—东北向,风力逐渐增大,多晴天,能见度良好
冬季	11 月至翌年 3 月,海峡大风最多, 1 月风力达 27 m/s, 最长持续 3 天。4 月、5 月风力下降,大风约占 10% ~20%。本季为冬季风向夏季风转的季节, 风向不稳
气温	海区气温南东南高,北西北低,日本沿海的年平均温度比朝鲜半岛沿岸年平均温度偏高 2℃左右,年平均温度为 14 ~16℃,8 月份最高为 26℃,1 月份最低为 6℃
台风	侵袭该海区的台风平均 2 个/年,主要在 6—9 月间, 海区以日本一侧受台风袭击最多,占 60% 以上, 朝鲜半岛一侧次之占 22% , 穿越海峡的最少占 12%
气旋	气旋是影响该海区天气变化的主要天气之一, 其范围大小差别很大,从几十、几百到数千千米。一般风力 6 ~7 级,而距中心越近,大风持续时间越长,海上能见度低, 气旋引起的天气变化要比夏季气旋恶劣的多。气旋生成后多向东—东北方向移动
海面风	冬季朝鲜海峡大风最多, 1 月份最多风力达 27 m/s, 最长可持续 3 天。春季海区风力显著下降,大风约占 10% ~20% , 朝鲜半岛一侧大于 20% , 海区平均风速 6 ~8 m/s。35°N 以北的偏南风为主; 35°N 以南朝鲜半岛一侧, 多西风和东—东北风, 日本一侧和南部海区多北—东北风; 济州海峡 5 月份多北—西北风
能见度	海区能见度南部比北部好,东部比西部好,海峡中部比沿岸好的特点。据统计,能见度年变化规律明显,每年 9—12 月能见度良好,低能见度主要出现在 4—7 月,小于 0. 5 n mile 频率较高,一般都在 2% 以上,小于 2 n mile 低能见度频率 6 月份最高,为 10% ;4—5 月在 5% ~10% 之间; 大于等于 5 n mile 良好能见度,每年 8 月至次年 3 月都占 90% , 4—7 月在 80% ~90% 之间
云量	海区云量分布比较有规律,总的趋势是朝鲜一侧的云量比日本一侧少,济州海峡,济州岛西部,南部云量比较多,平均总云量一般各月都在 6 成左右, 4 月和 7—10 月偏少,只有 5 ~6 成,平均低云量各月均在 4 成以上

水文

①潮汐　朝鲜海峡有明显的两次高潮和两次低潮,潮差不等显著,为半日潮和不规则的半日潮, 潮差自东北向西南增大,在东北端,日本海潮差为 0. 2 ~0. 5 m,在它的西南端,木沛港潮差最大为 3. 1 m,高潮间隙在朝鲜半岛这一侧,自东北向西南逐渐增大,东北部 8 ~8. 5 h,西南部 10 ~11 h,在日本一侧则相反。在对马岛西侧水道及济州岛北侧,涨潮流以西南或西为主,落潮流向东北,海峡九州岛沿岸涨、落潮流流向则相反。潮流流速界于 0. 5 ~2. 5 kn,平均大潮流速 1 ~2. 5 kn,小潮流速 0. 5 kn,最大可达 2. 5 kn。

②风浪、涌浪　春季以北向风浪为主,海峡内东北向浪最盛,春季风浪大于夏季而小于秋季,大于等于 5 级的风浪约占 20% ;夏季是全年风浪最小的季节, 大于等于 5 级的风浪约占 15% ;4 月、5 月是冬夏的过渡期,涌浪方向分布与风向相近,海峡内以北向涌为主。

③海流　进入该海峡的海流有西南部流入的对马暖流与东北部进入的寒流。前者系黑潮一个分支，在对马岛南端分为东、西两支，西分支主流流速达 0.5 ~ 1 kn；东分支沿距日本海岸 10 ~ 35 n mile，流速呈现约 0.2 ~ 0.3 kn。而后者沿距朝鲜半岛海岸 20 ~ 35 n mile，呈现宽达 10 ~ 20 n mile，流速约 0.6 kn。

近来有人认为：它是黑潮水与中国大陆沿岸水在东海中部相遇的混合水，具有高温、高盐和流向稳定等特征。流幅 70 ~ 150 km，夏宽冬窄。

朝鲜海峡是东海水输入日本海的唯一通道，每年进入日本海的水量约 5.7×10^4 km^3，占流入日本海水量的 88%。使日本海的平均水位要比同纬度邻近的太平洋的水位高 4 ~ 24 cm。

④水温　海峡中表层水温分布特征是从西南逐渐向东北降低，冬、夏季差异较大，夏季可达 25℃，冬季则降至 12℃左右。盐度约 33.8。透明度从海峡中央的 15 ~ 25 m，向两岸逐渐变小，以至小于 10 m 以下。

⑤海水透明度　海峡南口近东海海域透明度最大，北口近日本海海域次之，两侧沿岸海域最小，尤其是济州岛海峡附近的透明度最小，一般小于 10 m，海峡中部透明度约为 15 ~ 25 m，全年 8 月份透明度为最大，5 月份为最小。

生态　生物资源丰富，鱼类区系为印度 - 西太平洋区中 - 日亚区。暖水性鱼种占优势。对马暖流、朝鲜半岛南部沿岸流与来自日本海的冷水交汇处及涡旋区附近，为良好的渔场。盛产鳁、鲹、鲐、柔鱼、鲷和秋刀鱼等。

海峡两岸　海峡西侧的朝鲜半岛海岸破碎、曲折、多泥滩，并分布有数百个大小岛屿，岛滩间水域较狭窄；而海峡东侧的日本海岸相对缓平，多分布有低山与平原。

附近港口　下关、北九州、福冈、佐世保、釜山、丽水、马山、济州与木浦等。

战略地位　朝鲜海峡是日本列岛与亚洲大陆联系的海上便捷通道，日本海连接东海和黄海的唯一通道，也是东北亚海上交通枢纽，为军事必争的要地。1904—1905 年日俄战争期间，双方舰队曾激战于海峡。第二次世界大战期间美国把朝鲜海峡作为封锁的重点。朝鲜战争期间海峡是美国的后勤支援通道。海峡两岸有众多军事基地。

第五节　大隅海峡

大隅海峡系位于大隅半岛南侧的海峡，即联结着太平洋与东海。约介于九州本岛与琉球群岛之间，从西南到东北的海域。海峡的中央区域位于硫黄岛与口永良部岛之间，而东边区域在大隅半岛和种子岛之间。为国际海峡之一。

位置：位于九州岛以南，界于大隅半岛与大隅诸岛之中。

归属类型：边缘海—大洋连通型；大陆板块上拱产生岛弧岛间海峡。

海峡特征：该海峡呈东北—西南走向，长约 12.97 n mile，宽约 17.84 n mile，最窄处在佐多岬至竹岛间宽约 15.15 n mile。水深 80 ~ 150 m，其最窄处在佐多岬与竹岛之间，宽达 15 n mile。海峡北岸陡峭，南部小岛岸段不仅陡峭，并多礁石。海峡水深多为 90 ~ 120 m，底质为珊瑚、沙、泥、岩、贝等多种多样。海峡中水色透明度较大，透明度一般达 16 ~ 30 m，夏季更大可达 48 m。除沿岸附近有礁石外，海峡中无障碍物，适于各种类型的船舶昼夜通航，中央为国际航道。该海峡为从东海通向日本东南沿海港口的捷径。

从东海进入太平洋再前往北美，基本上都走这条水路。从上海、宁波等东海港口，乃至广州、深圳、香港等南海港口，到美国、加拿大，穿过大隅海峡的航线是最近的，航海上叫做“大圆航线”，比别的航线要近 541 n mile 以上。

南侧有西之表港，可靠泊 5000 吨级以下船舶。海峡东口北侧的内之浦和南侧的种子岛，为日本航天发射中心。海峡北侧的鹿儿岛湾内有鹿儿岛港，可靠泊万吨级船舶。

该海峡北岸的陆地为高 300～600 m 的丘陵地，有些山脉直逼海岸，海岸陡峻。海峡南岸为一列小岛，岛岸险峻，岛岸附近有礁石。

该海峡的西北方有男女群岛与甑岛列岛。其中，甑岛列岛位于九州岛以西，之间相隔甑岛海峡。该列岛一字排列，呈东北—西南走向，长达 20 n mile 以上，由上甑岛、中甑岛、下甑岛和许多小岛组成。列岛的南半部周围陡深，200 m 以上水深距岸最大不过 2 n mile，而列岛的北半部则相对较浅。从该列岛东北端向东有断续的岩石小岛。

男女群岛位于九州岛正西约 90 n mile 处，由男岛与女岛 2 个主岛以及苦路歧岛、寄岛、花栗岛 3 个较小岛与更小的岛礁组成。从东北向西南呈一弓形排列，长达 7 n mile。该列岛基本由火成岩构成，岛岸陡深，并多暗礁。

水文

①潮汐属半日潮，涨潮流向西，落潮流向东，流速 3～3.8 kn。

②该海峡的潮流较为复杂，除大隅半岛与种子岛之间的沿岸外，因受 1.1～1.8 kn 的东流影响，终日向东流，西流向很少，即使有持续时间也不过 1～2 h；高潮前约 1 h 40 min 东流最弱（或西流最强），低潮前约 1 h 40 min 东流最强。而屋久岛北部海域当最强流速时间比大隅海峡中部则晚约 3 h。

表 6.2 大隅海峡潮流特点

海　域	特　　点
从海峡西口的佐多岬—马毛岛一线线东至户埼东南大隅海峡大部分海域	高潮后 2 h 到低潮后 2 h 为东北流向，低潮后 2 h 到高潮后 2 h 为西南流向，大潮期平均最大流速为 1.3～2.0 kn，小潮期平均最大流速为 0.5～1.0 kn。 一日两次西南流与东北流之间流速不等达 1.5 kn，导致大潮期月赤纬最大时流速为 3 kn。春季夜间、夏季午后、秋季白天与冬季午前则出现强西南流
约在马毛岛以西 9 n mile 大隅海峡西南口	高潮后 4.5 h 到低潮后 4.5 h 为北北东流向，低潮后 4.5 h 到高潮后 4.5 h 为南南西流向，大潮期最强流速为 0.8 kn。 因这里日周潮流向东、西方向流，最强流速则为 0.8 kn，月赤纬出现最大时，潮流更为复杂
大隅海峡东南部近岸	潮流流向为南南东与北北西，其两者分别与大隅海峡的东北流和西南流相对应，转流时间大致相等，而大潮期平均流速约 1.0 kn
地处大隅海峡东口的种子岛北端喜志鹿埼东北东方约 13 n mile 水域	潮流流向为西北与东南向，两者分别与大隅海峡东北流和西南流相对应，而转流时间却比大隅海峡约早 2 h，大潮期平均最强流速为 0.6 kn，日周潮流影响大致比大隅海峡稍强些，系一日一回潮流

③海流以黑潮为主，流向东北，流速 1～2 kn；大隅半岛沿岸有一股低温的西南流。由于附近分布有较多的岛屿和地形效应，以及多变的气象条件，导致这里海流也较为复杂。流幅

达 30 n mile,流速 1.5～3 kn,夏季比冬季较强的黑潮主流,在屋久岛与诹访濑岛之间流向东南,而在种子岛以南转为东北流向,并在九州岛东岸外海北上,流向四国岛海域。

在该区黑潮季节性差异,表现在冬季黑潮常在都井岬东南方离开海岸;西北季风期,黑潮主流稍压向南方,穿过屋久岛与诹访濑岛之间流向东南,在种子岛南方 30 n mile 以上处转为东东北流向,流向四国海域,这时种子岛东岸常出现南流。

当黑潮支流向东流经草垣群岛、黑岛、硫黄岛和竹岛一线的南北海域,以 1～2.5 kn 的流速进入大隅海峡,穿过该海峡后在都井岬海面与黑潮主流汇合,但也有部分经过种子海峡南下。夏季大隅海峡的东向流有时可达 3 kn。

④表层水温 21～25℃,盐度 33.5～35.9。透明度 16～30 m,8 月达 48 m。

气象

①该海峡狭窄处常发生雾,春、夏季这里有雾并多雨,影响视距;冬、秋季多晴天,但在 7～10 月系台风季节,其中以 9 月出现最多。季风较为明显,春季多东风,夏季多南风,秋、冬季多西北风,其中冬季风力较强。6—8 月为雨季,雨天连续可达 30～60 天。属亚热带海洋性气候。

②平均气温:2 月 6.5℃,8 月 34℃。年降水量约 2 000 mm。11 月至翌年 3 月多西北风,初秋常有风暴。3—7 月有雾,6 月最多。

海峡两岸 海峡北侧都井岬与火埼之间的志布志湾湾口向东南敞开,湾口宽 12 n mile,向陆纵深达 14 n mile 以上。湾内从都井岬至埼田湾附近岸段与肝属川河口至火埼岸段二者基本为砾石岸,从埼田湾绕过湾顶到肝属川河口多为平直的沙质岸,10 m 等深线距岸不过 0.6 n mile;湾中部水深 40～70 m 左右。其湾口潮流呈东北、西南向流。

从佐多岬至野间岬海岸,这里主要有南北长达 38 n mile,东西宽约 5～11 n mile 的鹿儿岛湾。湾口处于立目埼与开闻岬之间,湾口宽约 9 n mile,口门向西南,沿岸陡深。靠近湾顶有一名为樱岛的将该湾的上部一分为二。10 m 等深线多贴近岸边,湾中部水较深,多在 100～220 m 之间,而湾口水深却近 100 m 左右。这里的潮流为往复流。

战略地位 大隅海峡虽是日本的专属经济区水域,但根据 1982 年的《联合国海洋法公约》,它属于国际海峡,外国船舶和飞机可以自由通行。大隅海峡东离横须贺海军基地约 500 n mile,北距佐世保军港 170 n mile,是美国舰队的常用航道。海峡东口北侧为内之浦,南侧种子岛为日本航天发射中心。

第六节 宫古海峡

宫古海峡系琉球群岛的主岛冲绳岛和宫古岛之间的海峡通道,海峡宽阔,为国际水道。我国奔南太平洋到澳大利亚等国,或者横穿太平洋到中、南美洲等地,通常要穿行的海峡。我国海军舰队先后多次穿越宫古海峡,进入西太平洋进行演练。对此,日本都要进行“全程拍摄”。

位置:琉球群岛的主岛冲绳岛和宫古岛之间。

归属类型:边缘海—大洋连通型;深水海峡;宽阔型海峡;岛间海峡。

海峡特征:该海峡属琉球群岛中最宽的海峡,其位于冲绳岛与宫古群岛之间,呈西北—

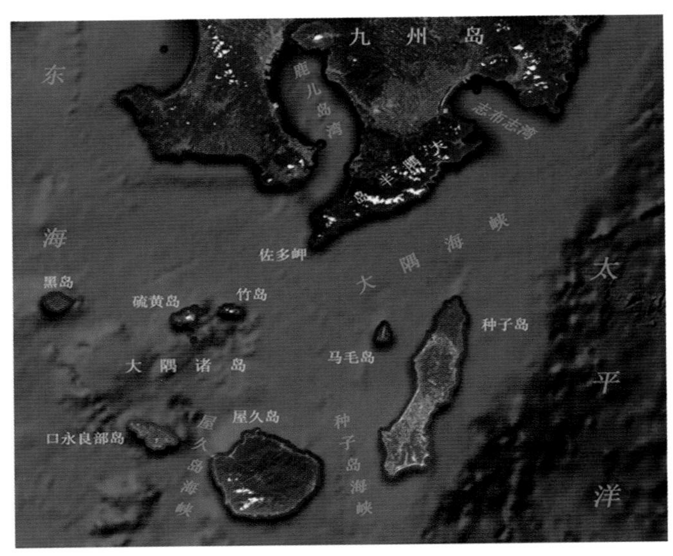

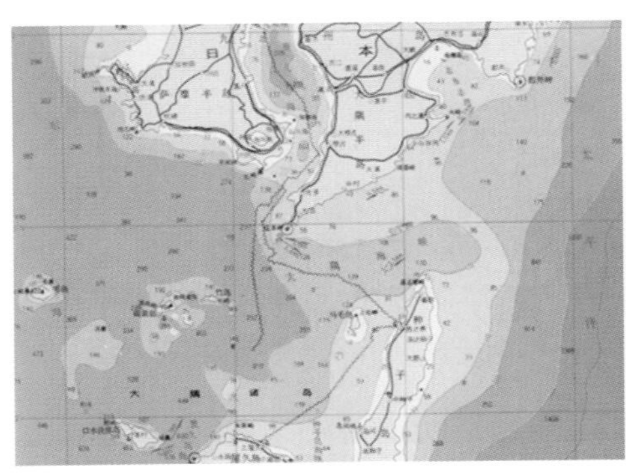

图 6.7　大隅海峡卫星遥感信息处理图像与海图图示（朱鉴秋，1996）

东南走向，长达 145 n mile，一般水深 100 ~ 500 m，最大水深千米以上，其大部分水域被 500 m 等深线所包围，但等深线却呈东北—西南走向，深达 1 800 m 以上的冲绳海槽与琉球海沟分别位其西北侧和东南侧。

海峡中的浅滩，特别是 3 个较大的浅滩分隔成诸多水道，如位于海峡中央略偏西南，长达 41 n mile，东西最宽 29 n mile，一般水深 100 m 以上，而其西侧最浅为 30 m，底质系珊瑚与贝壳的这一浅滩，与宫古岛之间形成一宽约 14 n mile，水深 350 m 以上的深水道；另位于上述浅滩东北约 6 n mile 的一个圆形浅滩，则呈东北—西南走向，最宽达 10 n mile，水深 110 m 以上，同时有数据表明这里最浅水深 18 m，底质为珊瑚和贝壳，与其相邻的东北方 24 n mile 处有一南北长达 13 n mile，东西最窄约 1 n mile 的海参形浅滩，它与圆形浅滩之间最大水深为 350 m 以上。

该海参形浅滩与冲绳岛之间的深水道水深通常为 500 m 以上，最大水深则大于 1 800 m，500 m 等深线彼此相距达 19 n mile 之宽。

潮流　涨潮流向东北，落潮流向西南。

透明度　海峡中透明度达 15 ~ 26 m 不等。

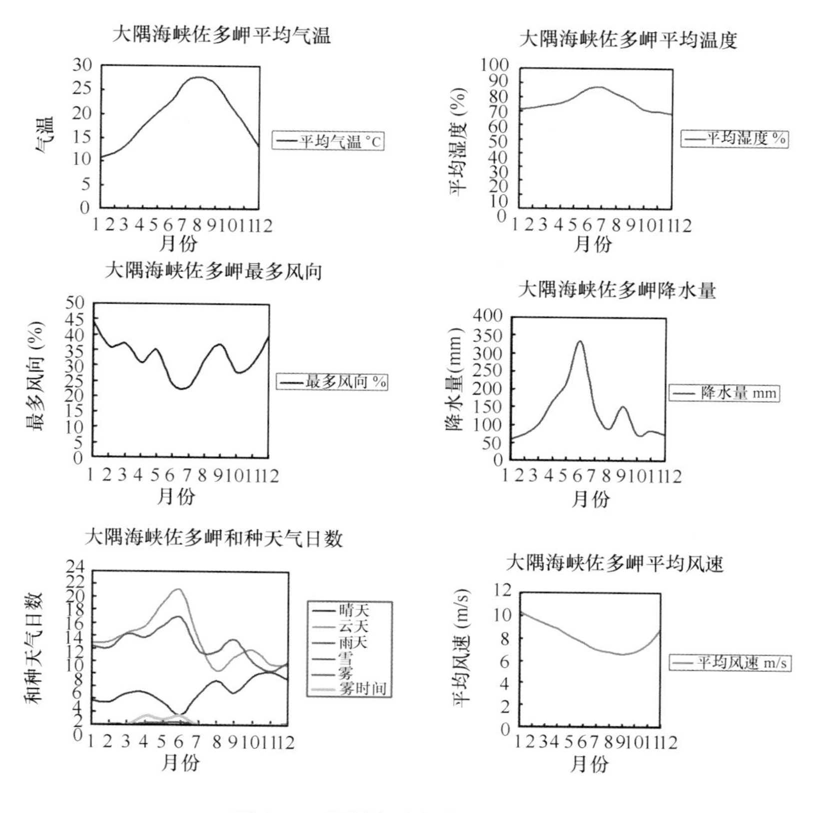

图 6.8　大隅海峡气象、水文特点

气象　这里雾日以 3—4 月份较多,频率近 0.8%;冬季以北风为主,东北风次之,夏季以南风为主,西南风与东南风次之。

海峡两岸　该海峡南侧系宫古列岛,该列岛位于先岛群岛东部,水深超过千米的深海将其与冲绳岛分隔。但其被水深 200 m 以上的海槽分隔成东、西两部分,并各自位于一个独立的岛架上。其中东部包括宫古岛、伊良部岛、下地岛、来间岛、池间岛与大神岛等;西部包括水纳岛、多良间岛等。

其中,宫古岛系宫古列岛主岛,呈三角形,长 31 km,宽约 10 km,面积达 148 km^2,为琉球群岛第八大岛。全岛地势较平坦,由石灰岩形成。东北部为高度通常 100 m 的丘陵地,西部为珊瑚礁台地,中部有全岛最高达 109 m 的山岳。

岛岸弯曲不大,港湾少。其中东岛岸的世渡埼至东平安名埼多为沙质岸,间有砾石岸段,南半段内侧多陡崖,沿岸有干出的珊瑚礁;南岸东半段系岩石陡岸,岸外陡深,西半段多砾石岸,这里珊瑚滩宽达 0.59 n mile;西岸多沙质岸滩。同时,在该岛周围,尤其是西部,有许多小岛、浅滩与礁石。

这里潮汐属不规则半日潮。气候温和,年平均气温 23℃,1 月、2 月平均气温 18℃,7 月最高达 28℃,年平均湿度 80%,年降雨量 2 200 mm,年降雨日达 210 天;春秋为雨季,多东北风,夏季多西南风。

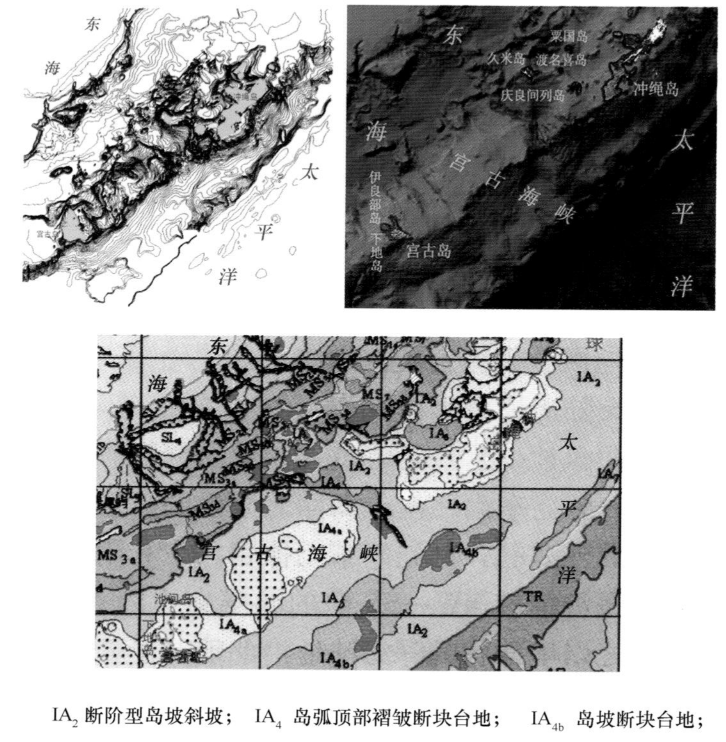

IA$_2$ 断阶型岛坡斜坡； IA$_4$ 岛弧顶部褶皱断块台地； IA$_{4b}$ 岛坡断块台地；

IA$_5$ 岛坡深水阶地； IA$_6$ 岛坡断陷盆地； TR 海沟

深滩 海底峡谷 海山

图 6.9 宫古海峡卫星信息处理图像及其海底地形地貌图(刘忠臣等,2005)

第七章 东北亚海港与空港要地空间分布

第一节 海港要地空间分布

东北亚边缘海，海岸绵长曲折，港湾众多，大小 1 300 余个，较大的要地港口中的商港、军港与特定港等近 150 个。其中，具有战略意义的港湾，以其空间区位如图 7.1 所示，凸显和平时期与战时对所在国的重要性。

第二节 环日本海海港要地空间区位与自然条件

1. 朝鲜半岛南、东海岸港口要地

该岸段较为平直，地形变化较小，仅个别地段从多山的岩石岸断崖形成低矮的沙滨。南起朝鲜海峡北至图们江口，缺少良港与避风锚地，如，济州港、丽水港、镇海港、马山港、釜山港、蔚山港、浦项港、墨湖港、元山港、兴南港、新浦港、遮湖港、城津港、清津港、罗津港、雄基港等 16 个重要港口。其中：

釜山港

该港位于 35°07′N，129°02′E；韩国东南沿海，釜山湾内，东南濒朝鲜海峡，西临洛东江，与日本对马岛相峙。北至蔚山 40 n mile，浦相 60 n mile，东南至北九州 120 n mile，西南至丽水港 100 n mile，济州 170 n mile，上海 500 n mile。港区分布在釜山湾西北岸，是韩国最大的港口。

该港正处亚洲大陆和太平洋的结合部，即 129°E，35°N 交汇处，隔朝鲜海峡与日本对马岛相望，扼朝鲜海峡交通要冲，为朝鲜半岛南部门户。成为军事与经济战略要地，国际贸易和国际活动的重要海港。

该港为一海峡港、基本港，其入口较深，外港附近水深达 20 m，无险礁，向内港水深逐渐变浅。该港避风良好，适合大型船舶停靠。该港分为南、北港。泊位吃水 14 m。釜山南区的一端，低潮位时露出 5 个或 6 个岩石小岛，分别是雨朔岛（32 m）、鹰岛（33 m）、锥岛（37 m）、牡蛎岛（68 m）、灯塔岛（28 m），其中雨朔岛也称为盾牌岛和松岛，两岛的下部几乎相连，涨潮时看起来就是一个岛，而退潮时就成为两个岛。

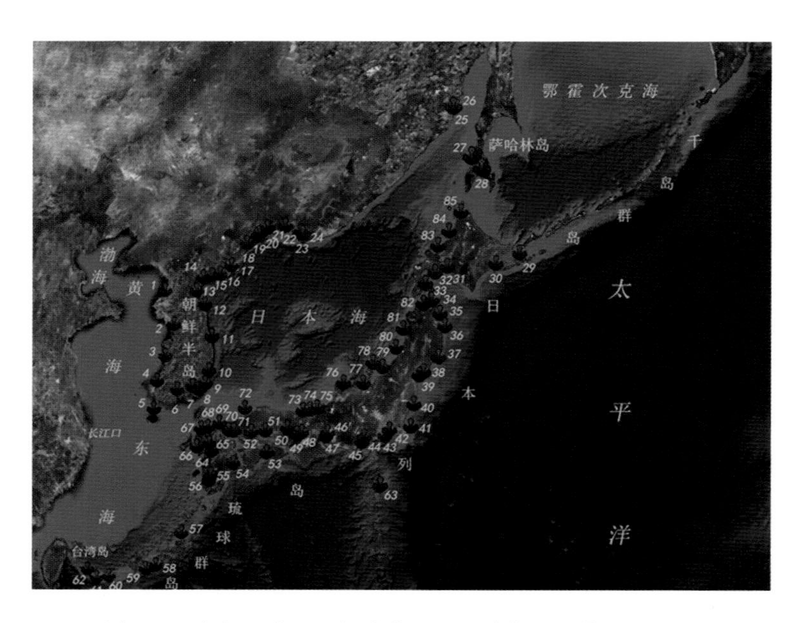

图 7.1　东北亚港口空间分布卫星遥感信息图像处理图示

1. 南浦港 2. 仁川港 3. 群山港 4. 木浦港 5. 济州港 6. 丽水港 7. 镇海港 8. 马山港 9. 釜山港 10. 蔚山港 11. 浦项港 12. 墨湖港 13. 元山港 14. 兴南港 15. 新浦港 16. 遮湖港 17. 城津港 18. 清津港 19. 罗津港 20. 雄基港 21. 波西埃特港 22. 符拉迪沃斯托克港(海参崴港) 23. 纳霍德卡港 24. 东方港 25. 苏维埃港 26. 瓦尼诺港 27. 霍尔姆斯克港 28. 科尔萨科夫港 29. 根室港 30. 钏路港 31. 苫小牧港 32. 室兰港 33. 函馆港 34. 大凑港 35. 八户港 36. 宫古港 37. 大船渡港 38. 石卷港 39. 盐釜港 40. 小名滨港 41. 鹿岛港 42. 千叶港、京滨港 43. 横须贺港 44. 田子浦港 45. 清水港 46. 名古屋港 47. 四日市港 48. 大阪港 49. 神户港 50. 姬路港 51. 福山港 52. 吴港 53. 高知港 54. 细岛港 55. 鹿儿岛港 56. 喜入港 57. 名濑港 58. 金武中城港 59. 那霸港 60. 平良港 61. 石垣港 62. 船浮港 63. 八重根港、神凑港 64. 三角港 65. 佐世保港 66. 长崎港 67. 伊万里港、唐津港 68. 博多港 69. 关门港 70. 宇部港 71. 德山下松港 72. 滨田港 73. 宫津港 74. 舞鹤港 75. 敦贺港 76. 伏木港 77. 富山港 78. 两津港 79. 新潟港 80. 酒田港 81. 船川港、秋田港 82. 青森港 83. 小樽港 84. 留萌港 85 稚内港

釜山港属温带季风气候,系海洋性温带气候。年平均气温夏季为 29 ~ 31℃,冬季为 7 ~ 9℃,冬季多西北风,夏季多北北东风,全年平均暴风日数达 122 天,晴天 97 天,降水 99 天,海雾 18 天。全年平均降雨量约 1 500 mm。

该港属正规半日潮港,潮差不大,大汛时不超过 1.2 m,小汛时仅 0.3 m。距该港 10 n mile 的朝鲜海峡,表层流流速有时大于 1 kn,海流与潮流汇合时,釜山港高潮后 3 h 流速最大达 3 kn,低潮后 3 h 后流速最弱。海流弱时出现西南流。该港北口附近,涨潮流为西南流,落潮流为东北流,港内最强流速达 2 kn。鉴于该港周边有低山丘陵,阻挡盛行的北风与东北风,但当强势的东风或南风时,大浪可侵入外港。

该港系韩国的对外贸易中发挥重要作用的最大商港,工业仅次于首尔。港区分布在釜山湾西北岸,沿海岸自西南 - 东北分布有 10 座码头,码头线总长 8 681 m,有 60 多个泊位。

镇海港

该港位于 35°07′N,128°41′E;韩国东南部的镇海,釜山港以西约 30 n mile 的镇海湾东北部。

图7.2 朝鲜半岛釜山港、镇海港、丽水港卫星遥感信息处理图像

该港系韩国镇海基地，该港扼朝鲜海峡的咽喉，既是韩国海军重要的基地，也是美国海军舰艇停泊的重要港口，美海军在韩国的重要海军基地之一，驻有美海军驻镇海部队司令部。

镇海港东、北、西三面为丘陵环抱，南口釜岛耸立中央，分为釜岛水道及东水道。西部的釜岛水道障碍较少，是一个安全水道；而东水道上还有花岛及多多马里岩，从而形成了有形的遮拦和保护。港外南部为巨济岛，东南有加德岛，这些岛屿成为镇海港的天然屏障。港区陆上有铁路和公路通往全国各地。

该港气候温暖，四季分明，年平均气温 10～16℃，年平均降雨量 1 450 mm。海岸线长 107 km，包括 26 个大小岛屿。

镇海港分为军用和商业两个区：自小桑岛经釜岛至西北部的小毛岛之间的连线为军港，水域面积约为 9 km^2，水深大多为 9～29 m，泥底质，可停泊 2 万吨以下的大中型船舶。军港东侧的行岩湾为商港区，水域面积约为 3 km^2，水深为 5～10 m，泥质底，有码头 10 余座。可停泊 2 万吨以下的船舶。港区共可容纳 1 000 吨级以上的舰船 100 艘左右，可维修驱逐舰以下各型舰艇。在军港的北部有海军工厂、海军后勤仓库及武器弹药库等，西北部的小毛岛上有储油库。镇海港的港势隐蔽、港区容纳量大，且受风浪等自然条件影响较小。

据报，该基地及其附近的釜山、金海、镇海等韩国空军基地，对掌握朝鲜海峡的制空、制海权，尤其是扼控海峡的西北口具有特殊的意义与作用。

该港依托镇海市位于大韩民国最南端的海岸，北靠庆尚南道道府昌原市，东接韩国第二大城市釜山市，西邻马山市，南面沿海，这四座城市已连接成一个都市群，人口达到500 万。镇海市面积 111.29 km^2，人口 134 000 名。

丽水港

该港位于 34°44′N，127°45′E；韩国南部沿海的丽水湾内，濒临朝鲜海峡的西南侧，西至木浦 151 n mile，东至釜山港、马山港各 97 n mile，西南至济州港 108 n mile。是韩国南部的主要港口之一。

该港为一峡湾港。商港港口分南港与北港，南港位于突出岛北端与丽水半岛之间，系丽水海峡的北部水域，而丽水海峡为一有很多浅滩的狭窄的水道。丽水海峡宽 180～360 m，航道水深 6.4～16.4 m。

该港属温带季风气候，夏季与秋季盛行东风。春季盛行南风，冬季盛行西风，全年平均暴风日数 122 天，晴天 103 天，降雪 12 天，海雾 18 天。平均气温，夏季约 29℃，冬季约 -7～9℃。全年平均降雨量约 1 200 mm。

港湾潮汐属半日潮型，平均大潮高潮 3.3 m，低潮 0.4 m；小潮高潮 2.4 m，低潮 1.3 m，春秋季常有大风，东风强劲时港内会有涌浪。丽水海峡潮流很强，落潮流为东流，流速达 3.8 kn，涨潮流为溪流，流速较落潮流流速稍弱。海峡北侧落潮时产生涡流。入港航道水深。

港区主要码头泊位达 18 个，岸线长 4 203 m，最大水深 20 m。

蔚山港

该港位于 35°32′41″N，129°21′33″E′；太和江江口，蔚山湾内，南至釜山港 40 n mile，北至浦相港 60 n mile、墨湖港 149 n mile、青津港 323 n mile。系韩国港口。

该港入口水深无险礁，港内水深 10～20 m，大型船可在湾内水深 10～14.6m 锚泊，锚泊地近 20 个。

气象　该港夏季多东风，其他季节多北风，港内风向大多偏北，南风时港湾内有涌浪。4～8 月末多浓雾，6～7 月为最多。全年平均最低气温 1 月达 -4.5℃，最高气温 8 月

21.8℃。冬季12月至翌年3月多北风。全年平均晴天达93天,阴天约127天,雾19天,暴风达33天。

水文 潮汐影响少,小潮升0.38 m,大潮升0.5 m。蔚山湾口外落潮流向东北,流速2 kn,涨潮流向西南,流速约1.3 kn。入港航道最小水深达11.3 m。

该港为一开放型工业港,韩国最大的重化工业和造船业基地,泊位吃水12 m。港口码头主要码头分布在海湾西岸,其中干货码头主要在北部,有6个码头泊位,码头线总长1 550 m,沿岸水深7.5～12.0 m;炼油厂码头和海上泊位处于港湾西岸南部,有3个海上泊位,最大可系泊25万吨级油轮。该港吞吐量在3 000万吨以上。海湾东岸是蔚山船厂。

浦项港

该港位于35°58′N,129°24′E;韩国东南沿海的迎日湾西南岸,濒临日本海的西南侧,南距蔚山港60 n mile,至釜山港89 n mile,北至墨湖港95 n mile,清津港350 n mile。

湾口水深20～29 m,向内逐渐变浅,

该港属温带气候,冬季盛行西风,9月至翌年4月东北风起大浪,夏季盛行南风。年平均气温8月最高约31℃,1月最低约－10℃。湾内一般不结冰。据报,平均全年晴天106天,雾日9天,降雪10天,暴风85天,全年平均降雨量约1 500 mm。港口潮差不显著。

该港为一海湾港,港区码头集中分布在兄江山江口东南的人工港内。系韩国东部的主要港口之一,并是韩国东部的工业中心与重要的渔港。港区主要码头泊位有23个,岸线长5 100 m,最大水深16.5 m。大船锚地水深达22 m。主要出口货物为钢材、鱼及鱼制品等,进口货物主要有盐、原油及矿石等。

墨湖港

该港位于37°33′N,129°07′E;韩国东北沿海,濒临日本海的西侧,北距文津港28 n mile,清津港257 n mile,南距浦项港95 n mile,至蔚山港149 n mile,至釜山港168 n mile。

该港为一海港,1941年开港,现在逐渐发展成为东海岸的渔业基地,也是海军基地。港池呈南—北走向,码头主要分布在西岸,东岸为防波堤。港内水深6～8 m,有6座码头,由北向南伸的长防波堤保护。1号码头为一东伸的突堤,长100 m,锚地达7个以上,南北侧各有一个泊位,水深7.5～8.0 m,输出煤、石墨和花岗岩等。

该港属温带季风气候,夏季多东南风。年平均气温夏季约29℃,冬季约－11℃。全年平均降雨量约1 500 mm。最大潮差为0.4 m。据报,东风时港内浪高。

墨湖港有6个码头,长度为2 016 m,年货物吞吐能力是6 00万吨,1万吨级2艘、6 000吨级1艘、5 000吨级1艘等11艘船只可同时靠岸。供油站有2个,供水站有2个。交易货物有水产品、无烟炭、水泥、油类、杂货等。

元山港

该港位于39°11′N,127°27′E;朝鲜东南沿海永兴湾西南岸,濒临东朝鲜湾的西侧。

该港为一海湾港,系朝鲜东部的最大海港。它是朝鲜机械制造工业的中心。重要的贸易港口。在元山设有朝鲜人民军海军及空军基地。

永兴湾北部的虎岛半岛,形成天然防波堤,湾附近一般水深10.9～18.2 m,港内水深6.7～8.2 m,并有暗礁,潮差小,使元山成为天然良港。该港东侧是葛麻半岛北端的悬崖岬,从远处望去,似一孤立岛屿。半岛内侧为德源湾,外侧有薪岛、大岛、小岛、熊岛和丽岛等20多个离岛。

该港属温带季风气候,气候较为湿润。盛行西风。年平均气温,夏季约20℃,冬季达

图 7.3　朝鲜半岛蔚山港、浦项港、墨湖港卫星遥感信息处理图像

-14℃。冬季强西风往往连续数日,1 月、2 月非常冷。港内不结冰,但有流冰进港。年降水量 1 406.3 mm,多集中于夏季。全年平均降雨量约 1 000 mm。据报,该港发生有近海面的浓雾,年平均达 10 天。平均全年晴天 98.5 天,阴天 120 天,降雪 32 天,暴风 8.5 天。平均高潮为 0.33 m,平均低潮为 0.18 m。

本港主要码头泊位在防波堤内，岸线长 275 m，最大水深 8 m，供远洋船舶系靠。装卸设备有各种岸吊、浮吊等，其中吊最大起量能力为 42 吨，浮吊起重能力为 30 吨，大船锚地水深达 13 m。主要出口货物为石墨、金、牛及杂货等，进口货物主要有米、麦粉及盐等。

兴南港

该港位于 39°49′N，127°38′E；日本海咸兴湾北岸，南至元山港 50 n mile，东北至新浦港 30 n mile，至金策港 95 n mile，清津港 178 n mile。

该港为一海湾港，系朝鲜东部的化肥出口港。港内水深 8.54 m，港口分布在岬角北部，码头沿港湾顺岸分布，港区主要码头泊位有 5 个，岸线长 1 295 m，最大水深 9 m。大船锚地水深在 10 m 以上。煤码头在港湾东北岸，长 250 m，水深 5 m 左右，用于煤炭进口；杂货码头位于港湾北岸，长 455 m，水深 7 m。散货码头，在港务西南岸，长 590 m，水深 4.0 ~ 6.7 m。港口附近有大陈岛、小陈岛。

该港属温带季风气候，冬季多西北风，夏季盛行南风。年平均气温夏季约 20℃，冬季约 -12℃。全年平均降雨量约 1 000 mm。潮差不显著。夏季南风时，时有大浪侵入，并有海雾侵袭。

该港进出口货物除化肥外，还有水泥、煤炭及杂货等。

清津港

该港位于 41°46′N，129°50′E；濒临日本海西北侧，朝鲜半岛镜城湾东北角，高秣山端西侧，东北至罗津港 40 n mile，东南至日本新朗 490 n mile，南达釜山 416 n mile，西南至咸兴南 178 n mile。

该港为朝鲜北部主要海港，系有钢铁、造船、化纤、纺织、矿山机械等重要工业基地，水产业中心。被分为东港及西港两部分，港口附近水深，港东北部水深 10 ~ 34 m，系良好的锚地。受暖流影响，属不冻港，港口在港市西南的海湾沿岸，东西顺岸分布并有东、西港区之分，两码头之间相距 4.7 km，由人工防浪堤庇护，港区内有 5 个泊位，东港区和西港区附近有渔港。西港在东港之西约 2.5 n mile，是煤、矿石出口港区，港口冬季多雪和冰冻，但不碍航行。

该港属温带气候，冬季盛行西北风，夏季多东风。年平均气温夏季约 25℃，冬季约 -20℃，最低曾达 -40℃。4—8 月上旬为雾季，东风形成的浓雾数日不散，影响航行。全年降雨量约 1 000 mm。11 月至翌年 4 月为降雪期，港口有冰，并常有浮冰漂到港口附近。潮差约 20 ~ 30 cm。

港区主要码头泊位有 6 个，岸线长 1 550 m，最大水深为 10 m。年货物吞吐能力约 800 万吨。主要出口货物为各种钢材、有色金属、机床、电机产品、纺织、苹果和人参等，进口货物主要有石油、炼焦煤、橡胶和机械设备等。清津港为转运贸易进出口物资而发挥作用。有铁路接通中国及俄罗斯，每年吞吐能力达 800 万吨，能接待 2 万吨级的货船。

罗津港

该港位于 42°14′N，120°18′E；朝鲜东海北部咸镜北道罗律市长车洞。

罗津湾被安州半岛、大草岛和小草岛围住，波平浪稳，可谓天然防波堤。罗津港为不冻港，该港口距我国国境线公路运距 52 km。总面积为 38×10^4 m²，有 3 个码头，10 个泊位，吞吐能力为 300 万吨；港口总面积 38×10^4 m²，露天货场面积 20.3×10^4 m²，库房 2.6×10^4 m²。

罗津港 5—9 月盛行东南风，其他月多西北风。东南风时，罗津湾易出现大涌浪侵入。4—8 月有浓雾，以 6 月、7 月份最多。10 月至翌年 4 月上旬为降雪期；6—8 月为雨季。据

图 7.4　朝鲜半岛元山港、兴南港卫星遥感信息处理图像

报,花端附近呈现有西南或西海流,时有向岸流压。

中国珲春市位于吉林省的东南部,与俄罗斯、朝鲜接壤,被称为东北亚"金三角",该市距罗津港公路 93 km。珲春市的两家企业通过与朝鲜罗先市经济合作会社合作,获取了朝鲜罗津港部分码头 50 年的经营使用权。该市相继利用扎鲁比诺、波谢特、罗津港等港口"借港出海",完成到日本秋田、韩国束草等地的客货运输。延边地区可以通过该港口向上海等国内城市运输煤炭,并可以发展面向太平洋和出口日本等地的物流。这对于许多东北腹地城市以及周边国家的开发开放都将发挥重要作用。

2. 临近日本海及其附近日本港口要地

环日本海海域,从对马海峡到宗谷海峡日本沿岸及其临近港口达 18 个之多,依次是博

图 7.5　朝鲜半岛清津港、罗津港卫星遥感信息处理图像

多港、关门港、吴港、宇部港、德山下松港、滨田港、宫津港、舞鹤港、敦贺港、伏木港、富山港、两津港、新潟港、酒田港、船川港、秋田港、青森港、小樽港、留萌港、稚内港等。其中，不乏一些港口要地，如，关门港、吴港、舞鹤港等。

吴港

该港位于34°15′N，132°34′E；本州西南广岛县西南吴港湾内，港市之西南，临濑户内海。东至三原港 35 n mile，至尾道港 37 n mile，至纪伊水道 147 n mile，西北至广岛港 6 n mile，西至岩国港 22 n mile，至北九州门司港区 101 n mile。系海军基地。

该港为一天然良港，系日本工业港，上有石川岛播磨重工业日立制作厂等。

该港三面环海，面积 145.46 km^2，人口 22.3 万（1988），港域由吴区、广区、仁方区组成。

港区水深10～20 m左右。海中有许多岛屿形成自然防波堤，位于本港湾朝向西南，外有江田港、东能美岛、仓桥岛等挡风浪。港内沿海湾自西北至东南分布有主要码头：西码头、中央码头、吴港造船厂码头、西日本钢铁厂三号码头。总长10 km，码头沿岸水深9～11 m。

全年多东北风与西风，平均风速2～3 m/s，暴风多偏西风向。港区全年风平浪静。不规则半日潮，湾内大潮升3.5 m，小潮升2.6 m，港内潮流微弱。音户水道与早濑水道有强潮流。

今天的吴港，再次成为集钢铁、造船、机器等临海工厂群为背景的工业港。作为海上交通的重要地点发挥着重要的作用。吴港海军工厂是日本最早的海军工厂。到了第二次大战时，吴港为军工业和主要海港。吴港海军基地现时是日本海上自卫队重要的潜艇基地和训练补给基地。

舞鹤港

该港位于35°30′N，135°21′E；日本海若峡湾西部的舞鹤小湾内，港市之西，西至宫津港7 n mile，至兵库县香佳港52 n mile，至鸟取港76 n mile，至境港116 n mile，至釜山港331 n mile，北至清津港463 n mile，东至敦贺港52 n mile。舞鹤军港是日本西海岸唯一的军港，军港区在港市之北，船厂之南的水陆域。

该港三面环山，呈“人”字形，口窄腹宽，水域面积25 km^2，水深6～20 m，可停靠船舶达60艘，码头前沿水深7～10 m。出入口水深达33 m，位于港区中部的户岛为界，现在主要分为两大港。西港位于舞鹤湾南端，是国际贸易港口。东港位于港市之北、船厂之南的水陆区域为军港。人口不足10万。非常有名的是日俄战争时，日本的战舰基本都是从这里出航的。目前东港不仅有海上自卫队舞鹤地方总监部，同时还是以连接近畿圈和北海道长距离渡轮为中心的国内贸易港口。另外，在西港区域内还建立了舞鹤渔港。

西北季风因山体阻挡，很少影响港内，而港外很强。11月至翌年3月多阴天，但12月至翌年2月，月降水日数达17～20天，降水量约170～200 mm。春季天气转好，8月气温最高，平均26℃左右，进入1月气温最低，平均3℃左右。

湾内涨、落潮流分别在低潮与高潮后2h最强，各地差异很大。流速仅为0.1～0.4 kn。

该港为天然良港，内有商港、渔港和军港之分。商港和渔港位于舞鹤湾南端，这里主要有4个突堤码头，自东至西第一码头、第二码头有4个泊位、第三码头两个泊位、第四码头一个泊位。军港区在港市之北，船厂之南的水陆域，即港口东部地区是以军港与造船业为中心的重工业城。

两津港

该港位于38°05′N，138°25′E；佐渡岛东北侧两津湾内，东距新潟市约45 km。

该港水深72 m，向里逐渐浅至水深20 m，西北方与南方有呈东北—西南向平行的两山地之阻挡，除东北风外，有很好的隐蔽性，冬季为良好避风锚地。

该港为一特定港，地处日本本州以西日本海佐渡岛中，腹地是两津市，背后有加茂湖。现属新潟县。面积857 km^2。人口不足10万。其间是平原。最高点1 172 m。

该港气候温和，多东北与西南强风，东北风期间有涌浪，有时波高大于2 m，港内海流与潮流微弱。

稚内港

该港位于45°24′N，141°42′E；宗谷湾西侧，邻宗谷岬，位于日本海和鄂霍次克海的分歧点。

该港为日本最北的港湾。系北海道著名的渔业基地，主要码头有4座，大船可锚泊外港，水深14 m左右。该港易受西北—东北风的侵袭，港口向东，涌浪可侵入。平均全年气温6.3℃，降水量达1 200 mm，冬季多西北风，夏季多西南风。平均全年暴风日数达101天，晴天26天，降雪140天，海雾20天。

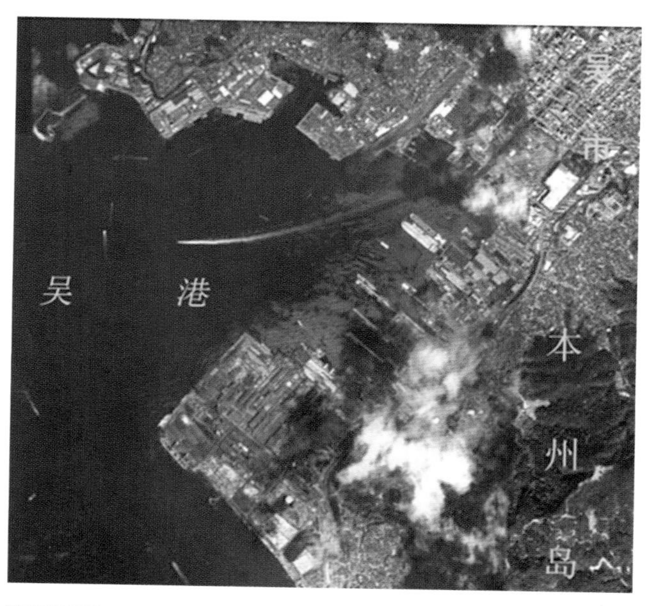

图7.6 日本吴港、舞鹤港卫星遥感信息处理图像

图 7.7　日本两津港、稚内港卫星遥感信息处理图像

图 7.8　临近日本海的日本重要港口

3. 日本海沿岸俄罗斯港口要地

从图们江口—鞑靼海峡沿岸，港口要地计：波西埃特港、符拉迪沃斯托克港（海参崴港）、纳霍德卡港、东方港、苏维埃港、瓦尼诺港、霍尔姆斯克港、科尔萨科夫港等 8 个。其中，远东著名的优良军港当属符拉迪沃斯托克港。

符拉迪沃斯托克港（海参崴港）

该港位于 43°10′N，131°50′E；阿穆尔湾与乌苏里湾之间，濒临日本海，俄罗斯、中国和朝鲜三国交界之处，三面临海，距中国珲春市 180 km，东与日本隔海相望。

该港处于太平洋沿岸穆拉维约夫－阿穆尔半岛的南端，港城依山建筑，面积 56 154 公顷。根据 2002 年的人口普查资料，其约有 591 800 人，其中大部分是俄罗斯人。城市海岸线达 100 km 多。北部为高地，东、南、西分别濒乌苏里湾、大彼得湾和阿穆尔湾。港城及港区位于阿穆尔半岛顶端的金角湾沿岸。金角湾自西南向东北伸入内地，长约 7 km。入口处湾宽约 2 km，水深 20～30 m，湾内宽不足 1 km，水深 10～20 m。金角湾南侧隔东博斯普鲁斯海峡，有俄罗斯岛作天然屏障。海湾四周为低山、丘陵环抱，形势险要。

该港是俄罗斯在太平洋沿岸最重要的天然的不冻优良港。港区主要由金角湾及其南方俄罗斯岛沿岸港湾组成。俄罗斯岛岸长 15 km，现有泊位水深 11 m。东博斯普鲁斯海峡为主航道，水深 20 ~ 40 m。由于符拉迪沃斯托克 12 月上旬至翌年 3 月中下旬为冬季结冰期，长达 100 ~ 110 天，借助破冰船可通航。在夏、秋两季多雾，其中 6—8 月平均有雾日达 45 天。有时大雾影响航船进入港湾。符拉迪沃斯托克是俄罗斯太平洋沿岸最大港口城市、俄远东科学中心、俄太平洋舰队重要的军事要地，也是俄远东地区经济、文化中心。西伯利亚大铁道的终点。扮演着军港、渔港、商港三种不同的角色，其中，军港位于金角湾东部北岸，商港在金角湾南端。

符拉迪沃斯托克在 1860 年前属中国领土，中国传统名为“海参崴”。“符拉迪沃斯托克”，是对俄文名字的音译。

该港全年四季分明，天气变化较慢。因为濒临日本海，冬、夏气温较同纬度的内陆地区变幅较小，日温差很小，平均气温 1 月 -15℃，8 月 20℃，年降雨量 690 mm，6—8 月为雨季。夏季东博斯普鲁斯海峡多浓雾。具有明显的温带海洋性气候特征，或叫寒温带海洋性季风气候。

夏季受极地海洋气团或变性热带海洋气团影响，盛行东和东南风，雨量适中，有时有雾。秋季是最好的季节，天气晴朗，时有台风。冬季这里受来自高纬极地偏北风和海洋东南风的共同影响，寒冷湿润，降雪较多，春季到来较早。

属半日潮港，大潮升 0.52 m，小潮升 0.46 m，潮流微弱，流向不定，东博斯普鲁斯海峡时有流速达 2 kn。

该港 1992 年 1 月 1 日对外开放，成为国际商港，码头总线达 16 个深水码头。全长 4 200 m，深度 10 ~ 13 m。主要货运是向俄罗斯太平洋沿岸、北冰洋东部沿岸以及萨哈林岛和千岛群岛。

苏维埃港

该港位于 49°02′N，140°18′E；鞑靼海峡苏维埃湾东岸，北距尼古拉耶夫斯克 513 km，西北距共青城 606 km，东与萨哈林岛隔海相望，扼鄂霍次克海与日本海之通道。

该港地处俄罗斯远东地区哈巴罗夫斯克边疆区，鞑靼海峡西岸重要的天然良港。港域面积 27 km^2，俄罗斯太平洋舰队基地之一，也是重要商港和渔港，人口 30 480 人（2002 年）。港区分西南湾、北湾、南湾和西湾。西南湾和南湾为商港，水深分别为 9 ~ 30 m 和 5 ~ 13 m，有岸壁码头 3 座，突提码头 2 座北湾和西湾为军港。水深分别为 5 ~ 20 m 和 9 ~ 25 m。

港区陆上冈丘起伏，建筑分散。港口由北湾、西湾和西南湾组成，三面环山，岸线曲折，地形隐蔽，避风条件良好。北湾和西湾为军港，南湾与西南湾为商港。码头总长约 700 m，码头前沿水深 8 ~ 12 m，港池水深 20 ~ 30 m，泥沙底。入口航道宽 1.8 km。

气候寒冷，冬季漫长，12 月下旬最冷，平均气温 -12℃，9 月、10 月气候温暖，夏季 6—8 月为雨季。年降水量约 700 mm，4—6 月为雾季。冬季多西北风，3 月下旬后南风较多，属不规则半日潮，大潮升 0.6 m，小潮升 0.2 m。港内潮差小，潮流较弱。11 月至翌年 4 月为结冰期，冰厚 0.9 ~ 1.8 m。

这里的主要工业行业为修船业。食品工业与木材加工工业也较发达。

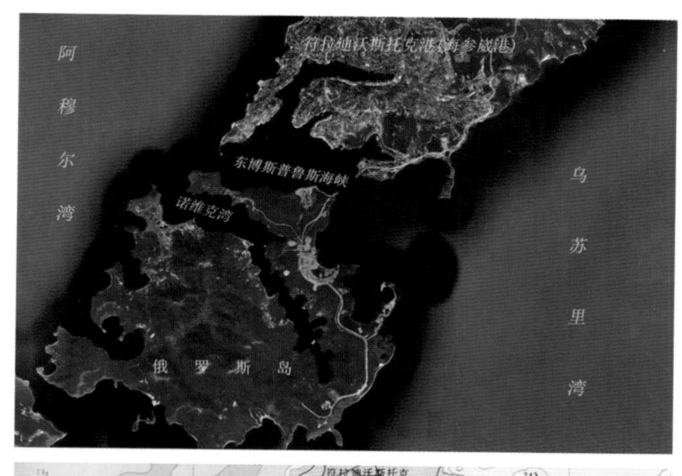

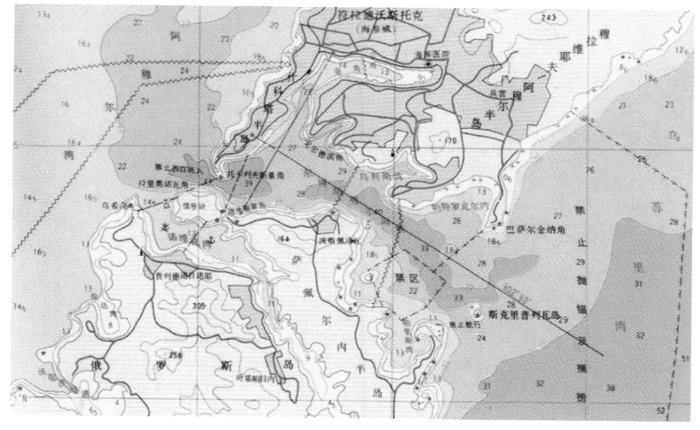

图 7.9　符拉迪沃斯托克港(海参崴港)卫星遥感信息处理图像与海图图示(朱鉴秋,1996)

东方港

该港位于 42°44′N,133°04′E;东方港在符拉格尔小湾两岸,距纳霍德卡直线约 30 km,临日本海,纳霍德卡港北 18 km 处的符兰格尔湾处,有铁路与西伯利亚铁路相连。

该港为一海湾港,系商港,是俄罗斯远东地区的最大港口。该港在符拉格尔小湾之纵深 10 km,宽 4 ~ 5 km,口窄内宽,水深 9.70 ~ 15 m,具有良好的建港条件,有 70 个专业化码头。

该港中部水深 18 m,浪静,泥底,该港区货物吞吐 1 160 万吨,全是干货,包括煤、矿石等散货 880 万吨、木材 80 万吨、集装箱货 200 万吨,为西伯利亚大陆桥的东方桥头堡。该港冬季仅出现冰薄,是俄罗斯远东大陆唯一的终年不冻的天然良港,可全年通航,适于建港,可停泊 10 万吨级海轮。

该港属温带季风气候,盛行西北风。年平均气温夏季为 20℃,冬季为 -10℃。每年 1—3 月有薄冰,一年之中 70% 的日期有雾,6—7 月平均每月有 18 天。全年平均降雨量约 1 000 mm。平均高潮约 0.7 m,低潮约 0.48 m。

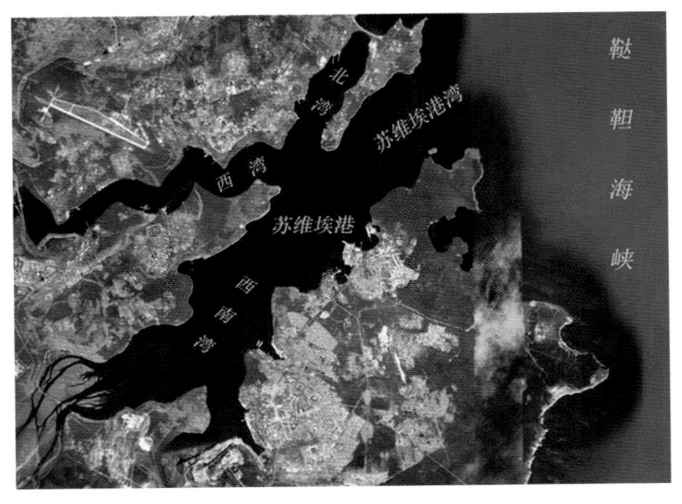

图 7.10　俄罗斯苏维埃港、东方港卫星遥感信息处理图像

第三节　东北亚临太平洋海港要地空间分布特征

东北亚临太平洋港口要地,主要位于日本列岛与琉球群岛。从北至南依次是:根室港、钏路港、苫小牧港、室兰港、函馆港、大凑港、八户港、宫古港、大船渡港、石卷港、盐釜港、小名滨港、鹿岛港、千叶港、京滨港、横须贺港、田子浦港、清水港、名古屋港、四日市港、大阪港、神户港、姬路港、福山港、吴港、高知港、细岛港、鹿儿岛港、喜入港、名濑港、金武中城港、那霸

港、平良港、石垣港、船浮港、八重根港、神凑港、三角港、佐世保港、长崎港等。其中示例有：

大凑港

该港位于41°15′N,141°09′E;陆奥湾东部北角。

该港位于田名部川河口两岸,向北发育的沙咀环港口外侧,这里有公共码头,而公共码头西南方系军事专用码头。

东京湾内诸港

东京湾地处35°10′—35°41′N,139°37′—140°07′E;濒临太平洋,本州岛东南岸,剑崎与洲崎之间。该湾南北纵深达80 km,东西宽20~30 km,面积达1 100 km^2。湾口最窄处达8 km,一般水深30 m。湾内有千叶港、东京港、横滨港、横须贺港等大港。

横须贺港

该港位于35°18′N,139°40′E;东京湾西南岸湾口内处,北距横滨港6 n mile,东京港17 n mile,东北至千叶港18 n mile。南和横须贺市东岸接壤,扼东京湾口,东京的门户。

该港为一天然良港,系军港兼商港,但其大部分属军港区。整个港区形似人的手掌,港内水域开阔,面积达30 km^2,水深7~30 m,地势隐蔽,具有很强的驻泊能力,可同时停泊包括航母在内的各种舰艇300余艘。港口周围为低丘环抱,地势险要,地形隐蔽,交通方便。

横须贺基地不仅是日本海军最大的综合性作战基地和东京的海上门户,而且也是美海军在西太平洋地区最大的综合性海军基地和最大的舰船维修基地。这里地理优越,是军事要地。水域面积约60 km^2,一般水深7~11 m,码头总长约19 km,泊位吃水13.3 m。美军在该基地共有各种码头18座,总长度达2 516 m,分为19个泊位。

依据美海军的“全球战略”,横须贺是依靠的基地,也是在西太平洋上的重要根据地。横须贺现在也是日本海上自卫队的主要基地之一。

横须贺基地在二战后美国发动的历次战争中都扮演了重要角色。朝鲜战争和越南战争中,横须贺海军基地是美海军的主要舰船维修、后勤补给中心和海运港口。在1991年海湾战争、1999年北约空袭南联盟、2001年阿富汗战争及2003年伊拉克战争中,该基地都发挥了作用。横须贺作为美军在东北亚苦心经营的岛屿链条中的重要一环,更是具有重要的战略意义。

该港年平均气温约15℃,年降雨量1 700 mm,9月有台风。不规则半日潮,大潮升1.7 m,小潮升1.3 m。潮流流向基本呈南偏东向,速度1 kn左右,内港的涨潮流为北西北向,速度0.6~0.7 kn;落潮流为东南和南东南向,速度1~1.2 kn。外港的涨潮流为北向,速度1.1 kn;落潮流为南向,速度1 kn。

东京港

该港也称京滨港东京区,其位于35°43′N,东经139°46′E;本州南部东京湾西北岸,荒川河口和多摩尔河口之间。海上与千叶、川崎港相邻,距横滨港10 n mile,至名古屋港212 n mile,至神户港364 n mile,至上海港1 057 n mile,海空航线连接五大洲。日本交通中心。

该港为海湾港,系商港。港区分布在市区东南的荒川与多摩川之间,港湾区域水域面积5 453公顷,临港地区陆域面积1 080公顷,防波堤长7 070 m。包括栈桥在内的港口码头线总长23 783 m,各种型号船舶的泊位总数181个;有内外港之分。内港紧依靠城市,自北而南,外港沿环东京湾公路自西至东分布。港口年吞吐量在8 000万吨左右。

该港属亚热带季风气候,年平均气温夏季30℃,冬季为2℃。年平均雾日有33天,雷雨

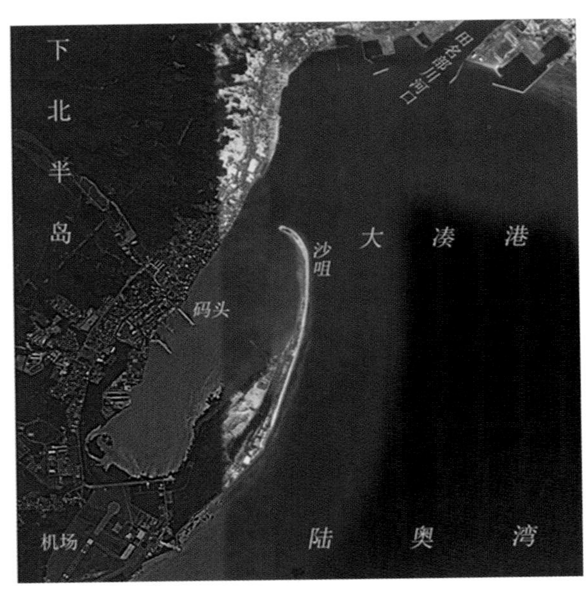

图 7.11　日本大凑港卫星遥感信息处理图像与横须贺军港实景

天集中在 5—9 月。全年平均降雨量约 1 500 mm。属半日潮港，大潮升 2 m，小潮升 1.5 m。涨潮流向港内，落潮流向港外。

横滨港

该港也称京滨港横滨区、川崎区，其位于 35°27′N，139°38′E；日本本州中部东京湾西岸，离东京 30 km。

该港北、西、南三面为丘陵环绕，东面为太平洋。横滨港北起京滨运河，南至金泽，长约 40 km，港内水域面积 $7\ 500\times10^4$ m^2，港湾伸入陆地，水深 8 ~ 20 m，水深港阔。码头达 91 个泊位，水深多在 12 m 以内。

该港为海湾港、自由港、商港，东京的深水外港。日本最大的国际贸易港，也是亚洲最大的港口之一。面积 435 km^2，人口达 330 万人（1993 年）。

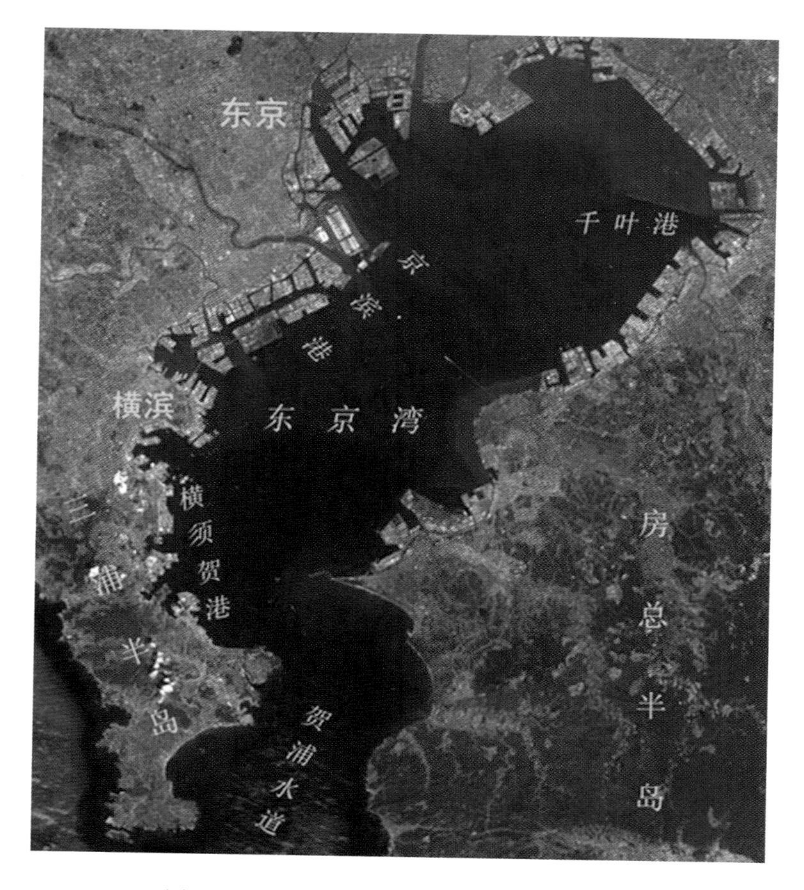

图 7.12　东京湾诸港卫星遥感信息处理图像

该港属亚热带季风气候，夏季盛行东南风，冬季多西北风。年平均气温 10～27℃，年有雾日 33 天，雷雨日 10 天。年平均降雨量约 1 000 mm。属半日潮港，大潮升 1.9 m，小潮升 1.4 m。

名古屋港

该港位于 35°05′N，136°53′E；本州东南部伊势湾北端，海路西南至四日市 4 n mile，南至津港 19 n mile，至东京港 212 n mile，至上海 926 n mile。

该港为海湾港、基本港，日本海上重要门户。港湾隐蔽，伊势湾因知多半岛和岛屿阻挡，受太平洋风浪影响小。这里港阔水深，一般全年均可作业。港区达 40 多个泊位，是日本五大港口之一。港口水域面积 8400 公顷，陆地面积 4 000 公顷，总共拥有 295 个泊位，码头泊位线总长达到 34 295 m。码头泊位水深达到 16 m。系一个得天独厚的优良深水港口。港城名古屋位于本州中部地区浓尾沿海平原上，城市面积迄今已经发展到 510 km^2，人口 200 多万。

该港属亚热带季风气候，盛行西北风。年平均气温 10～27℃。全年雨天达 130 天，多云天气 100 多天，日照时间约为 43%。夏、秋之交有台风等灾害性天气。每年 4～6 月为海雾最盛期。全年平均降雨量约 1 000 mm。属半日潮港，涨潮流向港内，落潮流向港外，大潮升 2.4 m，小潮升 1.8 m。

神户港

该港位于 34°40'0"N，135°12'0"E；大阪湾北岸，东距大阪 10 n mile，南距和歌山 29 n mile，至横滨 360 n mile，至上海 820 n mile。

该港为一大商港。港区沿海湾分布，拥有各种码头和船坞，自西向东有兵库码头、高滨码头、中央突堤、新港西码头、新港东码头、港湾工岛码头、摩耶码头。

在大阪湾有神户港和大阪港。神户位于大阪湾西北岸，人口达 130 多万。

港区全年多北风，西—西北风次之，平均风速较小。夏、秋季，除台风影响外，风浪较小。不规则半日潮，日潮不等，涨潮流向北流，落潮流向南流。流速最大约 0.5 kn。

大阪港

该港位于 34°36′N，135°26′E；本州南部大阪湾东北岸，港市之西南。海路西至神户西区 9 n mile，至神户东区仅 3 n mile，南至和歌山 34 n mile，至横滨 361 n mile，至上海 820 n mile。

该港为特定港、商港、检疫港、国际贸易港，港内并有渔港。自北而南由西而东有多个专业码头。

该港冬季多西风，夏季多西及东北风，全年东北风最多，冬季连续偏西强风时，涌浪变大。呈不规则半日潮。

鹿儿岛港

该港位于 31°29′N，130°32′E；九州南部萨摩半岛东岸鹿儿岛湾深处，港市之东南，临东海鹿儿岛。距离港湾出口约 50km，东北至细岛 161 n mile，至宇和岛 222 n mile，东至高知港 261 n mile，西北至长崎港 159 n mile。

该港为一商港，为西南大隅诸岛的航运中心。港口沿海湾南—北分布，港区主要码头泊位达 10 个，岸线长 3 035 m，最大水深 12 m。能停靠 50 万吨级油轮的港口。

鹿儿岛湾口外就是从东海经过第一岛链进入太平洋的重要通道——大隅海峡。这座港湾先天条件较好，可停靠大部分类型的大中型舰船。该港与港岸隔海相望约 2 km，就是著名的樱岛活火山，火山口距鹿儿岛港的岸壁设施直线距离不足 10 km。

该港属亚热带季风气候，冬季盛行西北风，夏季多东风。年平均气温 10～27℃。年暴雨日有 39 天。全年平均降雨量约 2 300 mm。属半日潮港，大潮升 2.7 m，小潮升 2 m。

佐世保港

该港位于 33°10′N，129°43′E；九州西部松浦半岛，东南佐世保湾顶端，港市之西南，临东海，南距长崎港约 40 n mile，东北距博多港 128 n mile，西至中国上海港 455 n mile。为黄海与日本海间交通要冲，扼朝鲜海峡咽喉。

该港为军港兼商港，海军基地，也是日本海上自卫队的主要基地之一，为天然良港。佐世保湾深入陆地 10 km，湾口宽 800 m，水域面积 39.6 km^2，水深 10～30 m。周围山峦环抱，湾内外大小岛屿星罗棋布，进口航道的西面又有五岛列岛作为屏障，为舰船隐蔽集结的天然良港。湾长水深，面积 250.4 km^2。港区由佐世保湾和邻近水域组成，海岸线总长 150 km，码头总长约 6 200 m，泊位达 70 余个。该港呈一个不规则的"Y"型港区，港区的唯一进口航道水深 23～54 m。港内适航水域达 30 km^2，港口分布在港湾北部。

该海军基地水面积达 $4\ 000 \times 10^4\ m^2$，可泊舰船 90 多艘，能修、建大型舰船。该港比横

图 7.13　日本名古屋港卫星遥感信息处理图像与神户港鸟瞰图

须贺更靠近印度洋和南中国海,地处符拉迪沃斯托克港至金兰湾海上交通线的中间位置。

佐世保市为九州西北部港市。据报,人口达 25.2 万 。因地形的关系,水资源不是非常充足。为台风经常通过的地区。

这里属海洋性气候。全年气温较高,冬天受对马海流影响,很少有零度以下的气温。梅雨季节长,高温、湿气较多,阴天日数较多。整个港区全年多北风,夏季多南风,冬季盛行北风。年平均气温 17.4℃,平均气温,1 月 5.5℃,8 月 27.5℃。年降雨量达 2 000 mm。

港区属半日潮港,涨潮流为东北向,速度 0.3 kn,落潮流为西南向,速度 0.5kn。进口航道内的落潮流速 1.3 kn,航道港界外可达 2 kn;涨潮流最大达 1.5 kn。

那霸港

该港位于 26°12′N,127°40′E;琉球群岛中部,冲绳岛西南南岸,港市之西北。西南至宫古岛平良港约 170 n mile,至中国台湾岛的基隆港约 340 n mile,东北至奄美大岛名濑港 180 n mile,至鹿儿岛港 380 n mile,中国上海港 460 n mile。

该港为军港兼商港和渔港。三面陆地环抱,隐蔽性良好,港口向西北敞开,港域西侧有可防浪的一列珊瑚礁滩,外由北、中、南三条防波堤保护,港内开阔水深。入港航道有南北两

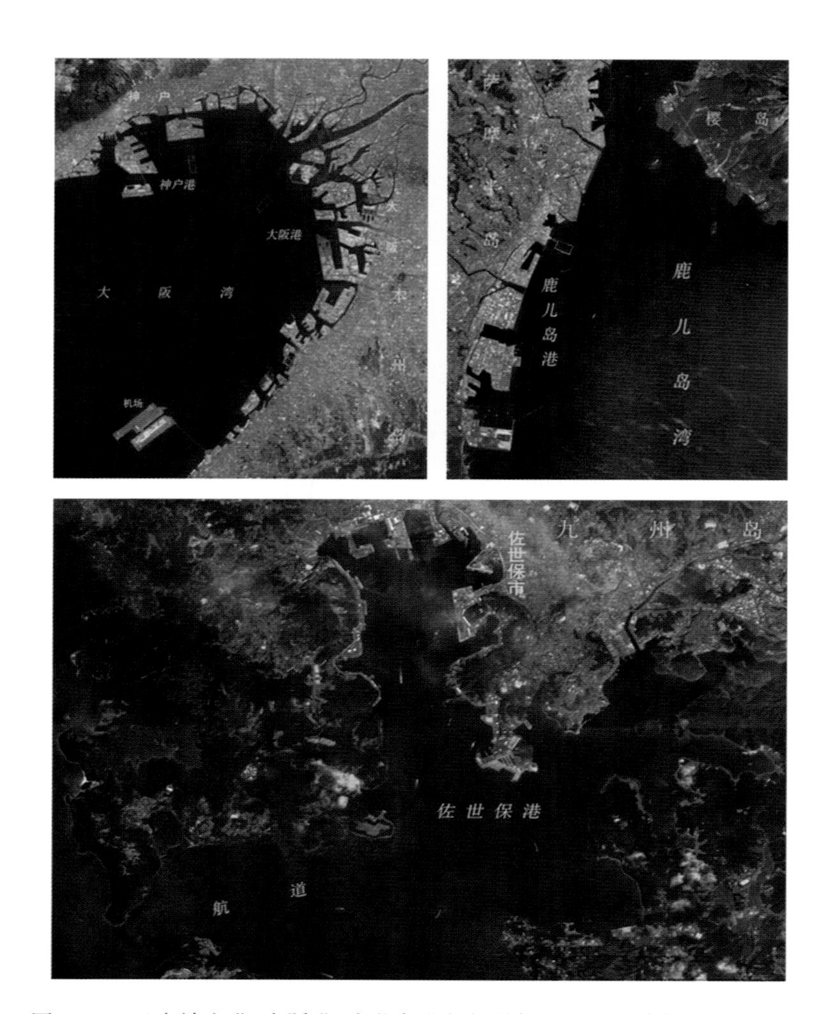

图 7.14　日本神户港、大阪港、鹿儿岛港与佐世保港卫星遥感信息处理图像

条,北航道宽 700 m,水深 12 ~ 24 m,南航道宽 580 m,水深 20 ~ 27 m。港内有北港区,新港区和南港区三部分。北港区港池水深仅 7.5 m,主要分布在北域南侧。中部新港区有北伸的水域,周边有 7 个水深 7 ~ 11 m 的泊位。

冲绳岛首府位于冲绳岛南部西海岸,临东海的那霸湾。人口 30.7 万(1985)。面积 38 km^2。

进出该港的有倭口(北水道)、唐口(中水道)、宫古口(南水道)。

该港平均高潮间隙 6 h 51 min,大潮升 2 m,小潮升 1.5 m。平均海面 1.2 m。

平良港

该港位于 24°49′N,125°16′E;先岛诸岛东部的宫古岛西岸,港市之西北岸,临东海,西至石垣港约 80 n mile,至中国台湾岛的基隆港约 220 n mile,东北距冲绳那霸港约 170 n mile,西北距中国的上海港约 420 n mile。

该港为商港。系宫古群岛的门户,多沙岸。港口有南北防波堤保护,口宽 4.3 n mile,纵深约 6.5 n mile,船舶由西北入港。该港目前有 4 个主要码头,港内已有西北伸的两座突堤,港内礁石星罗棋布。该港依托的平良市属于珊瑚礁石灰岩地形，地势较为平坦。宫古岛有人口 49 659 人(2004 年)。

该港属于亚热带海洋性气候。年平均气温 23℃，平均湿度 80%，每年 5 月中旬至 6 月中旬为梅雨季节，梅雨季后至 9 月前，保持 30℃以上高温潮湿天气，冬季气温较低，1 月、2 月最低气温为 10～15℃。风速 10 m/s 以上的风，11 月至翌年 4 月多出现北北东风。这里是琉球群岛中每年都有风速达 40～50 m/s 的台风多次经过。

该港平均高潮间隙 6 h 49 min，大潮升 1.8 m，小潮升 1.4 m，平均海面 1.1 m。

另有，据日本《每日新闻》报道，秋田、新潟、下关、博多、长崎等港口定位为“重要港口”。简而述之，这是基于长崎港系佐世保的重要支撑，该港作为军港的优势是这里为三菱重工长崎造船厂的所在地，长崎港周围 20 km 范围内还有军用和民用机场各一座，适合舰载机维护保养；博多港为交通枢纽，该港优势在于腹地条件较好、交通方便，其面向对马海峡，抗毁能力强，系重要的补给基地；扼守关门海峡的下关港，由来自大阪、神户等关西地区的船只，即可通过这里前往釜山等朝鲜半岛港口；新潟港是本州岛日本海一侧的最大港口，可停靠航母，可为军事行动提供支持。

第四节　朝鲜半岛西侧海港要地空间分布特征

朝鲜半岛西部近海多浅滩与礁石，港口水浅，仅有为数不多的港口。

南浦港

该港位于 38°43′N，125°24′E；临黄海的西朝鲜湾东侧，大同江左岸，距河口 1.5 km，为平壤的外港，两地相距 70 km。

该港为一海湾河口港，商港，朝鲜中西部工业城市的对外贸易主要港口，还是朝鲜西海岸的渔业基地，系朝鲜西部的最大港口。地处大同江段，水深 12～27 m，港区主要码头泊位达 7 个，岸线长 1 400 m，最大水深 12 m。

该港属温带季风气候，盛行西北风，12 月至翌年 5 月多西北风，其他月份多西风。年平均气温，夏季约 21℃，冬季约 -2℃。从 12 月至翌年 3 月为冰冻期。全年平均降雨量约 1 000 mm。偶有浓雾。大同江原潮差达 2.3 m，涨潮流较落潮流时间短，落潮流沿水道南侧流动，港域内水流平稳。

仁川港

该港位于 37°28′N，126°37′E；朝鲜半岛西海岸中腰，汉江出海口南岸，濒临江华湾的东侧，首尔之西相距近 30 km，是首尔的外港，相距约 40 km，为首尔海上门户。南距群山港 120 n mile，距中国上海港 510 n mile。

该港为一海湾河口港，系韩国第二大港。它是韩国最大的经济中心与出口贸易中心的天然良港，分内港和外港，外港为潮汐港，港外有小岛作屏障，西海岸的最大港口，主要码头总长 6 024 m，泊位 33 个，码头线总长 6 km 多，冬季不结冰。

该港属温带季风气候，全年除夏季外，盛行北风，5—7 月多西南风。年平均气温夏季约 30℃，冬季约 -10℃。3—7 月多雾，6、7 月最多，年平均雾日约 40 天，冬季有冰，通常不妨碍航行。全年平均降雨量约 1 200 mm。属不规则半日潮港，平均高潮为 8.6 m，低潮为 0.4 m。

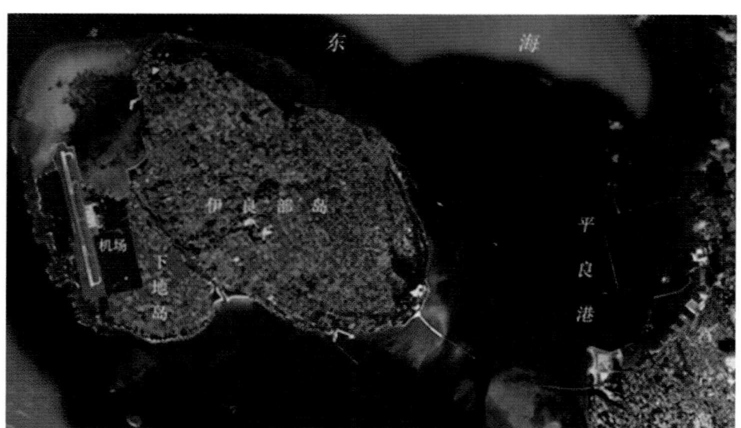

图 7.15　日本那霸港、平良港卫星遥感信息处理图像

外港从低潮时 30 min 后至高潮约 30 min 后，为涨潮流，月尾岛西端外方为北流，其他时间为南流，流速达 3. 8 kn。各转流时约 15 min，流速小于 0. 3 kn。

群山港

该港位于 35°55′0″N，126°45′0″E；朝鲜半岛西海岸锦江口，港市西北临黄海。濒临群山

图 7.16　朝鲜半岛南浦港、仁川港卫星遥感信息处理图像

湾的北侧，系韩国西南部主要港口之一。北距仁川港 122 n mile，南距木浦港 110 n mile，西距中国的青岛港 318 n mile，上海港 450 n mile。

该港为一军港兼商港和渔港，港内有长项、群山内港和外港 3 个港区。港区主要码头泊位达 9 个之多，岸线长 2 460 m，最大水深 12 m。

该港属温带季风气候，冬季盛行西北—东北风，9 月至翌年 2 月多西北风，夏季多东南风，风力一般较弱。年平均气温 8 月为 30℃，1 月为 -10℃。6—7 月多雾，全年平均降雨量约 1 500 mm。属半日潮港，大讯高潮为 7.1 m，低潮 0.8 m，小讯高潮 5 m 左右，低潮 2.2 m

左右。

木浦港

该港位于34°47′N,126°24′E;朝鲜半岛西南端务安小半岛之顶角,港市之东南,西临南黄海。北距群山港110 n mile,至仁川港187 n mile;西至中国的青岛港324 n mile,上海港376 n mile;南距济州港94 n mile,东距丽水港151 n mile,釜山港228 n mile。

该港为一军港兼商港,并系渔业基地。港口外有罗州群岛等众多岛屿为屏障,风平浪静,港内水深,但出入航道曲折。港口正处在湾口北岸,木浦口宽达550 m,水深29 m。

港区冬季盛行北及北西北风,夏季盛行南及南西南风,强风多为西北~北风。雾多出现在4—6月,7月为雨季。港内潮汐属不规则半日型,平均潮高大潮3.8 m,低潮0.5 m,木浦口潮流极强,但每日不等。木浦口高潮时落潮呈现西流,转流1 h后,流速达6 kn,最强流速达10 kn;东流较西流弱,低潮约2 h时后,流速达4 kn,其后流速转弱。

图7.17 朝鲜半岛群山港、木浦港卫星遥感信息处理图像

第五节 东北亚空港要地空间融合信息与分布特征

1. 概述

东北亚临海空港空间分布如图7.18所示,其地理位置、自然环境、设施和政治条件等,各国不尽相同,显示了空域和扼守海上咽喉,以及经济上的战略意义。

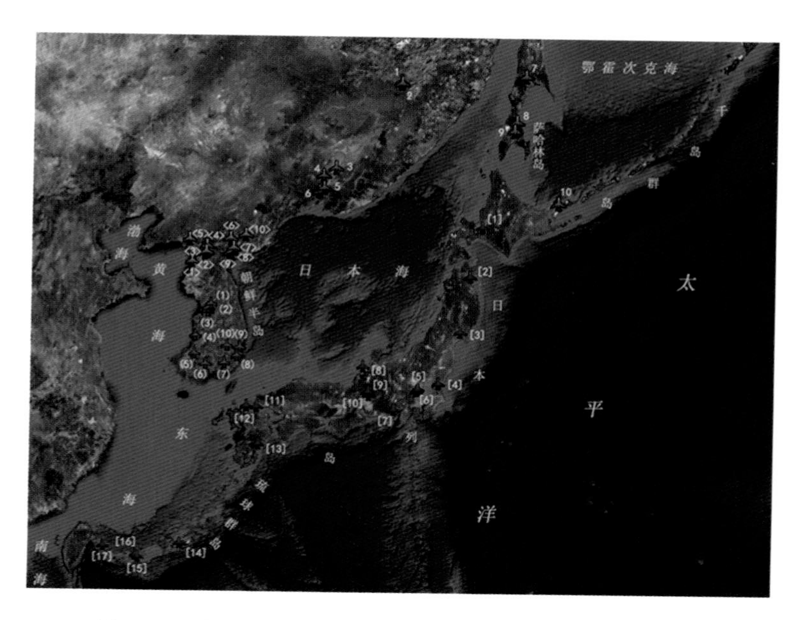

图 7.18　东北亚临海机场要地空间分布卫星遥感信息图示

注:[1]千岁机场　[2]三泽机场　[3]松岛机场　[4]百里机场　[5]入间川机场　[6]横田机场　[7]静滨机场　[8]小松机场　[9]岐阜机场　[10]小牧机场　[11]筑城机场　[12]板付机场　[13]新田原机场　[14]嘉手纳机场　[15]宫古岛机场　[16]下地岛机场　[17]与那国岛机场

(1)华城机场　(2)水原机场　(3)乌山机场　(4)群山机场　(5)光州机场　(6)丽水机场　(7)镇海机场　(8)蔚山机场　(9)浦项机场　(10)大邱机场

〈1〉温泉机场　〈2〉顺川机场　〈3〉北仓机场　〈4〉价川机场　〈5〉新义机场　〈6〉长津机场　〈7〉德山机场　〈8〉连浦机场　〈9〉善德机场　〈10〉黄水院机场

1. 哈巴罗夫斯克机场　2. 涅克纳索夫卡机场　3. 切尼戈夫卡机场　4. 沃德菲泽卡机场　5. 海参崴国际机场　6. 海参崴附近机场　7. 柳林多大机场　8. 杜林斯克机场　9. 南萨哈林斯克机场　10. 国后岛机场

日本临海空港数以百计,其空港要地面向太平洋居多。朝鲜半岛上凸显空港要地以拱卫首都为布局,远东空港要地显示了日本海通向太平洋之目的。

2. 东北亚日本临海空港要地

东北亚日本临海空港中,不乏军用、军民兼用、民用机场一、二种类,以及机场大小之别数以百计。如日本空港要地中,示例有如下。

千岁机场　机场系指航空自卫队千岁机场。其近南—北走向,北海道千岁市与苫小牧市交界地带,临近的新千岁机场则是札幌市的主机场,为日本国内面积较大的机场,新千岁机场以其独特的"C"字形半圆构造航厦而闻名。

三泽机场　该机场系三泽基地处地,位于东京东北 644 km,机场跑道东西走向,长约 3 650 m,宽约 46 m。该基地为西太平洋地区特别是东北亚地区前沿力量。该场站有 8 个储油罐,从这儿到机场铺有两条约 27 km 长的专用输油管道。

松岛机场　该机场位于 38°24′11″N,141°12′43″E。该机场系日本航空自卫队军用机场,位于日本东部松岛湾的海滨。

该机场拥有两条跑道，一条较长跑道平行于海岸，与一条较短的垂直于海岸的跑道呈十字交叉。有一条平行滑行道平行于较长跑道。西北侧建有停机坪及较多机库。

机场参数分别为：机场海拔 2 m；一跑道长 2 700 m，宽度 45 m，跑道方向 07/25，跑道材质为混凝土；二跑道长 1 500 m，宽度 45 m，跑道方向 15/33，跑道材质混凝土；平行滑行道平行于一跑道，长约 2 400 m，宽 20 m。

据报，2011 年 3 月 11 日 13 时 46 分（北京时间），在日本本州东北地区的东海岸附近海域发生 8.9 级强烈地震，引发了海啸，海浪将该基地淹没。

横田机场　该机场位于 35°44′55.67″N，139°20′54.73″E。跑道长度 3 353 m，跑道宽度 61 m，跑道材沥青质混凝土，跑道东侧有 60 多个单机停机坪和 1 个小型集体停机坪。跑道两端共有 3 个警戒停机坪。该机场位于东京都西面 45 km 的多摩郡福生町。跑道两侧各有 300 m 长的保险道。跑道西侧有一个大型集体停机坪，面积达 65 万 m^2。机库位于大型集体停机坪西侧。

嘉手纳空军基地　该基地位于 26°21′06″N，127°45′57″E。系一座位于日本冲绳岛西南部美属海外空军基地。其面积约占冲绳面积的 1/4，为远东地区最大的空军基地。

该基地有两条平行的跑道，均使用 VFR 或 ILS 作为降落方式。嘉手纳空军基地有能力提供大型广体客机以及航天飞机降落在此着陆。

普天间机场　普天间机场坐标 26°16′15″N，127°44′53″E。海拔 75 m，跑道长度 2 740 m，跑道宽度 45 m，跑道材质柏油，跑道方向 06/24，面积约 480 公顷，占据宜野湾市面积的 25%。

该机场位于冲绳岛宜野湾市的中心，为美空军在冲绳的基地。1996 年 4 月，日美两国首脑就在 2007 年前归还该机场问题达成了协议，准备将普天间机场搬迁到冲绳名护市边野古地区，在距陆地 2 千米的珊瑚礁上建设新的美军基地，但事实上至今尚未实现。

宫古岛机场　机场坐标 24°46′57.73″N，125°17′41.27″E。海拔高度 42.8 m，跑道长度 2 000 m，跑道宽度 60 m，跑道材质柏油，跑道方向 04/22，滑行道 460 m × 30 m，停机坪 27 500 m^2。

现属日本第三种机场，并为下地岛机场的备用机场。

下地岛机场　机场坐标 24°49′36″N，125°08′41.76″E。海拔高度 16 m，跑道长度 3 000 m，跑道宽度 60 m，跑道材质柏油，停机坪 700 ×200 m。

该机场位于宫古岛市下地岛，属于日本第三种机场。该机场距离冲绳岛西南约 270 km，距离中国大陆和东南亚均在 500 km 半径内，战略位置十分重要。

与那国机场　机场坐标 24°28′01.68″N，122°58′45.67″E；海拔 15 m，跑道长度 2 000 m，跑道宽度 40 m，跑道方向 08/26，跑道材质沥青混凝土。

与那国机场是日本最西端的机场，距离冲绳本岛西南 509 km，距离东京 2 028 km，距离台湾岛约 110 km，战略位置十分险要。日本在与那国机场建立监听监测设施，对中国进行军事监视。

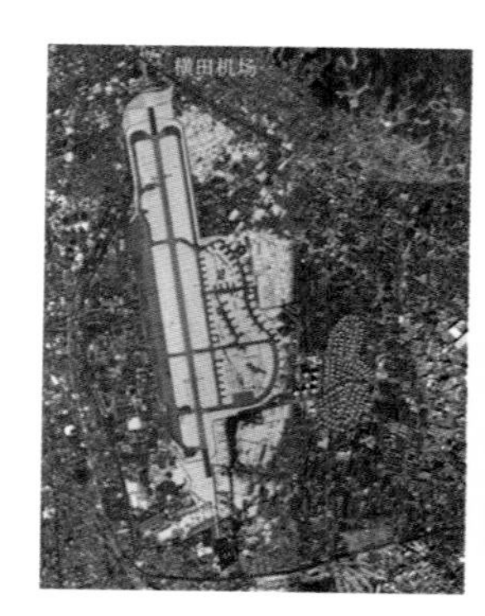

图 7.19　日本北海道千岁机场、本州岛三泽机场、横田机场与松岛机场卫星遥感信息处理图像

图7.20　琉球群岛嘉手纳机场与普天间机场卫星遥感信息处理图像

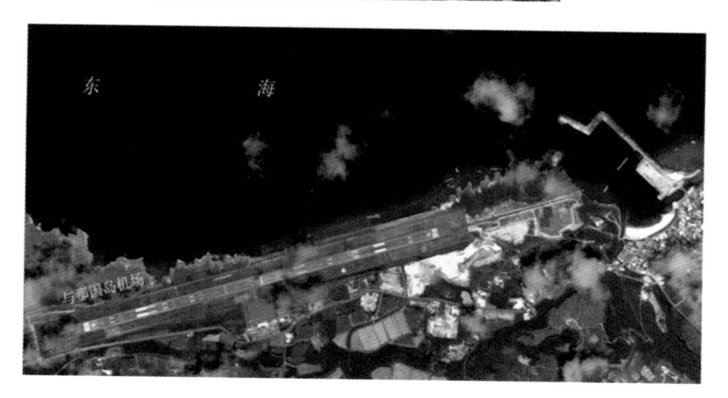

图 7.21　琉球群岛宫古岛机场、下地岛机场、与那国岛机场卫星遥感信息处理图像

表 7.1　日本其他机场示例

名　称	坐　标	机场参数	简　介
冲永良部机场	27°25′55.99″N, 128°42′21.39″E	跑道长度 1 350 m 跑道宽度 45 m 跑道方向 04/22 停机坪 160 m×70 m	冲永良部机场位于鹿儿岛县大岛郡和泊町(冲永良部岛)。跑道长 1 350 m,可供 Bombardier Q400 升降。机场位于美日对中国的岛链策略中的重要部位,具有较高军事意义。根据日本空港整备法被分成第三种机场
德之岛机场	27°50′11.05″N, 128°52′52.85″E	海拔高度 2.3 m 跑道长度 2 000 m 跑道宽度 45 m 跑道材质柏油 停机坪两块, 120 m×80 m 及 100 m×70 m	该机场位于日本鹿儿岛县大岛郡天城町(德之岛)的一座机场,根据日本空港整备法被分成第三种机场。 德之岛机场现在为民用机场
多良间岛机场	24°39′13.09″N, 124°40′31.59″E	海拔高度 10 m 跑道长度 1 500 m 跑道宽度 45 m 跑道方向 18/36	该机场位于岛西部的多良间岛机场,根据日本空港整备法,该机场被分为第三种机场
久米岛机场	26°21′28.68″N, 126°42′42.69″E	机场海拔 6.91 m 跑道长度 2 000 m 跑道方向 03/21 跑道材质沥青混凝土	该机场根据日本空港整备法被分成第三种机场,有定期航班
新种子岛机场	30°36′22.65″N, 130°59′12.75″E	海拔高度 234 m 跑道长度 2 000 m 跑道宽度 45 m 跑道方向 13/31 跑道材质柏油 停机坪 180 m×110 m	该机场根据日本空港整备法新种子岛机场被分成第三类机场。再其南部系日本种子岛最大的火箭和卫星发射基地,被称为"种子岛宇宙中心"
小松机场	36°23′37.00″N, 136°24′28.00″E	海拔高度 6 m 跑道长 2 700 m 跑道材质柏油	该机场系军民共用
岐阜机场	35°23′38.32″N, 136°52′10.00″E	海拔高度 39 m 跑道长度 2700 跑道方向 10/28 跑道材质柏油	该机场所在岐阜县位于日本本州岛中部内陆县,距东京西 300 km、大阪东 150 km、名古屋北 30 km。日本航空自卫队在岐阜基地部署了爱国者 3"(PAC-3)型地对空拦截导弹
筑城机场	33°41′06″N, 131°02′25″E	海拔高度 17 m 跑道长度 2 399 m 跑道宽度 46 m	该机场位于福冈县境内,走向呈东北东一西南偏西一些,濑户内海的西端至跑道延伸海中约 300 m

图 7.22　本州小松机场、岐阜机场与九州筑城机场卫星遥感信息处理图像

3. 韩国空港要地

韩国空港要地不下十余处，如：华城机场、水原机场、乌山机场、群山机场、光州机场、丽水机场、镇海机场、蔚山机场、浦项机场、大邱机场等。其中：

华城机场　位于水原空军基地东北 26 km 处，北面紧连首尔，该基地有两条成“人”字形的跑道。

水原机场　该机场北距朝鲜 66 km，距首尔 30 km，与南边的乌山空军基地仅相隔 20 km。据报，该基地部署两处导弹阵地。

乌山机场　该机场位于首尔以南 54 km，西距中国山东威海 410 km。据报，该基地重点保护，南北两侧部署有防空导弹。

群山机场　该机场坐落在韩国西南海岸，海岸外侧筑建有 8 ~ 10 km 的巨大防波堤。北距首尔 185 km。据报，部署有防空导弹阵地。

光州机场　该基地位于朝鲜半岛西南端，系韩国5大空军基地之一。据报，该基地部署有最先进的战斗机，该基地也处于导弹的保护之下。

图7.23　华城机场与水原机场卫星遥感信息处理图像

图 7.24　乌山机场、群山机场、光州机场卫星遥感信息处理图像

图 7.25　丽水机场、镇海机场、浦项机场卫星遥感信息处理图像

4. 朝鲜空港要地

朝鲜空港要地不下十余处,如:温泉机场、顺川机场、北仓机场、价川机场、新义机场、长津机场、德山机场、连浦机场、善德机场、黄水院机场等。

温泉机场 该机场位于38°54′34.20″N,125°13′56.00″E;西临黄海,东部距平壤47 km,平壤面向黄海方向的空中屏障,具有重要的战略位置。

该机场海拔高度7 m,跑道长度2 484 m,跑道宽度50 m,跑道大致呈南—北向01/19,跑道材质混凝土。没有靠山面平原的地势,跑道两端和中部建有机库。

顺川机场 位于39°24′43.50″N,125°53′25.70″E;平壤和宁边之间,南距平壤45 km,北距宁边核设施约50 km,系战略位置十分重要的空军基地。

机场跑道随河谷呈西北—东南走向,东北侧为山,西南侧为河流和丘陵。机场海拔42 m,跑道长度2 495 m,跑道宽度50 m,跑道材质混凝土,跑道方向15/33。

北仓机场 位于39°30′15.90″N,125°57′51.60″E;平壤以北45 km处,北距宁边核设施约50 km,它与顺川机场相距12 km。朝鲜最大的空军基地。

机场海拔66 m,跑道长度2 500 m,跑道宽度50 m,跑道方向14/32,跑道材质混凝土。

价川机场 位于39°45′12.50″N,125°54′09.10″E;朝鲜平安南道价川市北部5 km处。相距宁边核试验中心的直线12 km。

机场海拔10 m,跑道长度2 500 m,跑道宽度50 m,跑道方向05/23,跑道材质混凝土。机场位于河谷之中,西北侧靠河流,河流对岸为山,东南和西南也为山或矮丘。

义州机场 位于40°09′03.30″N,124°30′00.35″E;鸭绿江东岸附近,新义州东北部,机场西北部距离中朝边界约2.5 km,东南部背靠山区,东北和西南方向净空条件非常好。背山面河的位置得天独厚。系重要的空军基地。

海拔10 m,跑道长度2 493 m,跑道宽度60 m,跑道走向05/23,跑道材质混凝土。

长津机场 位于40°21′51.60″N,127°15′50.80″E;朝鲜中东部长津湖南部。机场建在河滩上,海拔1 081 m,跑道长度2 795 m,跑道宽度62 m,跑道走向16/34,跑道材质混凝土。

德山机场 位于39°59′49.50″N,127°36′44.30″E;朝鲜咸兴南道咸兴市东北山谷河滩上。机场海拔64 m,跑道长度2 484 m,跑道宽度50 m,跑道方向05/23,跑道材质混凝土。机场只有一条跑道,西北方向为河道。净空条件尚可。

连浦机场 位于北纬39°47′32.69″N,127°32′6.85″E;紧靠日本海。该机场海拔3 m,跑道长度1 200 m,跑道宽度98m,跑道材质为混凝土。机场宽阔,跑道与海岸线呈垂直状。

善德机场 位于39°44′50.40″N,127°28′28.60″E;紧邻日本海。机场海拔2 m,跑道长度2 502 m,跑道宽度50 m,跑道走向02/20,跑道材质混凝土。西侧有一条联络道平行于跑道。跑道北端西侧建有大块停机坪。

黄水院机场 位于40°40′54.40″N,128°09′00.00″E;朝鲜两江道金亨权郡黄水院。

机场海拔1 168 m,跑道长度2 896 m,跑道宽度45 m,跑道呈西北—东南向14/32,跑道材质为混凝土。其西南侧是黄水院水库,水库大坝距离跑道末端1.7 km左右。机场东北侧是河道,西南侧有丘陵。机场净空条件并不十分理想。与机场跑道平行的滑行道中部有一条垂直的联络道通往西南部丘陵。

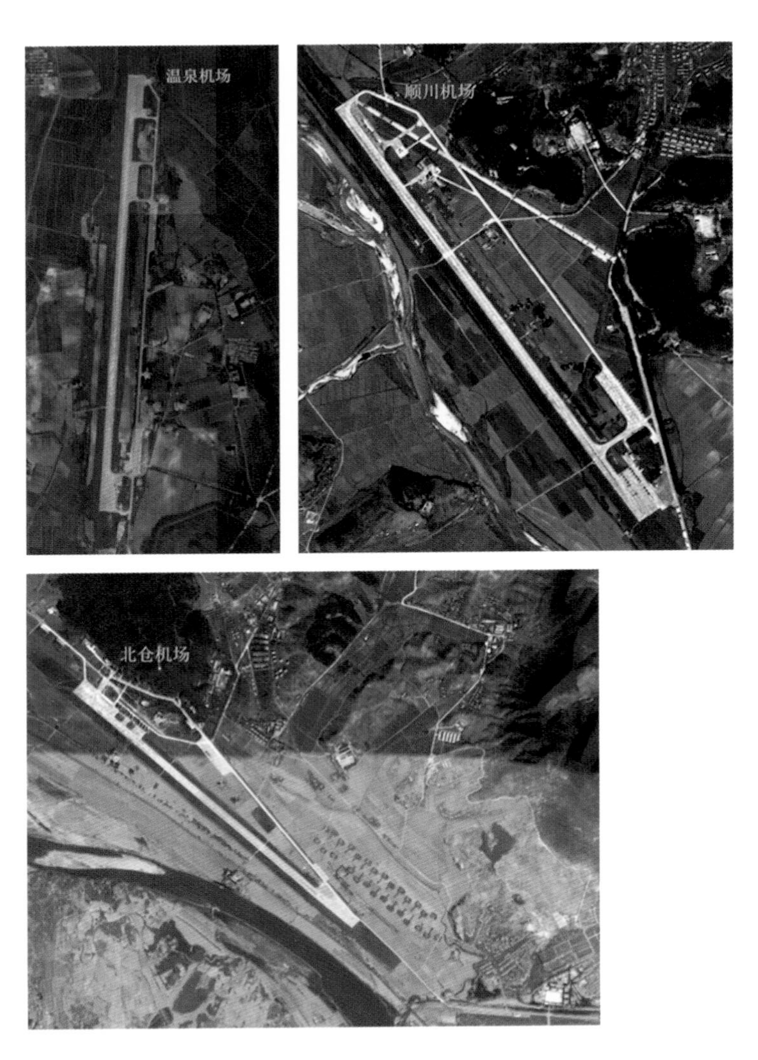

图 7.26　温泉机场、顺川机场、北仓机场卫星遥感信息处理图像

图 7.27　价川机场、义州机场、长津机场卫星遥感信息处理图像

图 7.28　德山机场、黄水院机场、连浦机场、善德机场卫星遥感信息处理图像

5. 俄罗斯远东空港要地

俄罗斯空港要地不下十余处，如：哈巴罗夫斯克机场、涅克纳索夫卡机场、切尼戈夫卡机场、沃德菲泽卡机场、符拉迪沃斯托克国际机场、柳林多大机场、杜林斯克机场、南萨哈林斯克机场、国后岛机场等。

表 7.2　俄罗斯远东机场要地示例

名　称	简　况
哈巴罗夫斯克机场	位于48°31′41″N，135°11′18″E；海拔高度74 m，跑道方向05R/23L 跑道长度4 000 m，跑道材质混凝土；跑道方向05L/23R，跑道长度3 500 m，跑道材质柏油。系民用机场
涅克纳索夫卡机场	该空军基地位于哈巴罗夫斯克空军基地东南8 km，主要部署大型直升机

续表

名　称	简　况
切尼戈夫卡机场	该基地位于兴凯湖南部 24 km,部署有对地攻击机和直升机
沃德菲泽卡机场	该空军基地位于贾尼基卫星地球站东南 11 km 处。基地规模很大,部署着逆火超音速轰炸机和战斗轰炸机

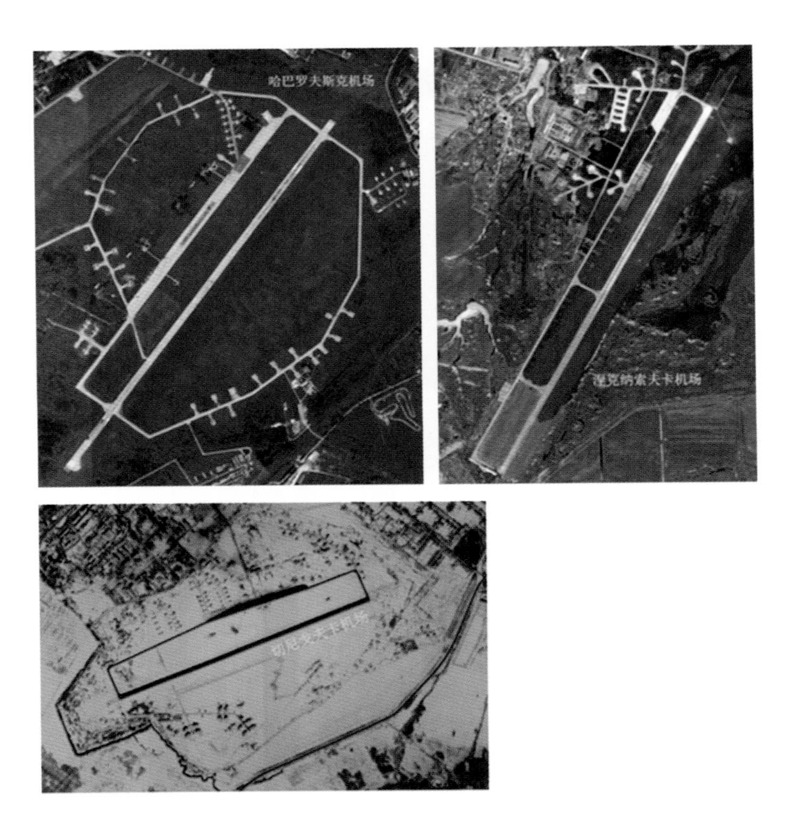

图 7.29　哈巴罗夫斯克机场、涅克纳索夫卡机场、切尼戈夫卡机场卫星遥感信息处理图像

图 7.30　符拉迪沃斯托克国际机场、沃德菲泽卡机场、杜林斯克机场、南萨哈林斯克机场等卫星遥感信息处理图像

主要参考文献

曹　林．2003．东北亚区域地学学术发展形势．国际学术动态，(6)

柴德昆．2001．萨哈林岛大陆架油气开发．西伯利亚研究，28(3)

陈　舟．2009．面向国家安全与国防．北京：国防大学出版社

崔　丕．1993．美国在东亚的遏制政策与千岛群岛归属问题．社会科学战线，(4)

崔琰琳，吴德星，兰　健．2006．日本海环流研究综述．海洋科学进展，24(4)

董津生，徐佳佳．2011．日本海主要海峡体积输运的季节变化特征．海洋湖沼通报，(1)

董良庆．2000．战略地理学．北京：国防大学出版社

高福顺．库页岛的地理发现与日俄对库页岛的争夺．长春师范学院学报，21(1)

关元秀，程晓阳．2008．高分辨率卫星影像处理指南．北京：科学出版社

光復書局编輯部．1987．世界百科全書：亞洲Ⅰ－Ⅲ卷．台北：光復書局

郭培清，郑萍．2006．美国东亚安全战略中的岛屿“安排”．中国海洋大学学报(社会科学版)，(4)

胡著智，王慧麟，陈钦峦．1999．遥感技术与地学应用．南京：南京大学出版社

江　淮．2010．中国的出海通道在哪里——岛链篇．世界知识，(9)

鞠海龙．2010．中国海权战略．北京：时事出版社

李　军，周成虎．1999．地学数据特征分析．地理科学，19(2)

梁　芳．2011．海上战略通道论．北京：时事出版社

林美华，李乃胜．1998．琉球海沟构造地貌．青岛海洋大学学报，28(3)

刘宝银，苏奋振．2005．中国海岸带与海岛遥感调查——原则　方法　系统．北京：海洋出版社

刘宝银，杨晓梅．2011．中国海洋战略边疆——航天遥感 多国岛礁 军事区位．北京：海洋出版社

刘宝银，杨晓梅．2003．环中国岛链——海洋地理 军事区位 信息系统．北京：海洋出版社

刘德生，李志国，江树芳等．1995．亚洲自然地理．北京：商务出版社

刘福寿．1995．日本海地质构造特征．海岸工程，(1)

刘继贤，徐锡康．1996．海洋战略环境与对策研究．北京：解放军出版社

刘新华，秦仪．2004．现代海权与国家海洋战略．社会科学，(3)

刘玉光．2009．卫星海洋学．北京：高等教育出版社

刘忠臣，傅命佐等．2005．中国近海及邻近海域地形地貌．北京：海洋出版社

楼锡淳，元建胜，凌　勇．2008．海岛．北京：测绘出版社

马　宁．2003．浅谈港口地理信息系统．北京机械工业学院学报，18(2)

M．塔尔沃尼等编，郭令智等译校．1984．岛弧、海沟和弧后盆地．北京：海洋出版社

日本帝国书院．1996．日本地图集．北京：中国地图出版社出版

孙　革，杨　涛．2010．从古生物证据探讨日本海的形成．海洋科学，34(5)

孙文心，李凤岐，李磊．2011．军事海洋学引论．北京：海洋出版社

孙学珊，杨忠振．2011．环日本海地区的航线优化研究．中国航海，34(3)

王仁国，柏毅卿，王成军．2006．“北方四岛”在俄罗斯地缘战略上的地位及作用．现代军事，(7)

徐佳佳．2011．日本海主要海峡体积输运的季节变化特征．海洋湖沼通报，(1)

杨金森 . 2006. 中国海洋战略研究文集 . 北京:海洋出版社,
张　瑞 . 2009. 中国海洋战略边疆论纲 . 海洋开发与管理,(5)
张廷贵,朱锦麟 . 1999. 军事辞海:军事综合卷 . 杭州:浙江教育出版社
张耀光 . 2001. 中国边疆地理（海疆）. 北京：科学出版社
郑沛楠,刘　俊,杨玉震等 . 2011. 日本海特征水研究进展 . 海洋预报,28(2)
郑沛楠,刘　俊,杨玉震等 . 2011. 日本海特征水研究进展 . 海洋预报,28(2)
周成虎 . 2009. 中华人民共和国地貌图集 . 北京:科学出版社
朱鉴秋 . 1996. 世界海洋通道及港口图集(商业版). 北京:中国地图出版社
邹志仁 . 1996. 信息学概论 . 南京:南京大学出版社
CHU P C,J Lan and C W Fan. Japan Sea thermo haline structure and circulation, Part Ⅰ: Climatology [J]. J. Phys. Oceanogr. ,2001,31
SEKINE Y. Wind - driven circulation in the Japan Sea and its influence on the branching of the Tsushima Current [J]. Progress in Oceanography, 1986,Vol. 17,Pergamon
KAW ABE M. Branching of the Tsu shima Current in the Japan Sea. Part Ⅰ. Data analysis [J]. J. Oceanogr. Soc. Japan, 1982,38:95 - 107
MORIMOTO A, YANAGI T , KANEKO A. Eddy field in th e Japan Sea derived from satellite altimetric data [J]. J. Oceanogr. , 2000,56: 449 - 462
FREELAND H J,BYCHKOV A S,WHITNEY F,et al. WOCE section P1W in the Sea of OkhoTSK - 1. Oceanographic data description [J]. Journal of Geophysical Research - Oceans. 1998,103(C8)
SUN YECHEN,WANG RUJIAN,CHEN JIANFANG,et al. Lale Quaternary paleoceangraphic records in the southern Okhotsk Sea [J]. Marine Geology and Quaternary Geology, 2009,29(2)
http://maps. google. com(2010—2012)
http://schclar. google. com/schhphlzh - CN(2005 - 2013)
http://zh. wikipedia. org(2012)